EUL VERLAG

# CONTROLLING

Herausgegeben von Prof. Dr. Volker Lingnau, Kaiserslautern, Prof. Dr. Albrecht Becker, Innsbruck, Prof. Dr. Rolf Brühl, Berlin, und Prof. Dr. Bernhard Hirsch, München

Band 16
Michael Rademacher
**Prozess- und wertorientiertes Controlling von M&A-Projekten**
Lohmar – Köln 2011 • 368 S. • € 64,- (D) • ISBN 978-3-8441-0110-2

Band 17
Carmen Kühn
**Psychopathen in Nadelstreifen**
Lohmar – Köln 2012 • 244 S. • € 56,- (D) • ISBN 978-3-8441-0138-6

Band 18
Jörn Sebastian Basel
**Heuristic Reasoning in Management Accounting** – A Mixed Methods Analysis
Lohmar – Köln 2012 • 268 S. • € 57,- (D) • ISBN 978-3-8441-0160-7

Band 19
Sabrina Buch
**Shared Knowledge** – The Comparability of Idiosyncratic Mental Models
Lohmar – Köln 2012 • 320 S. • € 62,- (D) • ISBN 978-3-8441-0186-7

Band 20
Michael Hoogen
**Organisations- und wissenschaftstheoretische Implikationen für die Controllingforschung**
Lohmar – Köln 2013 • 288 S. • € 58,- (D) • ISBN 978-3-8441-0235-2

Band 21
Max Kury
**Abgabe von Rechenschaft zum Wiederaufbau von Vertrauen** – Eine empirische Untersuchung der Berichterstattung von Banken
Lohmar – Köln 2014 • 308 S. • € 59,- (D) • ISBN 978-3-8441-0306-9

Band 22
Robert Huber
**Nachhaltigkeitsorientierte Anreizsysteme** – Eine empirische Analyse zu Gestaltung und Verhaltenswirkungen
Lohmar – Köln 2014 • 232 S. • € 56,- (D) • ISBN 978-3-8441-0339-7

JOSEF EUL VERLAG

Reihe: Controlling · Band 22

Herausgegeben von Prof. Dr. Volker Lingnau, Kaiserslautern,
Prof. Dr. Albrecht Becker, Innsbruck, Prof. Dr. Rolf Brühl, Berlin,
und Prof. Dr. Bernhard Hirsch, München

Dr. Robert Huber

# Nachhaltigkeitsorientierte Anreizsysteme

## Eine empirische Analyse zu Gestaltung und Verhaltenswirkungen

Mit einem Geleitwort von Prof. Dr. Bernhard Hirsch,
Universität der Bundeswehr München

**Bibliografische Information der Deutschen Nationalbibliothek**

Die Deutsche Nationalbibliothek verzeichnet diese Publikation in der Deutschen Nationalbibliografie; detaillierte bibliografische Daten sind im Internet über <http://dnb.d-nb.de> abrufbar.

**Dissertation, Universität der Bundeswehr München, 2014,** unter dem Titel: Nachhaltigkeitsorientierte Anreizsysteme – Konzeptionelle und empirische Analysen zur Gestaltung und zu den Verhaltenswirkungen nachhaltigkeitsorientierter Anreizsysteme

ISBN 978-3-8441-0339-7
1. Auflage Juli 2014



JOSEF EUL VERLAG GmbH
Brandsberg 6
53797 Lohmar
Tel.: 0 22 05 / 90 10 6-6
Fax: 0 22 05 / 90 10 6-88
E-Mail: info@eul-verlag.de
http://www.eul-verlag.de

**Bei der Herstellung unserer Bücher möchten wir die Umwelt schonen. Dieses Buch ist daher auf säurefreiem, 100% chlorfrei gebleichtem, alterungsbeständigem Papier nach DIN 6738 gedruckt.**

## Geleitwort

Anreizsysteme zielen als wichtiges Instrument der Unternehmensführung auf eine unternehmenszielkonforme Verhaltensbeeinflussung aktueller und künftiger Mitarbeiter/innen ab. Mit dem Begriff Nachhaltigkeit wird auf der Unternehmensebene ein langfristig-orientiertes dreidimensionales Konzept bezeichnet, welches im Sinne einer nachhaltigen Entwicklung simultan Ziele aus den drei Dimensionen Ökonomie, Ökologie und Soziales umfasst. Zunächst erscheinen diese beiden Themenfelder weitestgehend unverbunden. Jedoch haben aktuelle Entwicklungen, wie z. B. neue regulatorische Rahmenbedingungen, veränderte Geschäftsstrategien/-modelle sowie neue Entwicklungen in der Personalpolitik von Unternehmen dazu beigetragen, dass sich sowohl die Forschung als auch die Unternehmenspraxis verstärkt mit der Gestaltung nachhaltigkeitsorientierter Anreizsysteme auseinandersetzen. Vor dem Hintergrund bestehender Unklarheiten und zum Teil widersprüchlicher Meinungen zur Integration von Nachhaltigkeitsaspekten in unternehmerische Anreizsysteme erscheint eine wissenschaftliche Auseinandersetzung mit dieser Thematik geboten.

An dieser Stelle setzt Robert Huber an. Er setzt sich in seiner Arbeit zwei Ziele. Zum einen gelte es, „einen Beitrag in Bezug auf die **Gestaltungsoptionen nachhaltigkeitsorientierter Anreizsysteme** zu leisten“ (S. 4). Zum anderen geht es darum, „**die Verhaltenswirkungen nachhaltigkeitsorientierter Anreizsysteme** zu analysieren“ (S. 5). Während Herr Huber das erste Ziel seiner Arbeit konzeptionell bearbeitet, verwendet er für die zweite Fragestellung ein empirisch-experimentelles Vorgehen und trägt damit dem Trend der betriebswirtschaftlichen Forschung nach einer eigenen empirischen Fundierung ihrer Analysen Rechnung.

Die Arbeit liefert vielfältige Erkenntnisse: Zum einen systematisiert Herr Huber Gestaltungsoptionen nachhaltigkeitsorientierter Anreizsysteme, bewertet die unterschiedlichen Möglichkeiten und macht Vorschläge, wie dem Gedanken der Nachhaltigkeit im Sinne der „Triple Bottom Line“ (Ökologie, Ökonomie, Soziales) am besten Rechnung getragen werden kann. So argumentiert Herr Huber nicht nur für ein breites Verständnis des Begriffs Nachhaltigkeit, das sich in den Bemessungsgrundlagen nachhaltigkeitsorientierter Anreizsysteme wiederspiegeln sollte. Mit seinen Ausführungen bringt Herr Huber auch Systematik und Ordnung in die bisherige wissenschaftliche Diskussion und gibt Praktikern wertvolle Hilfestellungen.

Eigene empirische Erkenntnisse liefert Herr Huber zur Beantwortung seiner zweiten Forschungsfrage, indem er unterschiedliche Verhaltenswirkungen nachhaltigkeitsorientierter Anreizsysteme untersucht. Aus seinen empirischen Daten wird einerseits deutlich, dass – entgegen der theoretischen Annahmen – keine direkten positiven Effekte nachhaltigkeitsorientierter Anreizsysteme auf die Attraktion, Motivation und Kooperation von (potentiellen) Mitarbeitern ausgehen. Zum anderen kann er jedoch zeigen, und darin liegt die interessante Haupterkenntnis der Studie, dass die Wirkung nachhaltigkeitsorientierter Anreizsysteme entscheidend von der persönlichen Nachhaltigkeitseinstellung der betroffenen Mitarbeiterinnen und Mitarbeiter beeinflusst wird. Zurückführen lässt sich diese Erkenntnis auf den mediierenden Einfluss des sog. „Person-Organization Fit“, also der Übereinstimmung von Wertvorstellungen des (potentiellen) Mitarbeiters und des Unternehmens, für das er arbeitet bzw. arbeiten wird. Aus diesen Erkenntnissen lassen sich interessante Rückschlüsse für die praktische Gestaltung von nachhaltigkeitsorientierten Anreizsystemen ableiten, sie tragen aber auch zum aktuellen wissenschaftlichen Diskurs bei. Der Arbeit ist deswegen eine weite Verbreitung in Wissenschaft und Unternehmenspraxis zu wünschen.

München, im Juni 2014 | Prof. Dr. Bernhard Hirsch

## Vorwort

Die vorliegende Arbeit entstand während meiner Tätigkeit als wissenschaftlicher Mitarbeiter an der Professur für Controlling der Universität der Bundeswehr München und wurde im März 2014 von der Fakultät für Wirtschafts- und Organisationswissenschaften der Universität der Bundeswehr München als Dissertation angenommen. An dieser Stelle möchte ich all denjenigen danken, die mich bei der Erstellung dieser Arbeit begleitet und unterstützt haben.

An erster Stelle gilt mein herzlicher Dank meinem Doktorvater Herrn Prof. Dr. Bernhard Hirsch. Seine strukturierte und zielorientierte Betreuung sowie seine kritischen und konstruktiven Reflexionen haben einen wesentlichen Beitrag am Gelingen dieser Arbeit. Zudem möchte ich mich herzlich für die vielfältigen Chancen bedanken, die er mir im Rahmen meiner Tätigkeit am Lehrstuhl eröffnet hat. Die damit verbundene Verantwortung sowie das dadurch zum Ausdruck gebrachte Vertrauen, haben mich auf unterschiedliche Weise fachlich sowie persönlich reifen lassen. Weiterhin danke ich Herrn Prof. Dr. Axel Schaffer für die freundliche Übernahme des Zweitgutachtens. Weiterhin gilt mein Dank Frau Prof. Dr. Sandra Praxmarer-Carus als Vorsitzende der Promotionskommission sowie Herrn Prof. Dr. Michael Eßig und Herrn Prof. Dr. Hans A. Wüthrich für ihr Mitwirken in der Promotionskommission.

Meinen Kollegen am Lehrstuhl danke ich herzlich für den sehr intensiven fachlichen Austausch und die wertvollen Anregungen. Darüber hinaus möchte ich das äußerst kollegiale Arbeitsumfeld – zu dem auch die externen Doktoranden des Lehrstuhls einen wesentlichen Beitrag leisten – hervorheben und mich auch hierfür bedanken. Besonders freut es mich, dass wir über unser Kollegenverhältnis hinaus freundschaftlich verbunden sind. Frau Olga Köckert danke ich dafür, dass sie sich stets fürsorglich um alle organisatorischen Angelegenheiten gekümmert hat. Schließlich gilt mein Dank allen meinen Freunden für die wohltuende Unterstützung bei allen Höhen und Tiefen während der Promotionszeit.

Mein ganz herzlicher Dank gilt meiner zukünftigen Ehefrau. Für ihr großes Verständnis sowie ihre tolle Unterstützung während der Promotionszeit kann ich ihr gar nicht genug danken.

Ein ganz besonderer Dank gebührt meinen Eltern und meiner Schwester. Ihnen danke ich von ganzem Herzen, dass sie mir immer zur Seite standen und mich bei meinem Vorhaben stets uneingeschränkt unterstützt haben.

München, im Juni 2014 Robert Huber

# Inhaltsverzeichnis

## Abbildungsverzeichnis

# Tabellenverzeichnis

## Abkürzungsverzeichnis

| | |
|---|---|
| AktG | Aktiengesetz |
| ARS | Anreizsystem |
| B.A.U.M. e.V. | Bundesdeutscher Arbeitskreis für Umweltbewusstes Management e.V. |
| BSC | Balanced Scorecard |
| CC | Corporate Citizenship |
| CS | Corporate Sustainability |
| CSA | Corporate Sustainability Assessment |
| CSR | Corporate Social Responsibility |
| DCGK | Deutscher Corporate Governance Kodex |
| DJSI | Dow Jones Sustainability Index |
| DNK | Deutscher Nachhaltigkeitskodex |
| DVFA | Deutsche Vereinigung für Finanzanalyse und Asset Management |
| EFFAS | European Federation of Financial Analysts Societies |
| EIRIS | Ethical Investment Research Service |
| Eurosif | European Sustainable Investment Forum |
| future | future e.V. – verantwortung unternehmen |
| GB | Großbritannien |
| GRI | Global Reporting Initiative |
| i. e. S. | im engeren Sinne |
| i. w. S. | im weiteren Sinne |
| IÖW | Institut für ökologische Wirtschaftsforschung |
| JP | Japan |

| | |
|---|---|
| MIMONA | Mitarbeiter-Motivation zu Nachhaltigkeit |
| NARS | Nachhaltigkeitsorientierung des Anreizsystems |
| NL | Niederlande |
| PNE | Persönliche Nachhaltigkeitseinstellung |
| PO-Fit | Person-Organization Fit |
| SBSC | Sustainability Balanced Scorecard |
| SD-KPIs | Sustainable Development Key Performance Indicators |
| SRI | Socially Responsible Investments |
| TBL | Triple Bottom Line |
| VBDO | Dutch Association of Investors for Sustainable Development |
| VorstAG | Gesetz zur Angemessenheit der Vorstandsvergütung |
| WACC | Weighted Average Cost of Capital |
| WBCSD | World Business Council for Sustainable Development |
| WCED | World Commission on Environment and Development |

# 1 Einführung

## 1.1 Relevanz des Themas

Das Thema **Nachhaltigkeit** hat sich in den letzten Jahren sowohl in der Wissenschaft als auch in der Unternehmenspraxis zu einem omnipräsenten Thema entwickelt.[1] Nicht nur die Anzahl der Fachzeitschriften und Fachpublikationen mit Nachhaltigkeitsbezug,[2] sondern auch die Anzahl der Unternehmen, die Nachhaltigkeit in ihre Geschäftsstrategien und -prozesse integrieren, nimmt stetig zu.[3] Ein Beleg für die steigende unternehmenspraktische Relevanz von Nachhaltigkeit ist u. a. die Tatsache, dass immer mehr Unternehmen im Rahmen der Nachhaltigkeitsberichterstattung über ihr ökologisches und soziales Engagement Rechenschaft ablegen.[4] Des Weiteren ist in Unternehmen auch eine deutliche Zunahme von organisatorischen Einheiten und Ressourcen, die dem Thema Nachhaltigkeit gewidmet sind, zu verzeichnen.[5] Als Ursache für die starke Bedeutungszunahme nachhaltiger Geschäftsmodelle werden in der Literatur sowohl interne als auch externe Beweggründe angesehen. Aus einer internen Sicht werden vor allem wirtschaftliche Vorteile angeführt, die mit einer verstärkten nachhaltigen Unternehmensausrichtung in Zusammenhang stehen.[6] Aus einer externen Sicht führen Erwartungen verschiedenster Stakeholdergruppen dazu, dass sich Unternehmen mit dem Thema Nachhaltigkeit auseinander setzen.[7] So üben bedeutsame Anspruchsgruppen, wie Kunden oder Investoren, zunehmend Druck auf Unter-

---

[1] Vgl. Campbell, J. L. (2007), S. 946; Weber, J./Marley, K. A. (2012), S. 627.

[2] Vgl. Simcic Brønn, P./Vidaver-Cohen, D. (2009), S. 91; Schaltegger, S. et al. (2010), S. 27 ff. Eine von *Schaltegger et al. (2010)* durchgeführte Literaturanalyse zu Fachzeitschriften mit dem Fokus Nachhaltigkeitsmanagement ergab für den Zeitraum 1990-2010 einen Anstieg von sechs auf 20 Fachzeitschriften. Die Anzahl der Fachzeitschriften hat sich somit in einem Zeitraum von 20 Jahren mehr als verdreifacht, vgl. Schaltegger, S. et al. (2010), S. 29.

[3] Vgl. Ramus, C. A. (2002), S. 151; Colbert, B. A./Kurucz, E. C. (2007), S. 22; Hol, H. et al. (2010), S. 13; Lacy, P. et al. (2010), S. 33; World Business Council for Sustainable Development (2010), S. 4; Kiron, D. et al. (2012), S. 69 f.

[4] Vgl. Hahn, T./Scheermesser, M. (2006), S. 151; Burnett, R. D./Hansen, D. R. (2008), S. 551; Kolk, A. (2010), S. 369. Eine aktuelle Studie aus dem Jahr 2011 ergab, dass in der Zwischenzeit 95 % der 250 weltweit größten Unternehmen über Nachhaltigkeitsaspekte berichten, vgl. KPMG (2011), S. 6 f.

[5] Vgl. von Hülsen, H.-C./Weisel, T. (2011), S. 125; Kiron, D. et al. (2012), S. 71.

[6] Vgl. Ambec, S./Lanoie, P. (2008), S. 45 ff.; Braun, S./Loew, T. (2008), S. 5; Kiron, D. et al. (2012), S. 71; Searcy, C. (2012), S. 239. Vgl. auch Abschnitt 2.2.4 dieser Arbeit für eine ausführliche Darstellung der wirtschaftlichen Vorteile einer nachhaltigen Unternehmensführung.

[7] Vgl. Aguilera, R. V. et al. (2007), S. 837 f.; Colbert, B. A./Kurucz, E. C. (2007), S. 22; Braun, S./Loew, T. (2008), S. 5; Habisch, A. et al. (2008), S. 6 f.; Simcic Brønn, P./Vidaver-Cohen, D. (2009), S. 91; Orlitzky, M. et al. (2011), S. 7.

nehmen aus, nicht nur ökonomische, sondern auch ökologische und soziale Aspekte in ihrem unternehmerischen Handeln zu berücksichtigen.[8]

Vor diesem Hintergrund wird in der wissenschaftlichen Literatur vielfach darauf hingewiesen, dass die Adaption nachhaltiger Geschäftsmodelle auch eine **Anpassung der Steuerungs- und Anreizsysteme** erforderlich macht.[9] Insbesondere sollen Anreizsysteme derart ausgestaltet sein, dass eine Verknüpfung zwischen der Erreichung von Nachhaltigkeitszielen und der Vergütung besteht.[10] Obwohl in der Unternehmenspraxis erste Beispiele existieren, sind die Nachhaltigkeitszielsetzungen bis heute in Unternehmen überwiegend nicht mit den Anreizsystemen verknüpft und die Zielerreichung wirkt sich folglich nicht auf die Vergütung der Mitarbeiter aus.[11] Empirische Erkenntnisse legen jedoch nahe, dass eine Verbindung zwischen Nachhaltigkeitszielen und Anreizsystemen den Unternehmenserfolg positiv beeinflusst.[12] Unternehmen stehen somit vor der Herausforderung, eine geeignete Verknüpfung zwischen Nachhaltigkeitszielen und unternehmerischen Anreizsystemen herzustellen. So stellen auch *Kolk/Perego (2013)* fest: „in recent years there has been a growing pressure to consider sustainability performance as part of the executive compensation formula."[13]

Die Dringlichkeit zur Auseinandersetzung mit auf Nachhaltigkeit ausgerichteten Anreizsystemen wurde durch die Verabschiedung des **Gesetzes zur Angemessenheit der Vorstandsvergütung (VorstAG)** im Jahre 2009 noch einmal deutlich verschärft.[14] Auch die Politik hat in Folge der Finanz- und Wirtschaftskrise erkannt, dass Nachhaltigkeitsaspekte stärker in den eingesetzten Anreizstrukturen Berücksichtigung finden müssen.[15] Folglich thematisiert die Politik durch das VorstAG genau die bestehende Lücke zwischen Nachhaltigkeit und

---

8 Vgl. McWilliams, A./Siegel, D. (2001), S. 117; Székely, F./Knirsch, M. (2005), S. 630; Ambec, S./Lanoie, P. (2008), S. 46; Berrone, P./Gomez-Mejia, L. R. (2009a), S. 968; Hubbard, G. (2009), S. 178; Weber, J./Marley, K. A. (2012), S. 627; Glavas, A./Godwin, L. N. (2013), S. 25.

9 Vgl. Epstein, M. J./Roy, M.-J. (2001), S. 594; Lacy, P. et al. (2010), S. 52; von Hülsen, H.-C./Weisel, T. (2011), S. 131; Merriman, K. K./Sen, S. (2012), S. 851; Weber, J. et al. (2012), S. 242.

10 Vgl. Epstein, M. J./Roy, M.-J. (2001), S. 594; Berrone, P./Gomez-Mejia, L. R. (2009b), S. 121; Lacy, P. et al. (2010), S. 52; von Hülsen, H.-C./Weisel, T. (2011), S. 131; Sutter, G. S. (2012), S. 411.

11 Vgl. World Business Council for Sustainable Development (2010), S. 4 f.; von Hülsen, H.-C./Weisel, T. (2011), S. 127; Schwerk, A. (2012), S. 349; Kolk, A./Perego, P. (2013), S. 4.

12 Vgl. Eccles, R. G. et al. (2012), S. 48; Kiron, D. et al. (2012), S. 72.

13 Kolk, A./Perego, P. (2013), S. 4.

14 Vgl. Fleischer, H. (2009), S. 802 f.; Evers, H. et al. (2010), S. 38 f.; Götz, A./Friese, N. (2010), S. 410; Kocher, D./Bednarz, L. (2011), S. 77 f.

15 Vgl. Suchan, S./Winter, S. (2009), S. 2531.

Anreizsystemen und fordert Unternehmen auf, das Thema Nachhaltigkeit in der Vorstandsvergütung zu berücksichtigen.[16] Aus Unternehmenssicht verstärken somit auch geänderte regulatorische Rahmenbedingungen den Druck zur nachhaltigkeitsorientierten Anpassung der eingesetzten Anreiz- und Vergütungssysteme.

Trotz der großen Bedeutung einer nachhaltigkeitsorientierten Gestaltung von Anreizsystemen für die Unternehmenspraxis besteht in der wissenschaftlichen Literatur bislang kein Konsens, wie das Thema Nachhaltigkeit in Anreizsysteme integriert werden kann. So wird von einigen Autoren nahegelegt, eine stärkere Nachhaltigkeitsausrichtung durch längere Zeiträume bei den Parametern von Anreizsystemen (mehrjährige Bemessungsgrundlagen, verzögerte Ausschüttung variabler Vergütungsbestandteile etc.) herzustellen.[17] Andere Autoren wählen dagegen eine umfassendere Herangehensweise und schlagen vor, neben finanziellen auch soziale und ökologische Nachhaltigkeitskriterien bei der Vergütung zu berücksichtigen.[18] Diese divergierenden Meinungen verdeutlichen die wissenschaftliche Relevanz, die einer umfassenden Analyse möglicher Optionen zur Gestaltung nachhaltigkeitsorientierter Anreizsysteme zukommt.

Darüber hinaus erscheint eine vertiefte Auseinandersetzung mit dem Thema Nachhaltigkeit im Kontext von Anreizsystemen auch im Hinblick auf mögliche Folgen für das **Mitarbeiterverhalten** vielversprechend und relevant für Wissenschaft und Unternehmenspraxis.[19] So wurde in zahlreichen empirischen Studien ein positiver Zusammenhang zwischen dem Nachhaltigkeitsengagement von Unternehmen und gewünschten Aspekten des Mitarbeiterverhaltens gezeigt.[20] Positive Effekte unternehmerischer Nachhaltigkeit ergaben sich bspw. in Bezug auf die Mitarbeiterattraktion[21] und das -commitment[22], aber auch hinsichtlich der Mitarbeitermotivation[23]. Infolge dieser Erkenntnisse wird das Thema Nachhaltigkeit in der

---

16 Vgl. Wilsing, H.-U./Paul, C. A. (2010), S. 363; von Werder, A. (2011), S. 55.

17 Vgl. Hohenstatt, K.-S. (2009), S. 1351 f.; von Werder, A. (2011), S. 55.

18 Vgl. Müller, H.-E. (2007), S. 37; Ariely, D. (2010), S. 38; Seyboth, M./Thannisch, R. (2010), S. 15.

19 Die wissenschaftliche Relevanz des Themas wird nicht zuletzt durch den Special Issue Call for Papers: Corporate Social Responsibility and Human Resource Management/Organizational Behavior der renommierten Zeitschrift Personnel Psychology verdeutlicht, vgl. o. V. (2011), S. 1073 ff.

20 Vgl. bspw. Bauer, T. N./Aiman-Smith, L. (1996); Turban, D. B./Greening, D. W. (1997); Sen, S. et al. (2006); Brammer, S. et al. (2007); Evans, W. R./Davis, W. D. (2011).

21 Vgl. Greening, D. W./Turban, D. B. (2000), S. 271; Evans, W. R./Davis, W. D. (2011), S. 465; Lin, C.-P. et al. (2012), S. 88 f.

22 Vgl. Maignan, I. et al. (1999), S. 463 f.; Peterson, D. K. (2004), S. 308; Stites, J. P./Michael, J. H. (2011), S. 61.

23 Vgl. Bartel, C. A. (2001), S. 402 f.; Mozes, M. et al. (2011), S. 316.

Unternehmenspraxis mittlerweile als essentieller Faktor für das strategische Personalmanagement angesehen.[24] Die Frage, welcher Einfluss von nachhaltigkeitsorientierten Anreizsystemen auf das Mitarbeiterverhalten ausgeht, lässt sich auf Basis bisheriger wissenschaftlicher Erkenntnisse jedoch nicht beantworten. Vor diesem Hintergrund regen *Kolk/Perego (2013)* an, den Einfluss nachhaltigkeitsorientierter Anreizsysteme auf das Mitarbeiterverhalten im Rahmen einer experimentellen Studie zu untersuchen.[25] Aus wissenschaftlicher Sicht ist somit von Interesse, welche Folgen aus einer verstärkten nachhaltigkeitsorientierten Ausrichtung von Anreizsystemen auf das Mitarbeiterverhalten resultieren.

## 1.2 Zielsetzung und Forschungsfragen der Arbeit

Die vorangegangenen Ausführungen verdeutlichen, dass eine Auseinandersetzung mit dem Thema Nachhaltigkeit im Kontext von Anreizsystemen eine hohe wissenschaftliche und unternehmenspraktische Relevanz aufweist. Trotz der hohen Relevanz existieren bisher kaum Beiträge zum Phänomen „nachhaltigkeitsorientierte Anreizsysteme".[26] Entsprechend konstatieren *Berrone/Gomez-Mejia (2009a)*: „Despite the hundreds of scholarly articles written during more than eight decades of executive compensation research, the academic community has largely neglected the link between social issues and managerial pay."[27] Daher setzt sich die vorliegende Arbeit zum Ziel, sowohl konzeptionell als auch empirisch zu diesem bisher wenig beachteten Untersuchungsgegenstand beizutragen. Aus diesem übergeordneten Forschungsziel ergeben sich die beiden zentralen Zielsetzungen bzw. Forschungsfragen der Arbeit, die im Folgenden genauer erläutert werden.

Ein erstes zentrales Forschungsziel dieser Arbeit besteht darin, einen Beitrag in Bezug auf die **Gestaltungsoptionen nachhaltigkeitsorientierter Anreizsysteme** zu leisten. Aus konzeptioneller Sicht hält die wissenschaftliche Literatur bisher nicht nur wenige, sondern zudem heterogene Ansätze bereit, wie das Thema Nachhaltigkeit in unternehmerische Anreizsysteme zu integrieren ist.[28] Insbesondere fehlt in der wissenschaftlichen Literatur eine

---

24 Vgl. Bhattacharya, C. B. et al. (2008), S. 37 ff.; Schwaab, M.-O. (2008), S. 199 f.

25 Vgl. Kolk, A./Perego, P. (2013), S. 13.

26 Vgl. Kolk, A./Perego, P. (2013), S. 2.

27 Berrone, P./Gomez-Mejia, L. R. (2009a), S. 961.

28 Vgl. bspw. Berrone, P./Gomez-Mejia, L. R. (2009a); Hoffmann-Becking, M./Krieger, G. (2009); Hohenstatt, K.-S./Kuhnke, M. (2009); Raible, K.-F./Schmidt, W. (2009b); Evers, H. et al. (2010); Götz, A./Friese, N. (2010); Hol, H. et al. (2010); Thüsing, G./Forst, G. (2010); Filbert, D. et al. (2011); Friedl, G./Springer, V. (2011);

systematische Auseinandersetzung zu möglichen Optionen bzw. Ansatzpunkten für die Gestaltung nachhaltigkeitsorientierter Anreizsysteme. Auf konzeptioneller Ebene besteht somit Forschungsbedarf, wie Anreizsysteme mit dem Konzept der Nachhaltigkeit zusammengeführt werden können. Vor diesem Hintergrund wird in dieser Arbeit folgende erste Forschungsfrage gestellt:

**Forschungsfrage 1: Welche Optionen bestehen zur nachhaltigkeitsorientierten Gestaltung von Anreizsystemen?**

Aus der Bearbeitung der Forschungsfrage lassen sich sowohl wichtige Erkenntnisse für die Wissenschaft als auch für die Unternehmenspraxis ableiten. Durch die Konsolidierung und Weiterentwicklung bisheriger wissenschaftlicher Arbeiten wird zum einen ein Beitrag auf konzeptioneller Ebene geleistet und aufgezeigt, welche Optionen im Allgemeinen zur Gestaltung nachhaltigkeitsorientierter Anreizsysteme bestehen. Zum anderen liefert die Untersuchung der Fragestellung eine Orientierung für die Unternehmenspraxis, wie diese der Herausforderung zur Integration von Nachhaltigkeit in Anreizsysteme begegnen kann.

Das zweite zentrale Forschungsziel dieser Arbeit besteht darin, die **Verhaltenswirkungen nachhaltigkeitsorientierter Anreizsysteme** zu analysieren. Wie verschiedene Beispiele aus der Unternehmenspraxis zeigen, wurden bereits erste nachhaltigkeitsorientierte Anreizsysteme implementiert.[29] Nicht zuletzt durch die Verabschiedung des VorstAG ist mit einer weiteren Verbreitung nachhaltigkeitsorientierter Anreizsysteme zu rechnen.[30] Jedoch wurde bisher in keiner empirischen Studie untersucht, wie nachhaltigkeitsorientierte Anreizsysteme das Mitarbeiterverhalten tatsächlich beeinflussen. Folglich besteht auf empirischer Ebene Forschungsbedarf, welche Verhaltensimplikationen sich infolge der Implementierung nachhaltigkeitsorientierter Anreizsysteme ergeben. Hieraus resultiert die zweite Forschungsfrage dieser Arbeit:

---

Kocher, D./Bednarz, L. (2011); Lange, R./Walth, A. (2011); von Hülsen, H.-C./Weisel, T. (2011); von Werder, A. (2011); Wilke, P. et al. (2011).

29 Vgl. Eurosif/EIRIS (2010), S. 4; Hol, H. et al. (2010), S. 39 ff.; Seyboth, M./Thannisch, R. (2010), S. 9 ff.; World Business Council for Sustainable Development (2010), S. 7 ff.; Filbert, D. et al. (2011), S. 597; Wilke, P./Schmid, K. (2012), S. 37 ff. Vgl. auch Abschnitt 3.3 dieser Arbeit für eine Bestandsaufnahme der bisherigen Umsetzung nachhaltigkeitsorientierter Anreizsysteme in der Unternehmenspraxis.

30 Vgl. Annuß, G./Theusinger, I. (2009), S. 2435 f.; Fleischer, H. (2009), S. 802 f.; Hoffmann-Becking, M./Krieger, G. (2009), S. 2 ff.; Raible, K.-F./Schmidt, W. (2009b), S. 249 f.; Evers, H. et al. (2010), S. 38 f.; Götz, A./Friese, N. (2010), S. 410 ff.; von Werder, A. (2011), S. 55.

**Forschungsfrage 2: Welche Verhaltenswirkungen resultieren aus der Implementierung nachhaltigkeitsorientierter Anreizsysteme?**

Empirische Erkenntnisse zu den Verhaltenswirkungen nachhaltigkeitsorientierter Anreizsysteme sind von großer Bedeutung für Wissenschaft und Unternehmenspraxis. Zunächst ergeben sich für die Wissenschaft neue Erkenntnisse über die Wirkung unternehmerischer Nachhaltigkeit in einem bislang nicht erforschten Kontext. Vor dem Hintergrund der bereits begonnenen Implementierung nachhaltigkeitsorientierter Anreizsysteme sind die davon ausgehenden Folgen auf das Verhalten der Mitarbeiter zudem aus Sicht der Unternehmenspraxis besonders bedeutsam. So lassen sich auf Basis der Ergebnisse konkrete Handlungsempfehlungen bezüglich der Vorteilhaftigkeit des Einsatzes nachhaltigkeitsorientierter Anreizsysteme ableiten.

## 1.3 Aufbau der Arbeit

Die vorliegende Arbeit ist in sechs Kapitel untergliedert. Abbildung 1 stellt den Aufbau der Arbeit überblicksartig dar.

**Kapitel 1** widmet sich der Relevanz des Themas, der Zielsetzung sowie den Forschungsfragen der Arbeit. Dabei wird deutlich, dass das Thema Nachhaltigkeit im Kontext unternehmerischer Anreizsysteme eine zunehmende Bedeutung erfährt. Da bisher nur wenige und zudem heterogene Beiträge zu nachhaltigkeitsorientierten Anreizsystemen existieren, hat sich die vorliegende Arbeit zum Ziel gesetzt, einen konzeptionellen Beitrag zur Gestaltung sowie einen empirischen Beitrag zu den Verhaltenswirkungen nachhaltigkeitsorientierter Anreizsysteme zu leisten.

In **Kapitel 2** werden die notwendigen inhaltlichen und definitorischen Grundlagen zu den für die Arbeit relevanten Themenkomplexen Anreizsysteme und unternehmerische Nachhaltigkeit gelegt. In den jeweiligen Abschnitten werden zunächst die Grundlagen beider Themen aufgezeigt, bevor die für die Arbeit maßgeblichen Begriffsdefinitionen erfolgen. Im Folgenden werden zu beiden Themenkomplexen jeweils Umsetzungsfragen, Ziele und Funktionen sowie Anforderungen diskutiert. Das Kapitel schließt mit einem Zwischenfazit.

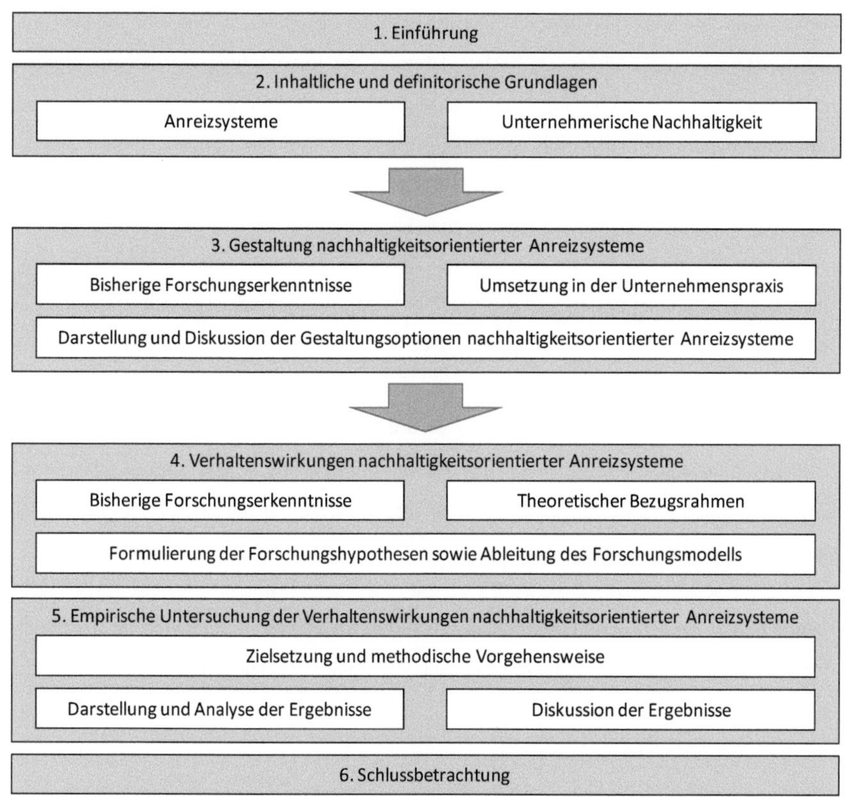


Abb. 1: Aufbau der Arbeit

**Kapitel 3** widmet sich den Gestaltungsoptionen nachhaltigkeitsorientierter Anreizsysteme. Zu Beginn wird der Forschungsbedarf begründet und der konkrete Untersuchungsgegenstand genauer beschrieben. Im Folgenden wird zunächst ein Überblick zu den bisher in der Literatur bestehenden Erkenntnissen zur Gestaltung nachhaltigkeitsorientierter Anreizsysteme gegeben, bevor auf den Umsetzungsstand in der Unternehmenspraxis Bezug genommen wird. Im weiteren Verlauf werden verschiedene Optionen zur Gestaltung nachhaltigkeitsorientierter Anreizsysteme systematisch dargestellt und umfassend diskutiert. Das Kapitel schließt mit einem Zwischenfazit.

In **Kapitel 4** werden die Verhaltenswirkungen nachhaltigkeitsorientierter Anreizsysteme thematisiert. Zu Beginn des Kapitels wird der Forschungsbedarf genauer begründet und eine konkrete Beschreibung des Untersuchungsgegenstandes gegeben. Es folgt eine Bestandsaufnahme der bisherigen wissenschaftlichen Literatur zur Verknüpfung von Anreizsystemen, Nachhaltigkeit und den Wirkungen auf das Mitarbeiterverhalten. Im Anschluss werden die Forschungshypothesen sowie das Forschungsmodell auf Basis der Signaling Theory und der Social Identity Theory in Verbindung mit einer Person-Organization Fit (PO-Fit) Perspektive abgeleitet. Das Kapitel schließt mit einem Zwischenfazit.

Unter Bezugnahme auf das in Kapitel 4 abgeleitete Forschungsmodell sowie die formulierten Forschungshypothesen folgt in **Kapitel 5** eine empirische Untersuchung der Verhaltenswirkungen nachhaltigkeitsorientierter Anreizsysteme. Zunächst werden die Zielsetzung und das methodische Vorgehen der empirischen Untersuchung erläutert. Im weiteren Verlauf des Kapitels erfolgt die Darstellung und Analyse der Ergebnisse. Das Kapitel schließt mit einer zusammenfassenden Diskussion, in der insbesondere die zentralen Implikationen für Forschung und Praxis herausgestellt werden.

**Kapitel 6** fasst die zentralen Erkenntnisse der Arbeit zusammen. Hierbei werden sowohl die Analyseergebnisse zur Gestaltung als auch zu den Verhaltenswirkungen nachhaltigkeitsorientierter Anreizsysteme resümiert.

# 2 Inhaltliche und definitorische Grundlagen

## 2.1 Anreizsysteme

### 2.1.1 Grundlagen

Im Bereich der Unternehmensführung sind Anreizsysteme wichtige Instrumente, um das Verhalten von Menschen in Unternehmen zielgerichtet zu beeinflussen.[31] Der Grundgedanke für den Einsatz von Anreizsystemen ist, über eine entsprechende Anreizsetzung gewünschtes Verhalten zu fördern und ungewünschtes Verhalten zu verhindern.[32] Die Notwendigkeit für den Einsatz von Anreizsystemen lässt sich aus zwei theoretischen Perspektiven, einer agency-theoretischen sowie einer motivationstheoretischen, begründen.[33] Beide Perspektiven werden im Folgenden kurz dargestellt.

Aus einer **agency-theoretischen Perspektive** sind Anreizsysteme in Situationen erforderlich, in denen Leitungsbefugnisse von einem Auftraggeber (Prinzipal) auf einen Auftragnehmer (Agent) übertragen werden und gleichzeitig Interessendivergenzen und Informationsasymmetrien vorliegen.[34] Im Unternehmenskontext sind insbesondere die **Übertragung von Leitungsbefugnissen** zwischen Eigentümern und Managern sowie zwischen Management und Mitarbeitern von Bedeutung.[35] **Interessendivergenzen** liegen vor, wenn der Auftragnehmer als opportunistisch-rational handelnder Akteur eigene Interessen vertritt, die denen des Auftraggebers entgegenstehen.[36] Zudem ist im Allgemeinen von **Informationsasymmetrien** zwischen Auftraggeber und Auftragnehmer aufgrund der arbeitsteiligen Leistungserstellung in Unternehmen und der ständig steigenden Menge verfügbarer Informationen auszugehen.[37] So hat der Auftragnehmer in Entscheidungssituationen zumeist einen Informationsvorsprung gegenüber dem Auftraggeber in Bezug auf die konkrete Handlungs-

---

[31] Vgl. Schanz, G. (1991), S. 8; Anthony, R. N./Govindarajan, V. (2007), S. 513; Hungenberg, H. (2011), S. 360.

[32] Vgl. Hill, C. W. (2005), S. 459 f.; Becker, W. et al. (2012), S. 53.

[33] Vgl. Becker, F. G. (1993), S. 321; Winter, S. (1996), S. 2; Hofmann, C. (2002), Sp. 72 f.; Hüfner, K. (2003), S. 25 f.; Becker, W. et al. (2012), S. 53.

[34] Vgl. Trauzettel, V. (1999), S. 134; Wolff, B./Lucas, S. (2004), Sp. 22; Anthony, R. N./Govindarajan, V. (2007), S. 530. Bei Interessengleichheit existiert grundsätzlich kein Koordinationsbedarf, da sich der Auftragnehmer im Sinne des Auftraggebers verhält. Bei Interessendivergenz und symmetrisch verteilten Informationen, kann der Auftraggeber den Koordinationsbedarf lösen, indem er den Auftragnehmer über einen sog. „forcing contract" zur Verfolgung seiner Interessen zwingt, vgl. Rödl, K. (2006), S. 57.

[35] Vgl. Eisenhardt, K. M. (1989), S. 58; Becker, F. G./Kramarsch, M. (2006), S. 17; Mallin, C. A. (2010), S. 14 f.

[36] Vgl. Siegwart, H./Menzl, I. (1978), S. 145; Zaunmüller, H. (2005), S. 40; Ewert, R./Wagenhofer, A. (2008), S. 401; Küpper, H.-U. (2008), S. 82; Merriman, K. K./Sen, S. (2012), S. 853.

[37] Vgl. Eisenhardt, K. M. (1989), S. 58; Schwalbach, J. (1999), S. 174; Scholz, U. (2002), S. 25; Becker, F. G./Kramarsch, M. (2004), Sp. 1951; Ewert, R./Wagenhofer, A. (2008), S. 400; Küpper, H.-U. (2008), S. 246; Mallin, C. A. (2010), S. 15.

situation (hidden information) sowie seiner tatsächlichen Handlungen (hidden action).[38] Unterschiedliche Interessen und Informationsstände der Akteure führen schließlich dazu, dass die Ziele des Auftraggebers nicht erreicht werden, oder die Zielerreichung nicht effizient erfolgt.

Als Instrumente zur Lösung dieses Problems stehen dem Auftraggeber zum einen der Einsatz von Anreizsystemen und zum anderen die Überwachung (Kontrollmechanismen) des Auftragnehmers zur Verfügung.[39] Durch entsprechend gestaltete **Anreizsysteme** kann erreicht werden, dass die Interessen des Auftraggebers durch den Auftragnehmer bestmöglich vertreten werden.[40] Anreizsysteme helfen dabei, vorhandene Interessendivergenzen zwischen Auftraggeber und Auftragnehmer zu überwinden und somit das Verhalten des Auftragnehmers (Agent) im Sinne des Auftraggebers (Prinzipal) zielgerichtet zu steuern.[41] **Kontrollmechanismen** werden den Anreizsystemen gegenüber als unterlegen angesehen, da Überwachungsmaßnahmen häufig mit dysfunktionalen Effekten verbunden sind.[42] Kontrollen werden durch Mitarbeiter zumeist als störend empfunden, da sie als eine Form von Misstrauen wahrgenommen werden, wodurch es zum Absinken der Motivation des Auftragnehmers kommen kann.[43] Des Weiteren sind wirkungsvolle Kontrollen aufgrund ihrer Komplexität oftmals nicht möglich oder durch die damit zusammenhängenden Kosten ökonomisch nicht sinnvoll.[44]

Aus einer **motivationstheoretischen Perspektive** sind Anreizsysteme im Unternehmenskontext erforderlich, da gewünschtes Mitarbeiterverhalten erst durch entsprechende Anreize motiviert werden muss.[45] Das von Unternehmen gewünschte Mitarbeiterverhalten

---

[38] Vgl. Zaunmüller, H. (2005), S. 42 f.; Ossadnik, W. (2009), S. 410.

[39] Vgl. Barkema, H. G./Gomez-Mejia, L. R. (1998), S. 135; Trauzettel, V. (1999), S. 31; Anthony, R. N./Govindarajan, V. (2007), S. 531; Coenenberg, A. G. et al. (2009), S. 902; Merriman, K. K./Sen, S. (2012), S. 853.

[40] Vgl. Riegler, C. (2000a), S. 146 f.; Zaunmüller, H. (2005), S. 44; Becker, W. et al. (2012), S. 53; Merriman, K. K./Sen, S. (2012), S. 853.

[41] Vgl. March, J./Simon, H. (1993), S. 145; Pellens, B. et al. (1998), S. 13 f.; Schwalbach, J. (1999), S. 175; Trauzettel, V. (1999), S. 31 f.; Weißenberger, B. E. (2003), S. 52.

[42] Vgl. Siegwart, H./Menzl, I. (1978), S. 221; Rödl, K. (2006), S. 60.

[43] Vgl. Siegwart, H./Menzl, I. (1978), S. 145; Thieme, H.-R. (1982), S. 36; Scholz, U. (2002), S. 26.

[44] Vgl. Merriman, K. K./Sen, S. (2012), S. 853.

[45] Vgl. Schanz, G. (1991), S. 8. Als Ausgangsmodell für die motivationstheoretische Perspektive wird in der Literatur häufig die Anreiz-Beitrags-Theorie herangezogen. Gemäß der Anreiz-Beitrags-Theorie gehen Mitarbeiter Arbeitsverhältnisse ein und zeigen leistungsorientiertes Verhalten bzw. steigern dies, solange ihr Anreiznutzen ihrem Beitragsnutzen entspricht oder diesen übersteigt. Ob gewünschte Verhaltensweisen auftreten, ist somit abhängig von der Menge und Attraktivität der angebotenen Anreize, vgl. hierzu bspw. Becker, F. G./Kramarsch, M. (2004), Sp. 1951 f.; Becker, F. G./Ostrowski, Y. (2012), S. 528.

kann in eine personalpolitische und eine leistungsbezogene Komponente unterschieden werden.[46] Zum einen sind Anreizsysteme **personalpolitisch** notwendig, um Personen Eintritts- und Bleibeanreize zu geben.[47] Attraktive Anreizsysteme sollen dazu beitragen, neue Mitarbeiter zu gewinnen und leistungsstarke Mitarbeiter im Unternehmen zu halten. Zum anderen sind Anreizsysteme dazu erforderlich, das **Leistungsverhalten**, im Sinne einer verbesserten Arbeitsleistung der Mitarbeiter, zu steigern.[48]

Kern der motivationstheoretischen Perspektive ist schließlich die Frage, durch welche Anreize das intendierte Verhalten, d. h. die Teilnahme- und Leistungsmotivation, erreicht bzw. gesteigert werden kann. Unter Rückgriff auf die Motivationstheorien wird versucht, menschliches Verhalten durch das Zusammenspiel von Anreizen und Bedürfnissen zu erklären.[49] Hierbei gelten sowohl materielle als auch immaterielle Anreize als verhaltenswirksam, wobei die Bedeutung immaterieller Anreize besonders hervorgehoben wird.[50] Auf die motivationstheoretische Perspektive wird folglich insbesondere dann Bezug genommen, wenn nicht alleine auf materielle Anreize (v. a. finanzielle Vergütung), sondern auch auf immaterielle Anreize abgestellt werden soll.[51] Anreizsysteme dienen aus motivationstheoretischer Sicht also dazu, das Mitarbeiterverhalten – unter Verwendung verhaltenswirksamer Stimuli (Anreize) – im Unternehmensinteresse zu beeinflussen. Anreizsysteme bzw. die Anreizsetzung tragen idealtypisch dazu bei, dass eine entsprechende Eintritts-, Bleibe- und Leistungsmotivation bei den Mitarbeitern hervorgerufen wird.[52]

Die beiden vorgestellten theoretischen Ausgangspunkte schließen sich nicht gegenseitig aus, sondern ergänzen sich vielmehr, indem beide aus unterschiedlichen Perspektiven zur Erklärung menschlichen Verhaltens in Organisationen beitragen.[53] Beide Perspektiven stimmen darin überein, dass Unternehmen Anreizsysteme einsetzen, um menschliches Verhalten zielorientiert zu steuern.

---

46 Vgl. Kossbiel, H. (1994), S. 75; Becker, F. G./Kramarsch, M. (2006), S. 21.
47 Vgl. Schanz, G. (1991), S. 8 f.; Kossbiel, H. (1994), S. 75.
48 Vgl. Becker, F. G./Kramarsch, M. (2006), S. 21.
49 Vgl. Winter, S. (1996), S. 2; Hofmann, C. (2002), Sp. 72 f.; Becker, W. et al. (2012), S. 53. Eine ausführlichere Diskussion der Motivationstheorien erfolgt in Abschnitt 2.1.3 dieser Arbeit.
50 Vgl. Becker, F. G./Kramarsch, M. (2006), S. 21.
51 Vgl. Becker, F. G./Ostrowski, Y. (2012), S. 528.
52 Vgl. Guthof, P. (1995), S. 34; Winter, S. (1996), S. 40.
53 Vgl. Kossbiel, H. (1994), S. 89 f.; Hüfner, K. (2003), S. 41.

### 2.1.2 Begriffsdefinition

In der Literatur existiert eine große Vielfalt an unterschiedlichen Definitionen zu Anreizsystemen.[54] Im Folgenden sollen daraus zwei ausgewählte, für den weiteren Verlauf der Arbeit besonders zielführende Definitionen vorgestellt werden.

*Kossbiel (1994)* definiert Anreizsysteme als eine Menge von Anreizen (Belohnungen und Bestrafungen), eine Menge von Bezugsobjekten (Bemessungsgrundlagen, Kriterien) und den zwischen diesen Mengen definierten Kriteriums-Anreiz-Relationen.[55] Nach *Friedl (2003)* legen Anreizsysteme Art und Höhe der Anreize fest, die als Folge einer Leistung des Adressaten eintreten und dabei mindestens ein Motiv[56] des Adressaten tangieren.[57]

Aus den Definitionen lassen sich die wesentlichen Gestaltungselemente von Anreizsystemen ableiten. Zunächst gehen beide Definitionen auf **Anreize** als einen ersten Bestimmungsfaktor ein. Es ist offensichtlich, dass ein Anreizsystem nur verhaltenswirksam sein kann, wenn es über einen für den Adressaten relevanten Anreiz verfügt.[58] In der Definition von *Kossbiel (1994)* sowie der einschlägigen Literatur wird zudem darauf hingewiesen, dass Anreize sowohl positiv (Belohnung) als auch negativ (Bestrafung) sein können.[59] Des Weiteren findet sich in den Definitionen kein Hinweis darauf, dass Anreize ausschließlich finanziell zu verstehen sind. Vielmehr können Belohnungen und Bestrafungen auch nicht-finanzieller Natur sein. Zur Bezeichnung von Anreizsystemen wird oftmals auf die zugrundeliegende Anreizart (Belohnung, Bonus, Vergütung, etc.) Bezug genommen.[60] Belohnungs-, Bonus- oder Vergütungssysteme sind somit als Sonderformen von Anreizsystemen anzusehen.

Als zweites Gestaltungselement ist die **Bemessungsgrundlage** in beiden Definitionen enthalten. *Kossbiel (1994)* nennt diese explizit. *Friedl (2003)* implizit über den Leistungsbezug des Anreizsystems. Die Bemessungsgrundlage ist die Beurteilungsgröße, anhand derer über die Leistung und somit über die Höhe der Belohnung oder Bestrafung befunden wird.[61] Der Leistungsbezug macht zudem klar, dass sich die Definitionen auf leistungsabhängige Anreiz-

---

[54] Vgl. bspw. Kossbiel, H. (1994), S. 77; Pforte, K. (1999), S. 20 ff.; Zaunmüller, H. (2005), S. 34.
[55] Vgl. Kossbiel, H. (1994), S. 78.
[56] Vgl. hierzu die Ausführungen in Abschnitt 2.1.3 dieser Arbeit.
[57] Vgl. Friedl, B. (2003), S. 502.
[58] Vgl. Schanz, G. (1991), S. 8.
[59] Vgl. Anthony, R. N./Govindarajan, V. (2007), S. 513.
[60] Vgl. Kossbiel, H. (1994), S. 78.
[61] Vgl. Friedl, B. (2003), S. 508.

systeme beziehen. Die Gewährung von Anreizen und deren Höhe richten sich somit nicht nach den Eigenschaften einer Person (Alter, Erfahrung, Geschlecht, etc.), sondern nach deren Leistung. Werden erwünschte Leistungen erbracht, resultiert daraus ein positiver Anreiz (Belohnung), wohingegen auf unerwünschte Leistungen ein negativer Anreiz (Bestrafung) folgt. Leistungsunabhängige Anreize, wie z. B. das Grundgehalt oder sonstige fixe Vergütungsbestandteile, sind somit nicht Gegenstand dieser Definition.

Als weiteres Gestaltungselement nennt *Kossbiel (1994)* Kriteriums-Anreiz-Relationen, die in der einschlägigen Literatur zumeist als **Belohnungsfunktionen** bezeichnet werden.[62] Durch eine Belohnungsfunktion wird der Zusammenhang zwischen Anreizen und Bemessungsgrundlagen hergestellt.[63] Dadurch wird klar definiert, welche Anreize in welcher Höhe auf eine bestimmte Ausprägung der Bemessungsgrundlage folgen. Als direkte Konsequenz der Berechnung der Anreizhöhe stellt sich die Frage, wann ein Mitarbeiter über die Anreize verfügen kann. Hieraus ergibt sich mit der **Ausschüttungspolitik** ein weiteres Element, welches für die Gestaltung von Anreizsystemen von Bedeutung ist.

*Friedl (2003)* nennt schließlich den Adressat des Anreizsystems **(Adressatenkreis)** als ein letztes Gestaltungselement von Anreizsystemen. Das Anreizsystem kann für alle Mitarbeiter des Unternehmens oder nur für einzelne hierarchische Ebenen, Abteilungen oder Personen Gültigkeit haben.[64] Eine Differenzierung ist insbesondere dann geboten, wenn sich die Adressaten im Hinblick auf die für sie relevanten Anreize und/oder hinsichtlich der Einflussmöglichkeiten auf die Beurteilungsgrößen unterscheiden.[65]

Aus den vorgestellten Definitionen bzw. den daraus abgeleiteten Gestaltungsparametern ergibt sich die folgende Begriffsdefinition von Anreizsystemen, die für den weiteren Verlauf der Arbeit zugrundegelegt wird:

*Unter Anreizsystemen werden Systeme verstanden, welche Bemessungsgrundlagen mit Anreizen durch Belohnungsfunktionen verknüpfen, um das Verhalten der Mitarbeiter (Adressaten) unternehmenszielkonform zu steuern.*

---

62 Vgl. Riegler, C. (2000a), S. 153; Weber, J. et al. (2004), S. 204.
63 Vgl. Kossbiel, H. (1994), S. 78; Hofmann, C. (2002), Sp. 72; Friedl, B. (2003), S. 510.
64 Vgl. Riegler, C. (2000a), S. 169 f.
65 Vgl. Wolff, B./Lucas, S. (2004), Sp. 25 ff.

### 2.1.3 Gestaltungselemente

Im Zuge der Begriffsdefinition von Anreizsystemen im vorherigen Abschnitt, konnten mit den Bestimmungsfaktoren

- Anreiz,
- Bemessungsgrundlage,
- Belohnungsfunktion,
- Ausschüttungspolitik und
- Adressatenkreis

bereits die zentralen Gestaltungselemente von Anreizsystemen abgeleitet werden.[66] Für ein besseres Verständnis der Besonderheiten der einzelnen Gestaltungselemente werden diese im Folgenden umfassend diskutiert.

**Anreiz**

Als Anreiz werden die positiven (Belohnung) oder negativen (Bestrafung) Konsequenzen bezeichnet, die in Folge einer erwünschten bzw. unerwünschten Leistung eintreten und mindestens ein Motiv des Betroffenen tangieren.[67] Entscheidende Voraussetzung für wirkungsvolle Anreize ist somit, dass der Anreiz vom betroffenen Mitarbeiter auch subjektiv als solcher wahrgenommen und verstanden wird[68] sowie mit seinen individuellen Motivstrukturen korrespondiert.[69]

---

66 Die ersten drei Gestaltungselemente werden in der Literatur auch als Basiselemente (vgl. Laux, H./Liermann, F. (2005), S. 505) oder Hauptgestaltungselemente (vgl. Riegler, C. (2000a), S. 150) bezeichnet. In einigen Beiträgen wird der „administrative Rahmen" als weiteres Gestaltungselement genannt, womit insbesondere Gerechtigkeitserwägungen und Regelungen zu Informations- und Mitwirkungsrechten von Mitarbeitern abgebildet werden, vgl. Winter, S. (1997), S. 616 u. 625 f.; Rödl, K. (2006), S. 61. Diese Aspekte werden im Rahmen dieser Arbeit in Abschnitt 2.1.5 bei den Anforderungen an Anreizsysteme unter den Stichworten „Transparenz", „Gerechtigkeit" und „Akzeptanz" diskutiert.

67 Vgl. Winter, S. (1996), S. 14; Friedl, B. (2003), S. 506; Anthony, R. N./Govindarajan, V. (2007), S. 513. Ein Beispiel für ein Anreizsystem mit ausschließlich negativen Anreizen (Bestrafung) gibt das kanadische Unternehmen RIM. Dort müssen Manager, die über den Aktienkurs des Unternehmens sprechen, jedem Mitarbeiter einen Donut bezahlen. Durch diese interne Vereinbarung möchte sich das Unternehmen vom Prinzip des Sharehoder Value distanzieren, vgl. Martin, R. (2010), S. 64.

68 Vgl. Wagner, D. (1991), S. 97; Staehle, W. H. (1999), S. 166.

69 Vgl. Schanz, G. (1991), S. 13; Becker, F. G./Kramarsch, M. (2004), Sp. 1952.

Mit dem Begriff **Motiv** wird eine isolierte Verhaltensbereitschaft einer Person bezeichnet,[70] die latent vorhanden ist, jedoch erst durch einen Impuls von außen oder ein Mangelgefühl aktiviert wird.[71] Motive begründen sich dabei auf die ihnen vorgelagerten menschlichen **Bedürfnisse.**[72] Ein Bedürfnis ist ein allgemeines Mangelempfinden, während ein Motiv bereits die inhaltliche Ausprägung eines Bedürfnisses im Hinblick auf die **Zielerreichung** darstellt (Bedürfnisbefriedigung). Um ein konkretes **Verhalten** hervorzurufen, müssen die Motive durch entsprechende **Anreizsetzung** aktiviert werden.[73] Dieser Zusammenhang kann in folgendem einfachen Motivationsmodell wiedergegeben werden (vgl. Abbildung 2).

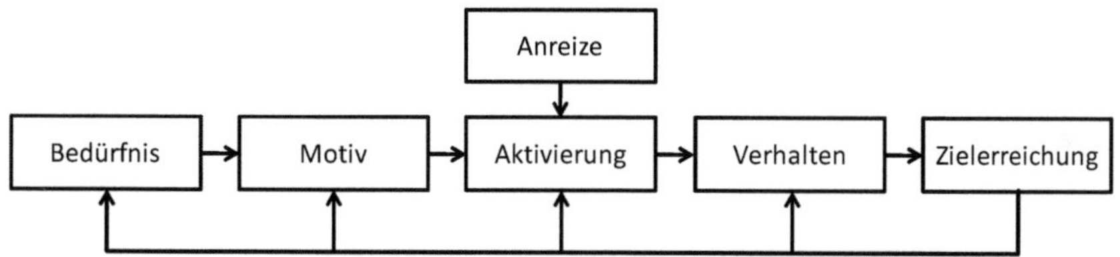


Abb. 2: Motivationsmodell nach Staehle (Quelle: in Anlehnung an Staehle, W. H. (1999), S. 167)

Eine Übereinstimmung von Motiv und Anreiz führt somit zu einer Aktivierung bzw. Motivation des Mitarbeiters, ein bestimmtes Verhalten, welches auf die Bedürfnisbefriedigung ausgerichtet ist, zu zeigen. Motivation resultiert demnach immer dann, wenn ein Mitarbeiter in einer bestimmten Situation Anreize wahrnimmt, die ein oder mehrere seiner Motive aktivieren bzw. zu deren Befriedigung beitragen.[74] Für Unternehmen ist also relevant, welche Bedürfnisse und Motive bei ihren Mitarbeitern vorhanden sind, um diese durch geeignete Anreize anzusprechen.[75]

In diesem Zusammenhang versuchen **Motivationstheorien** zu erklären, wie und warum Mitarbeiter bestimmte Verhaltensweisen zeigen. Von besonderer Bedeutung ist die Unterscheidung in Inhalts- und Prozesstheorien.[76] **Inhaltstheorien**[77] gehen insbesondere der Frage

[70] Vgl. Becker, F. G. (1990), S. 9.
[71] Vgl. Brandenberg, A. (2001), S. 31; Hentze, J./Graf, A. (2005), S. 14.
[72] Vgl. Staehle, W. H. (1999), S. 166.
[73] Vgl. Schanz, G. (1991), S. 13.
[74] Vgl. von Rosenstiel, L. (1999), S. 51.
[75] Vgl. Greenberg, J./Liebman, M. (1990), S. 9.
[76] Vgl. Wagner, D./Grawert, A. (1991), S. 346; Thommen, J.-P./Achleitner, A.-K. (2009), S. 790.

nach, **was** Menschen zu bestimmten Handlungen antreibt bzw. ein bestimmtes Verhalten erzeugt und aufrechterhält.[78] Bspw. lassen sich mit Hilfe der Theorie von Maslow menschliche Bedürfnisse in einer sogenannten Bedürfnispyramide systematisch darstellen,[79] woraus wiederum Implikationen für die Anreizgestaltung abgeleitet werden können.[80] **Prozesstheorien**[81] versuchen im Gegensatz zu den Inhaltstheorien zu erklären, **wie** ein bestimmtes Verhalten erzeugt, gelenkt, erhalten und abgebrochen werden kann.[82] Im Vordergrund stehen also der Motivationsprozess und die dabei ablaufenden kognitiven Prozesse. Prozesstheorien betonen den subjektiven Nutzen von Anreizen, sowie die Einschätzung über die Wahrscheinlichkeit, bestimmte Leistungsziele und Handlungsergebnisse zu erreichen. Diese Einschätzung wird maßgeblich von der Beeinflussbarkeit der Bemessungsgrundlage durch den Mitarbeiter bestimmt.[83] Inhalts- und Prozesstheorien verdeutlichen jeweils die besondere Relevanz, die der **Auswahl verhaltenswirksamer Anreize** im Rahmen der Gestaltung betrieblicher Anreizsysteme bzw. für die zielorientierte Beeinflussung des Mitarbeiterverhaltens zukommt. Im Folgenden werden daher verschiedene Anreizarten, die für die Gestaltung von Anreizsystemen in Frage kommen, diskutiert.

Die möglichen Anreize können in vielfältiger Weise systematisiert werden.[84] Im Hinblick auf die Anreizquelle lassen sich zunächst intrinsische und extrinsische Anreize unterscheiden.[85] Von **intrinsischen Anreizen** wird dann gesprochen, wenn sich die Bedürfnisbefriedigung aus der Arbeit selbst begründet.[86] Der Anreiz resultiert aus der (Art der) Aufgabenerfüllung und ergibt sich entweder schon während der Tätigkeit (z. B. Freude an verantwortungsvoller

---

[77] Zu den prominentesten Inhaltstheorien zählen die Bedürfnistheorie von Maslow und die Zweifaktoren-Theorie von Herzberg, vgl. weiterführend bspw. Wagner, D./Grawert, A. (1989), S. 99; Kolb, M. et al. (2010), S. 391.

[78] Vgl. Staehle, W. H. (1999), S. 221 ff.; von Rosenstiel, L. (1999), S. 60.

[79] Vgl. Kolb, M. et al. (2010), S. 392.

[80] Eine Auseinandersetzung mit den Bedürfnissen der Adressaten eines Anreizsystems ist eine wichtige Voraussetzung, um die mit einem Bedürfnis korrespondierenden Motive (durch passende Anreize) gezielt ansprechen zu können, vgl. Kolb, M. et al. (2010), S. 392. Folglich leisten die Inhaltstheorien einen Beitrag zur theoretischen Fundierung der Auswahl von Anreizen, vgl. Friedl, B. (2003), S. 513.

[81] Zu den bedeutendsten Prozesstheorien zählen die VIE-Theorie (Valenz-Instrumentalitäts-Erwartungs-Theorie) von Vroom und die Theorie von Porter/Lawler, vgl. weiterführend bspw. Wagner, D./Grawert, A. (1989), S. 99; Kolb, M. et al. (2010), S. 391.

[82] Vgl. Wagner, D./Grawert, A. (1989), S. 99; Staehle, W. H. (1999), S. 231 ff.

[83] Die Beeinflussbarkeit der Bemessungsgrundlage durch den Mitarbeiter wird im Kontext von Anreizsystemen als „Controllability" bezeichnet und stellt eine Anforderung an die Gestaltung von Anreizsystemen dar. Eine ausführliche Diskussion erfolgt in Abschnitt 2.1.5 dieser Arbeit.

[84] Vgl. zu alternativen Systematisierungsmöglichkeiten bspw. Schanz, G. (1991), S. 13 f.; Brandenberg, A. (2001), S. 37; Wolff, B./Lucas, S. (2004), Sp. 27 f.

[85] Vgl. Laux, H./Liermann, F. (2005), S. 502 ff.

[86] Vgl. von Rosenstiel, L. (1993), S. 159.

Tätigkeit), oder durch das unmittelbar dadurch erzielte Ergebnis (z. B. Freude in Folge der Lösung eines schwierigen Problems).[87] Als Beispiele für intrinsische Anreize können abwechslungsreiche Tätigkeiten (Varietät), sinnstiftende Arbeitsinhalte (Sinn) oder Entscheidungskompetenzen (Autonomie) genannt werden.[88] **Extrinsische Anreize** beziehen sich dagegen nicht auf die Arbeit selbst, sondern auf deren Folgen.[89] Sie dienen als Mittel zum Zweck der Bedürfnisbefriedigung.[90] Extrinsische Anreize können des Weiteren immaterieller oder materieller Natur sein.[91] Bei extrinsischen **immateriellen Anreizen** sind insbesondere soziale Anreize (z. B. Anerkennung, Auszeichnung) und Aufstiegsanreize (z. B. Beförderung) von Bedeutung.[92] Die extrinsischen **materiellen Anreize** können schließlich weiter in monetäre und nicht-monetäre untergliedert werden.[93] Zu den materiellen **monetären Anreizen** gehören alle fixen (insbes. Grundgehalt, Sozialleistungen) und variablen (insbes. Prämien- und Bonuszahlungen) Einkommensteile. Den materiellen **nicht-monetären Anreizen** sind indirekte finanzielle Anreize, wie bspw. Büroausstattung, Dienstreisen oder Dienstwagen zuzurechnen.[94] Die beschriebene Systematisierung der Anreizarten wird in Abbildung 3 zusammengefasst.

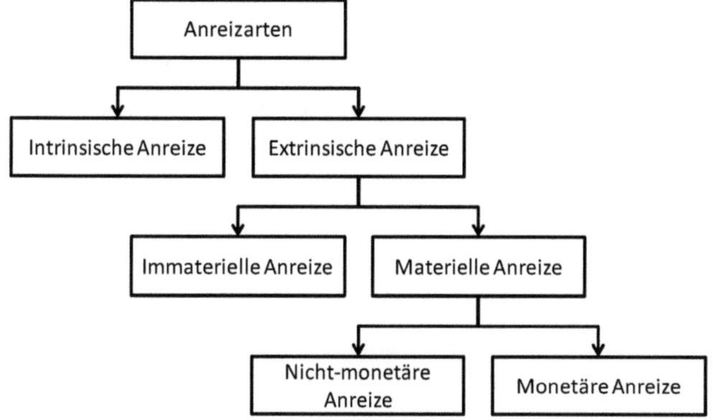


Abb. 3: Anreizarten im Kontext von Anreizsystemen (Quelle: Zaunmüller, H. (2005), S. 38)

87 Vgl. Laux, H./Liermann, F. (2005), S. 502.

88 Vgl. Schanz, G. (1991), S. 15.

89 Vgl. von Rosenstiel, L. (1999), S. 66; Hofmann, C. (2002), Sp. 71.

90 Vgl. Schanz, G. (1991), S. 15; Frey, B. S./Osterloh, M. (1997), S. 308.

91 Vgl. Becker, F. G. (1990), S. 9 f.; Hofmann, C. (2002), Sp. 71; Knappe, C. (2009), S. 31 f. Intrinsische Anreize sind dagegen immer immaterieller Natur, so dass hier keine weitere Unterscheidung vorzunehmen ist, vgl. Friedl, B. (2003), S. 506; Dahlhaus, C. (2009), S. 127.

92 Vgl. Friedl, B. (2003), S. 506; Zaunmüller, H. (2005), S. 37.

93 Vgl. Zaunmüller, H. (2005), S. 37; Knappe, C. (2009), S. 34 ff.

94 Vgl. Dahlhaus, C. (2009), S. 127.

Wie oben bereits erwähnt, muss bei der Auswahl der Anreize sichergestellt werden, dass diese mit den individuellen Motiven korrespondieren und von den Adressaten auch wahrgenommen werden.[95] Um den individuellen Unterschieden in den Bedürfnisstrukturen Rechnung zu tragen, werden in der Literatur insbesondere monetäre Anreize und sogenannte Cafeteria-Modelle vorgeschlagen.[96]

**Monetäre Anreize** haben den Vorteil, dass sie flexibel zur Erfüllung verschiedenster Bedürfnisse einsetzbar sind.[97] Geld kann als ein „nahezu universelles Mittel der Bedürfnisbefriedigung“[98] angesehen werden. Jedoch darf an dieser Stelle nicht der Fehler begangen werden, ausschließlich monetäre Anreize als „Allheilmittel“ heranzuziehen und die Relevanz immaterieller und nicht-monetärer Anreize zu vernachlässigen.[99] Bspw. wird davon ausgegangen, dass die Attraktivität und Wirksamkeit monetärer Anreize mit zunehmender Höhe abflacht,[100] während immaterielle Anreize (Arbeitsinhalte, berufliches Fortkommen, Mitbestimmung, etc.) an Bedeutung gewinnen.[101] Zudem wird häufig von einem sich vollziehenden **Wandel der menschlichen Bedürfnisse** berichtet.[102] Immateriellen Anreizen, die bspw. aus Verbesserungen bezüglich der Arbeitszeitgestaltung, den Arbeitsinhalten und den Entscheidungsbefugnissen resultieren, kommt zunehmend Bedeutung zu.[103] Nicht zuletzt weisen einige Autoren darauf hin, dass insbesondere von finanziellen Anreizen ein dysfunktionaler Effekt ausgehen kann, da hierdurch die intrinsische Motivation der Mitarbeiter verdrängt wird.[104]

---

95 Vgl. Becker, F. G. (1993), S. 318; Staehle, W. H. (1999), S. 166.

96 Vgl. Winter, S. (1997), S. 624.

97 Vgl. Becker, F. G. (1993), S. 319; Winter, S. (1997), S. 624; Laux, H./Liermann, F. (2005), S. 506; Hungenberg, H. (2011), S. 362.

98 Schanz, G. (1991), S. 14.

99 Vgl. Govindarajulu, N./Daily, B. F. (2004), S. 368; Becker, F. G./Kramarsch, M. (2006), S. 23.

100 Vgl. Kniehl, A. T. (1998), S. 56; Anthony, R. N./Govindarajan, V. (2007), S. 514.

101 Vgl. Greenberg, J./Liebman, M. (1990), S. 9; Becker, F. G. (1993), S. 327.

102 Vgl. Opaschowski, H. W. (1991), S. 37 f.; Schanz, G. (1991), S. 6 f.; Knappe, C. (2009), S. 22 ff.

103 Vgl. Opaschowski, H. W. (1991), S. 37 f.; Wälchli, A. (1995), S. 129 f.; Fay, C. H./Thompson, M. A. (2001), S. 224. Diese Erkenntnisse werden durch Ergebnisse aktueller Studien zu den Bedürfnissen von Arbeitnehmern gestützt. Aus einer von Towers Perrin im Jahre 2005 durchgeführten Befragung unter 86.000 Arbeitnehmern aus 16 Ländern ging bspw. hervor, dass die meisten Treiber der Mitarbeitergewinnung, -motivation und -bindung den nicht-monetären Bereichen zuzuordnen sind, vgl. Towers Perrin (2006), S. 19.

104 Dieser Effekt wird in der Literatur als Korrumpierungseffekt der intrinsischen Motivation bzw. als Crowding-out-Effekt bezeichnet, vgl. Baker, G. P. et al. (1988), S. 596; Frey, B. S./Osterloh, M. (1997), S. 310 ff.; Kohn, A. (1997), S. 22 f.; von Rosenstiel, L. (1999), S. 74; Zaunmüller, H. (2005), S. 67 ff.; Weibel, A. et al. (2007), S. 1029 ff.; Rost, K./Osterloh, M. (2009), S. 126 ff.; Weibel, A. et al. (2010), S. 387 ff. Für eine kritische Diskussion der betriebswirtschaftlichen Relevanz vgl. Kunz, A. H. (2004), S. 143 ff.; Gade, C. (2007), S. 175 ff.

Unternehmen können auch mit sogenannten **Cafeteria-Modellen** den unterschiedlichen Bedürfnissen ihrer Mitarbeiter Rechnung tragen.[105] Dabei wählen die Adressaten des Anreizsystems, unter Beachtung ihres Budgets, verschiedene Anreizarten entsprechend ihrer individuellen Präferenzen aus.[106] Typischerweise besteht im Rahmen einer „Anreiz-Cafeteria" für Mitarbeiter die Möglichkeit, das verfügbare Budget zwischen Anreizarten wie Zusatzgehalt, Firmenwagen, Versicherungsleistungen oder Qualifizierungsmaßnahmen aufzuteilen.[107]

**Bemessungsgrundlage**

Als Bemessungsgrundlagen werden Beurteilungsgrößen bezeichnet, die Auskunft über die Leistung von Mitarbeitern geben.[108] Folglich ist die Bemessungsgrundlage der zentrale Parameter, von dem die Anreizgewährung abhängig gemacht wird.[109] Bemessungsgrundlagen leiten sich aus den Unternehmenszielen ab und stellen eine Verknüpfung zwischen der Unternehmens- und Mitarbeiterperspektive her (vgl. Abbildung 4).

Über die Bemessungsgrundlage gelingt es, die Unternehmensziele mit den individuellen Zielen des Adressaten zu verbinden.[110] Der Mitarbeiter wird diejenigen Aktivitäten wählen, die eine größtmögliche Belohnung erwarten lassen.[111] Beeinflusst der Mitarbeiter die Bemessungsgrundlage durch seine Aktivitäten nun besonders positiv, führt dies nicht nur zu einer höheren Belohnung, sondern auch zu einer Verbesserung des Zielerreichungsgrads aus Unternehmenssicht.

Ein Anreizsystem wird also dann erfolgreich sein, wenn durch die Bemessungsgrundlage eine Verknüpfung von Mitarbeiter- und Unternehmenskalkül erreicht wird.[112] Damit dies gelingt, ist bei der Auswahl und Gestaltung von Bemessungsgrundlagen darauf zu achten, dass diese den drei zentralen Anforderungen Anreizkompatibilität, Controllability und Manipulationsresistenz gerecht werden.[113] **Anreizkompatibilität** (Zielbezug) der Bemessungsgrundlage bedeutet, dass Anreize in Abhängigkeit davon gewährt werden, wie sich die Zielerreichung

[105] Vgl. Wälchli, A. (1995), S. 206 ff.; Winter, S. (1997), S. 624; Knappe, C. (2009), S. 52.
[106] Vgl. Wagner, D. (1991), S. 93; Müller-Stewens, G./Brauer, M. (2009), S. 616; Hungenberg, H. (2011), S. 364.
[107] Vgl. Winter, S. (1997), S. 624; Knappe, C. (2009), S. 57; Hungenberg, H. (2011), S. 364.
[108] Vgl. Becker, F. G./Kramarsch, M. (2006), S. 30; Hungenberg, H. (2011), S. 362.
[109] Vgl. Küpper, H.-U. (2008), S. 268; Hungenberg, H./Wulf, T. (2011), S. 432.
[110] Vgl. Riegler, C. (2000a), S. 148; Becker, F. G./Kramarsch, M. (2006), S. 30.
[111] Vgl. Riegler, C. (2000a), S. 148.
[112] Vgl. Hungenberg, H. (2011), S. 362.
[113] Vgl. Riegler, C. (2000a), S. 159 ff.; Hofmann, C. (2002), Sp. 71 f.; Coenenberg, A. G. et al. (2009), S. 811.

aus Sicht des Unternehmens ändert.[114] Folglich sollen Belohnungen für Mitarbeiter nur dann entstehen, wenn gleichzeitig die Zielerreichung des Unternehmens steigt.[115] Im Sinne der **Controllability** muss die Ausprägung der Bemessungsgrundlage direkt durch Handlungen des Mitarbeiters beeinflusst werden können,[116] jedoch zugleich widerstandsfähig gegenüber manipulierenden Handlungen des Mitarbeiters sein **(Manipulationsresistenz)**.[117] Die Eigenschaft der Controllability ist von besonderer Bedeutung, da es Mitarbeiter als ungerecht und demotivierend empfinden, wenn sie für Sachverhalte verantwortlich gemacht werden, die sie nicht beeinflussen können.[118] Infolge wahrgenommener Ungerechtigkeit wird sich die Leistungsbereitschaft verringern und die Zielsetzung des Anreizsystems wird konterkariert.[119]

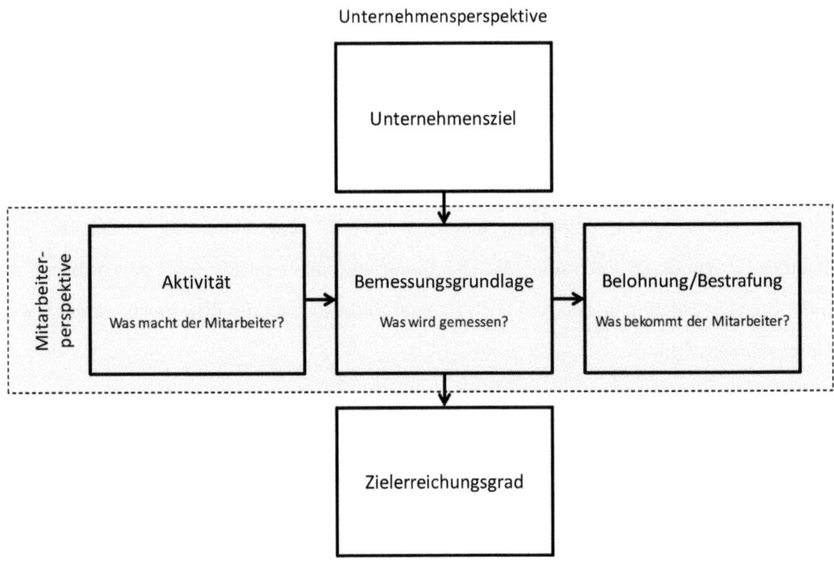


Abb. 4: Verknüpfung von Mitarbeiter- und Unternehmensinteressen im Kontext von Anreizsystemen (Quelle: Riegler, C. (2000a), S. 149)

---

[114] Vgl. Pellens, B. et al. (1998), S. 14; Laux, H./Liermann, F. (2005), S. 510; Mayer, B. et al. (2005), S. 15.

[115] Vgl. Hofmann, C. (2002), Sp. 71; Friedl, B. (2003), S. 509; Hungenberg, H. (2011), S. 362.

[116] Vgl. Wagenhofer, A. (1999), S. 188; Friedl, B. (2003), S. 509; Hill, C. W. (2005), S. 459 f.; Grewe, A. (2006), S. 20.

[117] Vgl. Pellens, B. et al. (1998), S. 14; Plaschke, F. J. (2003), S. 107 f.; Gladen, W. (2008), S. 179; Müller-Stewens, G./Brauer, M. (2009), S. 602; Brühl, R. (2012), S. 454.

[118] Vgl. Giraud, F. et al. (2008), S. 32.

[119] Vgl. Kunz, J./Linder, S. (2011), S. 100.

Wie in Abbildung 4 veranschaulicht, werden die Bemessungsgrundlagen idealtypisch direkt aus den Unternehmenszielen abgeleitet, wodurch diese nur ziel- bzw. unternehmensspezifisch festgelegt werden können. Da Unternehmensziele höchst unterschiedlich sein können, ergibt sich auch eine sehr große Bandbreite möglicher Bemessungsgrundlagen. Bspw. können Bemessungsgrundlagen danach unterschieden werden, ob sie quantitativer bzw. qualitativer Art sind, ob sie sich auf strategische bzw. operative Zielsetzungen beziehen und ob die Beurteilung subjektiv bzw. objektiv erfolgt.[120] Systematisierungen, die einen Eindruck dieser Bandbreite an Bemessungsgrundlagen vermitteln, finden sich u. a. bei *Weilenmann (1999)*[121] und *Grewe (2006)*[122].

In den letzten Jahren hat zudem der Aspekt der **Mehrjährigkeit** in der Diskussion geeigneter Bemessungsgrundlagen stark an Bedeutung gewonnen.[123] Mehrjährigkeit zielt darauf ab, dass die Leistung eines Mitarbeiters langfristig, d. h. über mehrere Jahre, beurteilt werden sollte, um eine zu starke Fokussierung auf kurzfristige Zielsetzungen zu vermeiden.[124] Entsprechend werden in der Literatur mehrjährige Beurteilungsgrößen (bspw. dreijähriger Durchschnitt einer Ergebniskennzahl) angeregt, die in der Unternehmenspraxis bereits vielfach zur Anwendung kommen.[125]

### Belohnungsfunktion

Die Belohnungsfunktion beschreibt den funktionalen Zusammenhang zwischen einer (oder mehreren) Bemessungsgrundlage(n) und der Anreizmenge.[126] Für Unternehmen ergeben sich dabei Gestaltungsoptionen hinsichtlich des Verlaufs der Belohnungsfunktion, möglichen Unter- und Obergrenzen und der Verknüpfung mehrerer Bemessungsgrundlagen.[127]

---

[120] Vgl. Wälchli, A. (1995), S. 267 ff.; Weilenmann, R. (1999), S. 69. Ein Beispiel für eine quantitative, operative und zugleich objektive Beurteilungsgröße ist die Bemessungsgrundlage „Umsatz". Dagegen ist bspw. die Bemessungsgrundlage „Erreichung strategischer Meilensteine" qualitativ, strategisch und hinsichtlich der Beurteilung deutlich subjektiver.

[121] Vgl. Weilenmann, R. (1999), S. 69.

[122] Vgl. Grewe, A. (2006), S. 19.

[123] Vgl. Deilmann, B./Otte, S. (2009), S. 262; Friedl, G./Döscher, T. (2009), S. 36.

[124] Vgl. Anthony, R. N./Govindarajan, V. (2007), S. 527; Friedl, G./Döscher, T. (2009), S. 36.

[125] Vgl. Götz, A./Friese, N. (2010), S. 412 f.; Lange, R./Walth, A. (2011), S. 34. Für eine ausführliche Diskussion zum Thema Mehrjährigkeit der Leistungsbeurteilung vgl. auch Abschnitt 3.2.1 dieser Arbeit.

[126] Vgl. Winter, S. (1997), S. 624 f.; Hofmann, C. (2002), Sp. 72; Gillenkirch, R. M. (2008), S. 7; Küpper, H.-U. (2008), S. 268.

[127] Vgl. Plaschke, F. J. (2003), S. 281; Arbeitskreis „Wertorientierte Führung in mittelständischen Unternehmen" der Schmalenbach-Gesellschaft für Betriebswirtschaft e. V. (2006), S. 2072; Rödl, K. (2006), S. 97 ff.

Nach ihrem **Verlauf** können Belohnungsfunktionen in linear und nicht-linear verlaufende Funktionen unterschieden werden.[128] Lineare Belohnungsfunktionen können eine proportionale, unterproportionale sowie überproportionale Steigung aufweisen.[129] Bei proportionaler Steigung erhöht sich die Anreizmenge konstant zur Steigerung der Bemessungsgrundlage. Aufgrund der einfachen Anwendung und Nachvollziehbarkeit finden proportional ansteigende Belohnungsfunktionen häufig Verwendung.[130] Neben der leichten Verständlichkeit haben diese den Vorteil, dass der Adressat keinen Ansporn zu einer periodenübergreifenden Verschiebung seiner Aktivitäten im Vergleich zu unterproportionalen sowie überproportionalen Verläufen hat.[131] Bei unterproportionalen Verläufen besteht dagegen ein Anreiz zu einer möglichst starken Glättung der Beurteilungsgröße, während bei überproportionalen Verläufen eine möglichst hohe Volatilität der Beurteilungsgröße von Vorteil ist.[132]

Bei Festlegung der Belohnungsfunktion ist zudem über eine mögliche **Unter- und Obergrenze** der Anreizmenge zu entscheiden.[133] Eine Begrenzung des Verlustpotenzials (Floor) erweist sich bspw. dann als sinnvoll, wenn risikoaverse Agenten keinem zu großen Einkommensrisiko ausgesetzt werden sollen.[134] Eine Obergrenze für die Anreizmenge (Cap) verhindert, insbesondere im Falle konjunktureller Sondereinflüsse, zu hohe Kosten für das Unternehmen, kann aber auch zu einer negativen Motivationswirkung gerade bei überdurchschnittlich leistungsbereiten Mitarbeitern und zur Unterlassung von zusätzlichen wertschaffenden Maßnahmen führen.[135]

Sofern ein Unternehmen mehrere Ziele (z. B. Umsatzsteigerung, Senkung der Kapitalkosten, Verbesserung der Mitarbeiterzufriedenheit, etc.) gleichberechtigt verfolgt, sind daraus jeweils zielspezifische Bemessungsgrundlagen abzuleiten. Für jede Bemessungsgrundlage könnte einerseits eine eigene Belohnungsfunktion aufgestellt werden. Andererseits ist auch

---

[128] Vgl. Rödl, K. (2006), S. 98.
[129] Vgl. Arbeitskreis „Wertorientierte Führung in mittelständischen Unternehmen" der Schmalenbach-Gesellschaft für Betriebswirtschaft e. V. (2006), S. 2072.
[130] Vgl. Vater, H. (2005), S. 56 f.
[131] Vgl. Vater, H. (2005), S. 56 f.
[132] Vgl. Arbeitskreis „Finanzierungsrechnung" der Schmalenbach-Gesellschaft für Betriebswirtschaft e. V. (2005), S. 147.
[133] Vgl. Hungenberg, H. (2011), S. 365.
[134] Vgl. Günther, T./Plaschke, F. J. (2004), S. 1216 f.; Hungenberg, H. (2011), S. 365.
[135] Vgl. Günther, T./Plaschke, F. J. (2004), S. 1216.

eine **Verknüpfung mehrerer Bemessungsgrundlagen** in einer Belohnungsfunktion möglich.[136]

**Ausschüttungspolitik**

Durch die Ausschüttungspolitik werden die Zeitpunkte festgelegt, zu welchen variable, leistungsbezogene Belohnungen an die Mitarbeiter ausgeschüttet werden.[137] Die Bandbreite der Auszahlungszeitpunkte reicht dabei von einer sofortigen bis hin zu einer über mehrere Jahre verzögerten Ausschüttung der erzielten Belohnung.[138] Im Rahmen der Ausschüttungspolitik gilt es zu beachten, dass gewöhnlich eine höhere Anreizwirkung bzw. Verhaltenswirksamkeit erzielt wird, je enger der zeitliche Zusammenhang zwischen der Leistungserbringung und der Anreizverfügbarkeit ist.[139] Eine verzögerte Ausschüttung **(deferred compensation)** wird oftmals über sogenannte Bonusbanken umgesetzt.[140] Die Grundidee einer Bonusbank besteht darin, dass beteiligten Mitarbeitern jeweils ein persönliches Konto eingerichtet wird, auf dem Belohnungen und Bestrafungen gleichermaßen verbucht werden.[141] Vom Guthaben des Kontos wird jährlich ein zuvor festgelegter Anteil ausgezahlt.[142] Hierdurch kommen Belohnungen im Jahr der Entstehung nur teilweise zur Auszahlung, wohingegen Bestrafungen (negative Anreize) infolge schlechter Leistungen sofort mit dem aktuellen Kontostand der Bonusbank verrechnet werden können.[143] Bonusbanken dienen der Förderung des langfristigen Denkens der Mitarbeiter, da einerseits Belohnungsteile zurückbehalten werden und andererseits Verlustbeteiligungen möglich sind.[144] Zudem sorgen Bonusbanken für eine Glättung der Belohnungen über die Zeit und können Mitarbeitern einen Anreiz zum Verbleib im Unternehmen („golden handcuffs") geben.[145]

---

[136] Vgl. Arbeitskreis „Wertorientierte Führung in mittelständischen Unternehmen" der Schmalenbach-Gesellschaft für Betriebswirtschaft e. V. (2006), S. 2073.
[137] Vgl. Dahlhaus, C. (2009), S. 131; Hungenberg, H. (2011), S. 366.
[138] Vgl. Becker, F. G. (1990), S. 160 f.
[139] Vgl. Kossbiel, H. (1994), S. 83; Friedl, B. (2003), S. 511; Hungenberg, H. (2011), S. 366. Vgl. hierzu auch die Ausführungen zur Anforderung „Aktualität der Ermittlung" in Abschnitt 2.1.5 dieser Arbeit.
[140] Vgl. Bassen, A. et al. (2000), S. 14; Arbeitskreis „Finanzierungsrechnung" der Schmalenbach-Gesellschaft für Betriebswirtschaft e. V. (2005), S. 150.
[141] Vgl. Witzemann, T./Currle, M. (2004), S. 632.
[142] Vgl. Bassen, A. et al. (2000), S. 14.
[143] Vgl. Witzemann, T./Currle, M. (2004), S. 632.
[144] Vgl. Günther, T./Plaschke, F. J. (2004), S. 1212; Arbeitskreis „Finanzierungsrechnung" der Schmalenbach-Gesellschaft für Betriebswirtschaft e. V. (2005), S. 150.
[145] Vgl. Günther, T./Plaschke, F. J. (2004), S. 1212.

**Adressatenkreis**

Durch die Festlegung eines Adressatenkreises wird bestimmt, welche Personen durch ein Anreizsystem incentiviert werden.[146] Gestaltungsempfehlungen der Literatur zur Festlegung des Adressatenkreises erstrecken sich dabei von der Einbeziehung aller Mitarbeiter bis hin zur ausschließlichen Berücksichtigung der obersten Führungsebene.[147] Eine Einschränkung des Adressatenkreises erfolgt vielfach infolge von Kostenabwägungen und aus Komplexitätsgründen.[148] Für den Einbezug aller Mitarbeiter spricht jedoch, dass dadurch der Gemeinschaftsgedanke und das Bewusstsein der gemeinsamen Verantwortung gestärkt werden.[149] Wird der Adressatenkreis weit gefasst, muss beachtet werden, dass es möglicherweise nicht sinnvoll ist, für alle Mitarbeiter dasselbe Anreizsystem zu verwenden. Stattdessen sollten hierarchisch differenzierte Anreizsysteme bzw. Bemessungsgrundlagen herangezogen werden.[150] Dabei ist einerseits darauf zu achten, dass die Anreizsysteme so gestaltet werden, dass die Adressaten die Bemessungsgrundlagen durch ihre Handlungen direkt beeinflussen können (Controllability).[151] Andererseits sollten sich Anreizsysteme möglichst stark an den Bedürfnissen der Mitarbeiter orientieren. Hierfür können bspw. Mitarbeitergruppen mit ähnlichen Bedürfnissen und Eigenschaften gebildet werden.[152]

### 2.1.4 Ziele und Funktionen

Als primäre bzw. übergeordnete Zielsetzung eines Anreizsystems wird die zielgerichtete Verhaltensbeeinflussung und -steuerung angesehen.[153] Die übergeordnete Zielsetzung konkretisiert sich sowohl in personalbezogene als auch in leistungsbezogene Funktionen. Aus einer personalpolitischen Perspektive sollen attraktive Anreizsysteme dazu beitragen, einerseits neue qualifizierte Mitarbeiter für das Unternehmen zu gewinnen (Personalattraktionsfunktion) und andererseits, leistungsstarke Mitarbeiter im Unternehmen zu halten (Personalretentionsfunktion).[154] Aus einer leistungsbezogenen Perspektive sollen Anreizsysteme die Leistungsmotivation der Mitarbeiter per se (Motivationsfunktion) steigern, sowie

---

[146] Vgl. Rödl, K. (2006), S. 109.
[147] Vgl. Riegler, C. (2000a), S. 169 f.
[148] Vgl. Weber, J. et al. (2004), S. 198 f.
[149] Vgl. Arbeitskreis „Finanzierungsrechnung" der Schmalenbach-Gesellschaft für Betriebswirtschaft e. V. (2005), S. 146.
[150] Vgl. Riegler, C. (2000a), S. 170.
[151] Vgl. Wagenhofer, A. (1999), S. 188; Hill, C. W. (2005), S. 459 f.
[152] Vgl. Wolff, B./Lucas, S. (2004), Sp. 25 f.
[153] Vgl. Schanz, G. (1991), S. 8; Küpper, H.-U. (2008), S. 267.
[154] Vgl. Kossbiel, H. (1994), S. 75; Winter, S. (1996), S. 40; Thommen, J.-P./Achleitner, A.-K. (2009), S. 787.

die Bereitschaft zur Kooperation positiv beeinflussen (Kooperationsfunktion).[155] Im Folgenden werden die einzelnen Funktionen genauer charakterisiert und begründet.

Die attraktive Gestaltung von Anreizsystemen kann zunächst die Attraktivität des Unternehmens für potenzielle Arbeitnehmer erhöhen und bei entsprechender Kommunikation dazu führen, dass Mitarbeiter zum Eintritt in das Unternehmen bewogen werden **(Personalattraktionsfunktion)**.[156] Dies ist nicht zuletzt im Hinblick auf den zu erwartenden Mangel an qualifizierten Arbeitskräften in Folge des demographischen Wandels von besonderer Bedeutung.[157] Somit kann das Anreizsystem einen Eintrittsanreiz darstellen und dazu dienen, hochqualifizierte und besonders motivierte Mitarbeiter zu gewinnen.[158]

Zusätzlich hat ein Anreizsystem die Funktion, das gewonnene Personal durch entsprechende Anreizsetzung an das Unternehmen zu binden, um u. a. Kosten für Neueinstellungen zu vermeiden **(Personalretentionsfunktion)**.[159] Je mehr individuelle Bedürfnisse ein Mitarbeiter durch seine Unternehmenszugehörigkeit (durch intrinsische und extrinsische Anreize) befriedigen kann, desto größer ist die Identifikation mit dem Unternehmen.[160] Folglich können Anreizsysteme einen Bleibeanreiz darstellen und dazu beitragen, dass leistungsfähige Mitarbeiter dem Unternehmen erhalten bleiben.[161]

Im Hinblick auf die **Motivationsfunktion** bzw. Aktivierungsfunktion sollen Anreizsysteme eine aktuell wirkende auf die Unternehmensziele gerichtete Motivation bzw. Leistungsbereitschaft hervorrufen.[162] So geht es im Alltag von Organisationen insbesondere darum, die Mitarbeiter zur Leistung zu motivieren.[163] Hierfür müssen die individuellen Motive der Mitarbeiter durch geeignete Anreize aktiviert werden.[164] Um dies zu erreichen, sind die Anreize

---

155 Vgl. Winter, S. (1996), S. 40.

156 Vgl. Winter, S. (1996), S. 66; Lindert, K. (2001), S. 102; Plaschke, F. J. (2003), S. 101; Becker, F. G./Kramarsch, M. (2004), Sp. 1952. Bspw. können leistungsbereite Bewerber über stark leistungsabhängige Vergütungssysteme angezogen werden, vgl. Wolff, B./Lucas, S. (2004), Sp. 22.

157 Vgl. Müller, E. (2010), S. 74. Vgl. zu Gründen und Folgen des Fachkräftemangels weiterführend auch Englisch, P. (2011), S. 18 ff.

158 Vgl. Wagner, D. (1991), S. 98; Winter, S. (1997), S. 625; Elbers, G. et al. (2010), S. 82.

159 Vgl. Schanz, G. (1991), S. 8 ff.; Guthof, P. (1995), S. 34; Wolff, B./Lucas, S. (2004), Sp. 22; Gillenkirch, R. M. (2008), S. 7.

160 Vgl. March, J./Simon, H. (1993), S. 85 ff.

161 Vgl. Wagner, D. (1991), S. 98; Winter, S. (1997), S. 625; Becker, F. G./Kramarsch, M. (2006), S. 11.

162 Vgl. Schanz, G. (1991), S. 12 ff.; Winter, S. (1997), S. 617 ff.; Govindarajulu, N./Daily, B. F. (2004), S. 369.

163 Vgl. Schanz, G. (1991), S. 12.

164 Vgl. Becker, F. G. (1990), S. 9; Becker, F. G./Kramarsch, M. (2004), Sp. 1952; Coenenberg, A. G. et al. (2009), S. 806. Vgl. hierzu auch Abschnitt 2.1.3 dieser Arbeit.

motiv- bzw. bedürfniskongruent zu gestalten.[165] Letztlich führt also die Interaktion von situativen Anreizen und personenbezogenen Eigenschaften zur Motivation.[166]

Daneben sollen Anreizsysteme die Abstimmung bzw. Kooperationsbereitschaft in Unternehmen fördern **(Kooperationsfunktion)**.[167] Eine kooperative Abstimmung ist erforderlich, da rational handelnde Individuen erst durch entsprechende Steuerung gemeinsame Interessen vertreten werden.[168] Anreizsysteme können sowohl die Abstimmung zwischen den Geschäftsbereichen als auch zwischen den Geschäftsbereichen und der Konzernleitung verbessern.[169] Insbesondere im Hinblick auf komplexe, internationale Unternehmen wird ein hohes Maß an Kooperation zwischen verschiedenen Akteuren immer wichtiger, um die Unternehmensziele zu erreichen.[170] Durch entsprechende Anreizsetzung soll es gelingen, die Verhaltensweisen aller Mitarbeiter auf gemeinsame Ziele auszurichten.[171] Ein zentraler Aspekt der kooperativen Abstimmung ist eine wahrheitsgemäße Berichterstattung, die durch ein Anreizsystem induziert werden kann.[172] Bspw. wird der Informationsaustausch innerhalb eines Teams verbessert, sofern alle Team-Mitglieder auf Basis einer gemeinsamen teamorientierten Bemessungsgrundlage beurteilt werden. Folglich erscheint es sinnvoll, Gruppenanreize in ein Anreizsystem zu integrieren, um eine kooperative Zusammenarbeit zu fördern.[173]

### 2.1.5 Anforderungen

Um die beschriebenen Ziele und Funktionen erreichen zu können, werden in der einschlägigen Literatur verschiedene Anforderungen an Anreizsysteme gestellt.[174] Typischerweise werden dabei die Anforderungen Wirtschaftlichkeit, Aktualität der Ermittlung, Transparenz, Gerechtigkeit und Akzeptanz betont.[175] Seit der Verabschiedung des Gesetzes zur Angemes-

---

165 Vgl. Schanz, G. (1991), S. 13; Govindarajulu, N./Daily, B. F. (2004), S. 369.

166 Vgl. Kniehl, A. T. (1998), S. 131; von Rosenstiel, L. (1999), S. 50 f.; Scheffer, D./Heckhausen, H. (2006), S. 45.

167 Vgl. Hill, C. W. (2005), S. 459 f.; Becker, F. G./Kramarsch, M. (2006), S. 11. Diese Funktion wird in der Literatur häufig auch als „Koordinationsfunktion" bezeichnet, vgl. Winter, S. (1996), S. 66 ff.; Plaschke, F. J. (2003), S. 100.

168 Vgl. Lindert, K. (2001), S. 102; Hofmann, C. (2002), Sp. 69; Plaschke, F. J. (2003), S. 100.

169 Vgl. Salter, M. S. (1973), S. 95; Winter, S. (1996), S. 66 f.; Plaschke, F. J. (2003), S. 100.

170 Vgl. Hill, C. W. (2005), S. 460.

171 Vgl. Plaschke, F. J. (2003), S. 100; Elbers, G. et al. (2010), S. 82.

172 Vgl. Friedl, B. (2003), S. 502; Küpper, H.-U. (2008), S. 245 ff.

173 Vgl. Winter, S. (1996), S. 69; Wolff, B./Lucas, S. (2004), Sp. 32; Hill, C. W. (2005), S. 459 f.

174 Vgl. Winter, S. (1996), S. 71; Plaschke, F. J. (2003), S. 101 f.

175 Vgl. Becker, F. G. (1990), S. 18 ff.; Bleicher, K. (1992), S. 19 f.; Winter, S. (1996), S. 71 ff.; Riegler, C. (2000a), S. 159 ff.; Plaschke, F. J. (2003), S. 102 ff.; Grewe, A. (2006), S. 13 f.; Rödl, K. (2006), S. 64 ff. Die in themen-

senheit der Vorstandsvergütung (VorstAG) ist den „bewährten“ Anforderungen mit dem Kriterium der Nachhaltigkeit eine weitere Anforderung hinzuzufügen.[176] Für ein besseres Verständnis der Besonderheiten der einzelnen Anforderungen werden diese im Folgenden genauer erläutert.

**Wirtschaftlichkeit**

Ein Anreizsystem erfüllt das Kriterium der Wirtschaftlichkeit bzw. Effizienz, wenn es die kostengünstigste Alternative unter vergleichbar effektiven Anreizsystemen darstellt[177] und der Nutzen des Systems die Kosten übersteigt.[178] Der Nutzen resultiert in Folge der gezielten Verhaltenssteuerung der Mitarbeiter und dem dadurch höheren Erfüllungsgrad der Unternehmensziele.[179] Die Kosten ergeben sich aus der Gestaltung, Implementierung und Weiterentwicklung des Anreizsystems sowie den Kosten für die Gewährung der Belohnung.[180]

**Aktualität der Ermittlung**

Im Rahmen von Anreizsystemen ist zu beachten, dass die Zeitspanne zwischen den Aktivitäten des Mitarbeiters und der Festlegung der Anreize bzw. deren Ausschüttung möglichst gering sein sollte.[181] Die Wirkung des Anreizsystems ist am höchsten, wenn für den Mitarbeiter eine direkte Kausalität zwischen den eigenen Aktivitäten und der daraus resultierenden Konsequenz (Belohnung/Bestrafung) erkennbar ist.[182] Folglich sollte für einen Mitarbeiter nach Ablauf des Beurteilungszeitraums zeitnah Klarheit über die Höhe der durch seine Leistungen verdienten Anreize sowie über deren Verfügbarkeit (d. h. die Ausschüttungszeitpunkte) bestehen. Sofern die Leistungsbeurteilung und die Berechnung der Anreize jedoch erst nach mehreren Perioden erfolgen bzw. möglich sind oder einige Perioden zwischen der

---

spezifischen Quellen genannten Anforderungen sind oftmals nicht deckungsgleich, da die Anforderungen immer im Hinblick auf die konkrete Zwecksetzung eines Anreizsystems zu formulieren sind. Übersichtliche Darstellungen zu in der Literatur existierenden Anforderungskatalogen finden sich bspw. bei Dahlhaus, C. (2009), S. 423 ff. und Becker, W. et al. (2012), S. 54.

[176] Vgl. Kara, M. (2009), S. 119 ff.

[177] Vgl. Kossbiel, H. (1994), S. 79 f.

[178] Vgl. Bleicher, K. (1992), S. 20; Pellens, B. et al. (1998), S. 14; Riegler, C. (2000a), S. 164 f.; Plaschke, F. J. (2003), S. 102 f.; Ossadnik, W. (2009), S. 445.

[179] Vgl. Winter, S. (1996), S. 72; Riegler, C. (2000b), S. 42; Hungenberg, H./Wulf, T. (2011), S. 427.

[180] Vgl. Becker, F. G. (1990), S. 26; Winter, S. (1996), S. 72 f.; Plaschke, F. J. (2003), S. 102.

[181] Vgl. Becker, F. G. (1993), S. 323; Riegler, C. (2000a), S. 166; Rödl, K. (2006), S. 65.

[182] Vgl. Riegler, C. (2000a), S. 166.

Handlung und der Ausschüttung der Anreize liegen, so kann dagegen nur von einer geringen Anreizwirkung ausgegangen werden.[183]

**Transparenz**

Im Hinblick auf die Anforderung nach Transparenz müssen der Aufbau des Anreizsystems, der persönliche Einfluss auf die Höhe der Bemessungsgrundlage und der Zusammenhang zwischen Anreiz und Bemessungsgrundlage verständlich, nachvollziehbar und kommunizierbar sein.[184] Entscheidend ist insbesondere die intersubjektive Nachprüfbarkeit und exakte Ermittlung der Ausprägung der Bemessungsgrundlage.[185] Zudem ist zu beachten, dass ein an sich geeigneter Anreiz dennoch unwirksam sein kann, wenn er als solcher durch den Adressaten nicht erkannt wird.[186] Folglich ist Transparenz eine zentrale Voraussetzung für die Funktionsfähigkeit eines Anreizsystems.[187] Des Weiteren ist Transparenz eine Voraussetzung für die Beurteilung der Gerechtigkeit des Anreizsystems durch den Adressaten.[188]

**Gerechtigkeit**

Die Gerechtigkeit eines Anreizsystems kann aus einer internen (Anforderungs-, Leistungs- und Sozialgerechtigkeit) und einer externen (Marktgerechtigkeit) Perspektive beurteilt werden.[189] Die interne Gerechtigkeit bezieht sich dabei auf intersubjektive Vergleiche zwischen Mitarbeitern eines Unternehmens.[190] Eine wahrgenommene ungerechte Incentivierung der eigenen Leistung kann zur Demotivation und Leistungsreduktion der benachteiligten Mitarbeiter bis hin zur inneren Kündigung führen.[191] Die externe Gerechtigkeit zielt auf einen Vergleich des angebotenen Anreizsystems mit denen anderer Unternehmen ab.[192] Aus einer Verletzung der externen Gerechtigkeit können langfristig eine Abwanderung bisheriger qualifizierter Mitarbeiter und ein Ausbleiben neu zu rekrutierender Mitarbeiter resultie-

---

[183] Vgl. Becker, F. G. (1990), S. 18; Riegler, C. (2000a), S. 153; Scholz, U. (2002), S. 47.

[184] Vgl. Bleicher, K. (1992), S. 19; Winter, S. (1996), S. 73 f.; Ossadnik, W. (2009), S. 443 f.; Brühl, R. (2012), S. 454.

[185] Vgl. Arbeitskreis „Finanzierungsrechnung" der Schmalenbach-Gesellschaft für Betriebswirtschaft e. V. (2005), S. 152; Laux, H./Liermann, F. (2005), S. 509; Müller-Stewens, G./Brauer, M. (2009), S. 601.

[186] Vgl. Schanz, G. (1991), S. 25; Hungenberg, H./Wulf, T. (2011), S. 427.

[187] Vgl. Winter, S. (1996), S. 73 f.; Wolff, B./Lucas, S. (2004), Sp. 36; Müller-Stewens, G./Brauer, M. (2009), S. 602.

[188] Vgl. Wolff, B./Lucas, S. (2004), Sp. 36.

[189] Vgl. Wälchli, A. (1995), S. 169 f.; Winter, S. (1996), S. 75.

[190] Vgl. Plaschke, F. J. (2003), S. 104.

[191] Vgl. Wagner, D./Grawert, A. (1991), S. 349; Grewe, A. (2006), S. 14.

[192] Vgl. Guthof, P. (1995), S. 37; Wälchli, A. (1995), S. 170.

ren.[193] Folglich hat die Anforderung der Gerechtigkeit einen erheblichen Einfluss auf die Attraktion, Motivation und Retention von Mitarbeitern.

**Akzeptanz**

Die erläuterten Anforderungen Transparenz und Gerechtigkeit haben einen wesentlichen Einfluss auf die Akzeptanz des Anreizsystems. Unter Akzeptanz wird die Zustimmung der Adressaten mit der Funktionsweise des Anreizsystems verstanden.[194] Um diese sicherzustellen, sind die Partizipation der Mitarbeiter bei der Gestaltung und Implementierung des Anreizsystems sowie eine hohe Sensibilität bezüglich unterschiedlicher Präferenzen von Bedeutung.[195] Zudem sollte die Funktionsweise des Anreizsystems nicht kurzfristig bzw. oftmalig geändert werden,[196] um bei den Adressaten kein Gefühl der Richtungslosigkeit hervorzurufen.[197]

**Nachhaltigkeit**

Seit der Verabschiedung des VorstAG im Jahre 2009 ist der Faktor „Nachhaltigkeit" als weitere Anforderung bei der Gestaltung von Anreizsystemen zu berücksichtigen.[198] Durch das VorstAG wurde u. a. der § 87 Abs. 1 AktG neu gefasst und um folgende Anforderung erweitert: „Die Vergütungsstruktur ist bei börsennotierten Gesellschaften auf eine nachhaltige Unternehmensentwicklung auszurichten."[199] Darüber hinaus geht auch der Deutsche Corporate Governance Kodex (DCGK) explizit auf die Nachhaltigkeitsanforderung ein und fordert in Textziffer 4.2.3 analog: „Die Vergütungsstruktur ist auf eine nachhaltige Unternehmensentwicklung auszurichten."[200] Aus den Regelungen des Aktiengesetzes und des DCGK geht nun klar hervor, dass ein Nachhaltigkeitsgebot im Rahmen von Anreiz- und Vergütungssystemen zu beachten ist.[201] Bislang ist jedoch weitestgehend unklar bzw. auslegungsbedürftig, wie Unternehmen dieser Anforderung bei der Gestaltung von Anreiz-

[193] Vgl. Winter, S. (1996), S. 75; Rödl, K. (2006), S. 66 f.
[194] Vgl. Winter, S. (1996), S. 89.
[195] Vgl. Riegler, C. (2000b), S. 43.
[196] Vgl. Raible, K.-F./Schmidt, W. (2009a), S. 69.
[197] Vgl. Riegler, C. (2000a), S. 167.
[198] Vgl. Kara, M. (2009), S. 119 ff.; Wilsing, H.-U./Paul, C. A. (2010), S. 363.
[199] § 87 Abs. 1 Satz 2 AktG.
[200] DCGK (2010), Tz. 4.2.3.
[201] Vgl. Wilsing, H.-U./Paul, C. A. (2010), S. 363; Kocher, D./Bednarz, L. (2011), S. 78; von Werder, A. (2011), S. 55.

und Vergütungssystemen nachkommen können.[202] Eine ausführliche Analyse möglicher Optionen zur Begegnung der Nachhaltigkeitsanforderung des VorstAG ist Gegenstand von Abschnitt 3.2.1 dieser Arbeit.

Die im Rahmen dieses Abschnitts diskutierten Anforderungen beziehen sich auf das gesamte Anreizsystem und können somit auch als allgemeine Anforderungen bezeichnet werden. Daneben wurden in Abschnitt 2.1.3 spezielle, auf die Bemessungsgrundlagen anzuwendende Anforderungen diskutiert. Die Beachtung und Erfüllung aller Anforderungen (allgemeine und spezielle) ist entscheidend für den Erfolg von Anreizsystemen und somit, ob die leistungsbezogenen (Kooperation und Motivation) und personalbezogenen (Attraktion und Retention) Funktionen bzw. Ziele auch tatsächlich erreicht werden.

## 2.2 Unternehmerische Nachhaltigkeit

### 2.2.1 Grundlagen

In der deutschen Fachliteratur wird der Ursprung des Nachhaltigkeitsbegriffs zumeist in der **Forstwirtschaft** des 18. Jahrhunderts verortet.[203] Hierbei wird vielfach die Abhandlung „Sylvicultura Oeconomica" von Hans Carl von Carlowitz als erste Quelle für den Begriff genannt.[204] Von Carlowitz forderte im Kontext einer nachhaltigen Forstwirtschaft, dass in einem bestimmten Zeitraum nur so viel Holz geschlagen werden darf wie durch Baumneupflanzungen nachwachsen kann, um die langfristige ökonomische Nutzung des Waldes sicherzustellen.[205] Größere weltweite Bedeutung erfuhr die Nachhaltigkeitsidee jedoch erst durch den 1972 erschienenen Bericht des **Club of Rome** mit dem Titel „Limits of Growth".[206] Hierin wurde erstmals mit einem globalen Modell mathematisch fundiert aufgezeigt, dass bei prognostiziertem Bevölkerungs- und Wirtschaftswachstum die natürlichen Ressourcen der Erde langfristig nicht ausreichen werden.[207] Als bedeutsamster Schritt in der globalen Nachhaltigkeitsdiskussion wird schließlich der sog. **„Brundtland-Bericht"** angesehen, der 1987 als Abschlussbericht der Weltkommission für Umwelt und Entwicklung (World Commis-

[202] Vgl. Raible, K.-F./Schmidt, W. (2009b), S. 249; von Werder, A. (2011), S. 55.
[203] Vgl. Loew, T. et al. (2004), S. 56; Boms, A. (2008), S. 82; von Hauff, M./Kleine, A. (2009), S. 2 ff.
[204] Vgl. Tremmel, J. (2003), S. 96 f.; Loew, T. et al. (2004), S. 56.
[205] Vgl. von Hauff, M./Kleine, A. (2009), S. 2 ff.
[206] Vgl. Meadows, D. L. et al. (1972).
[207] Vgl. Kanning, H. (2009), S. 18.

sion on Environment and Development; WCED) veröffentlicht wurde.[208] Darin wird das Leitbild einer **„nachhaltigen Entwicklung"** in einer bis heute gültigen Weise wie folgt definiert: „Sustainable development is development that meets the needs of the present without compromising the ability of future generations to meet their own needs."[209] Eine Entwicklung wird somit als nachhaltig bezeichnet, wenn die Bedürfnisse der gegenwärtigen Generation erfüllt werden, ohne zu riskieren, dass zukünftige Generationen ihre eigenen Bedürfnisse nicht befriedigen können. In der Folge wurde das Nachhaltigkeitsleitbild zu einem dreidimensionalen Konzept, das auf den Dimensionen Ökonomie, Ökologie und Soziales aufbaut, weiterentwickelt.[210] Die drei Nachhaltigkeitsdimensionen stehen dabei in enger Wechselwirkung zueinander, so dass eine simultane Betrachtungsweise erforderlich ist.[211] In diesem Zusammenhang merkt *Bansal (2002)* an: „If resources are depleted, economic growth and the quality of life will ultimately be compromised."[212]

Ein weiterer wichtiger Meilenstein in der internationalen Nachhaltigkeitsdiskussion wurde im Jahre 1992 durch die Umweltkonferenz in **Rio de Janeiro** gelegt, auf der sich 179 Staaten dem Leitbild der nachhaltigen Entwicklung verpflichteten.[213] Auf der Rio-Folgekonferenz in Johannesburg 2002 und der Weltklimakonferenz 2009 in Kopenhagen stand schließlich die weitere Operationalisierung des Nachhaltigkeitsleitbildes im Vordergrund.[214] Die Nachhaltigkeitsstrategie der Europäischen Kommission sowie die Nachhaltigkeitsstrategie der Bundesregierung können als Beispiele für die weitere Konkretisierung auf politischer Ebene angeführt werden.[215]

Die skizzierte Nachhaltigkeitsdiskussion macht deutlich, dass das Nachhaltigkeitsleitbild zunächst eine gesellschaftspolitische Zielsetzung beschreibt.[216] Zur Zielerreichung sind jedoch

---

[208] Vgl. Bansal, P. (2002), S. 123; Ambec, S./Lanoie, P. (2008), S. 45; Kanning, H. (2009), S. 18. Der Bericht wurde nach der damaligen Kommissionsvorsitzenden, der ehemaligen norwegischen Ministerpräsidentin Gro Harlem Brundtland, benannt.

[209] World Commission on Environment and Development (1987), S. 43.

[210] Vgl. Clausen, J./Loew, T. (2009), S. 16; Haugh, H. M./Talwar, A. (2010), S. 385.

[211] Vgl. Bansal, P. (2002), S. 123.

[212] Bansal, P. (2002), S. 123.

[213] Vgl. Clausen, J./Loew, T. (2009), S. 16 f.; Kanning, H. (2009), S. 18.

[214] Vgl. Boms, A. (2008), S. 84.

[215] Vgl. Europäische Kommission (2001a); Die Bundesregierung (2002). Deutschland hat seine nationale Nachhaltigkeitsstrategie 2002 zum Weltgipfel der Vereinten Nationen für nachhaltige Entwicklung in Johannesburg vorgelegt, vgl. Die Bundesregierung (2002), S. 2. Die nationale Nachhaltigkeitsstrategie wurde zuletzt im Rahmen des Fortschrittsberichts 2012 weiterentwickelt, vgl. Die Bundesregierung (2012).

[216] Vgl. Loew, T. et al. (2004), S. 70.

Beiträge aus unterschiedlichen Bereichen der Gesellschaft und somit auch von Seiten der Wirtschaft zu leisten.[217] Folglich fand das Thema Nachhaltigkeit auch Eingang in die Unternehmenspraxis und hat sich in der Zwischenzeit als „Megatrend“ auf Unternehmensebene national und international fest etabliert.[218]

### 2.2.2 Begriffsdefinition

Seit dem Brundtland-Bericht wird auf **gesamtwirtschaftlicher Ebene** mit dem Begriff Nachhaltigkeit ein gesellschaftspolitisches Konzept beschrieben, welches die Erreichung ökonomischer, ökologischer und sozialer Ziele umfasst.[219] Es ist offensichtlich, dass auch Unternehmen als bedeutsame Wirtschaftsakteure einen Beitrag zur gesamtwirtschaftlichen Nachhaltigkeit leisten müssen.[220] Viele Publikationen haben sich daher in der Folge mit der Frage befasst, welche Auswirkungen sich aus der gesellschaftspolitischen Nachhaltigkeitsdiskussion für die einzelwirtschaftliche Ebene ergeben.[221] Es stellt sich also die Frage, wie das Nachhaltigkeitskonzept auf die Unternehmensebene übertragen werden kann. Im Folgenden werden hierzu verschiedene Auslegungen vorgestellt.

*Loew et al. (2004)* orientieren sich in ihrer Definition stark am gesellschaftspolitischen Leitbild einer nachhaltigen Entwicklung und führen an: „Nachhaltige Unternehmensführung umfasst analog zum Nachhaltigkeitsleitbild alle drei Dimensionen der Nachhaltigkeit, also ökologische, ökonomische und soziale Aspekte.“[222]

Vergleichbar, jedoch ohne explizite Bezugnahme auf das Nachhaltigkeitsleitbild, definiert *van Marrewijk (2003)* die Nachhaltigkeitsbeiträge eines Unternehmens wie folgt: „In general, corporate sustainability and, CSR refer to company activities – voluntary by definition – demonstrating the inclusion of social and environmental concerns in business operations and in interactions with stakeholders.“[223]

---

[217] Vgl. Majer, H. (2000), S. 384 f.

[218] Vgl. Porter, M. E./Kramer, M. R. (2006), S. 78; Lubin, D. A./Esty, D. C. (2010), S. 44; Möller, K./Kubach, M. (2010), S. 144.

[219] Vgl. Haller, A. (2006), S. 64; Kanning, H. (2009), S. 21 f.; Reichmann, T./Kißler, M. (2010), S. 104.

[220] Vgl. Loew, T. et al. (2004), S. 70; Schaltegger, S. et al. (2007), S. 10; Clausen, J./Loew, T. (2009), S. 16; Kanning, H. (2009), S. 28.

[221] Vgl. bspw. Dyllick, T./Hockerts, K. (2002); Loew, T. et al. (2004); Freimann, J. (2005); Kurz, R. (2005).

[222] Loew, T. et al. (2004), S. 70.

[223] van Marrewijk, M. (2003), S. 102.

*Quick/Knocinski (2006)* interpretieren unternehmerische Nachhaltigkeit als „das Prinzip der simultanen Einbeziehung ökonomischer, ökologischer und sozialer Einflussgrößen in das unternehmerische Handeln mit dem Ziel der Ressourcenerhaltung für künftige Generationen."[224] Damit steht diese Definition im Einklang mit den vorherigen, ergänzt jedoch den bedeutsamen Aspekt der „Langfristigkeit".

In den Definitionen für die **einzelwirtschaftliche Ebene** werden somit analog zur gesamtwirtschaftlichen Ebene jeweils die Dimensionen Ökonomie, Ökologie und Soziales als Basis der unternehmerischen Nachhaltigkeit hervorgehoben. Der Hinweis auf künftige Generationen verdeutlicht zudem den für das Nachhaltigkeitskonzept charakteristischen Aspekt der Langfristigkeit. Dies verlangt von Unternehmen eine Anpassung ihres oftmals kurzfristig geprägten Zeithorizonts hin zu einer längerfristigen Betrachtungsweise.[225] Folglich bedeutet nachhaltiges Handeln auf Unternehmensebene, dass die Aktivitäten eines Unternehmens nicht nur auf (kurzfristige) Ziele einer Dimension, sondern auf (mittel- bis langfristige) Zielsetzungen aus allen drei Dimensionen der Nachhaltigkeit ausgerichtet werden.[226] Das dreidimensionale Verständnis von Nachhaltigkeit wird auch als **„Triple Bottom Line"** (TBL) bezeichnet und hat sich in der Literatur als gängigste Begriffsauslegung durchgesetzt.[227] Kennzeichnend für dieses Nachhaltigkeitsverständnis ist zudem, dass die drei Dimensionen der Nachhaltigkeit sehr eng miteinander verbunden sind.[228] Von einer erfolgreichen nachhaltigen Unternehmensentwicklung kann folglich erst dann gesprochen werden, wenn die Integration ökonomischer, ökologischer und sozialer Ziele gelingt.[229] Im Einklang mit dem dreidimensionalen Nachhaltigkeitsverständnis ergibt sich für den weiteren Verlauf der Arbeit folgende Begriffsdefinition unternehmerischer Nachhaltigkeit:

---

224 Quick, R./Knocinski, M. (2006), S. 616.

225 Vgl. Bansal, P. (2002), S. 123.

226 Vgl. Arnold, W. et al. (2001), S. 75; Dyllick, T./Hockerts, K. (2002), S. 132; Gminder, C. U. et al. (2002), S. 96; Loew, T. et al. (2004), S. 70; Kurz, R. (2005), S. 83; Schaltegger, S. et al. (2007), S. 10.

227 Vgl. Elkington, J. (1997), S. 69 ff.; Krajnc, D./Glavič, P. (2005), S. 551 f.; Quick, R./Knocinski, M. (2006), S. 616; Colbert, B. A./Kurucz, E. C. (2007), S. 21 f.; Hubbard, G. (2009), S. 180 f.; Haugh, H. M./Talwar, A. (2010), S. 385; Kiron, D. et al. (2012), S. 70; Merriman, K. K./Sen, S. (2012), S. 851; Hampl, N./Loock, M. (2013), S. 203.

228 Vgl. Bansal, P. (2002), S. 123; Dyllick, T./Hockerts, K. (2002), S. 132; Hubbard, G. (2009), S. 181.

229 Vgl. Bansal, P. (2005), S. 199; Schaltegger, S. et al. (2007), S. 10.

*Unternehmerische Nachhaltigkeit ist ein dreidimensionales Konzept, welches im Sinne einer inter- und intragenerativen Gerechtigkeit simultan Ziele aus den Nachhaltigkeitsdimensionen Ökonomie, Ökologie und Soziales umfasst.*

### 2.2.3 Umsetzung

Unternehmerische Nachhaltigkeit bedeutet, ökonomische Unternehmensinteressen mit ökologischer und sozialer Verantwortung zu verbinden. Im Hinblick auf die Umsetzung haben sich in der Unternehmenspraxis vielfältige Konzepte heraus kristallisiert. Als wohl bekannteste können die Konzepte Corporate Citizenship (CC), Corporate Social Responsibility (CSR) und Corporate Sustainability (CS) angesehen werden.[230] Im Folgenden werden diese drei Konzepte charakterisiert und voneinander abgegrenzt.

Mit dem Begriff **Corporate Citizenship** werden die über die eigentliche Geschäftstätigkeit hinausgehenden Aktivitäten des Unternehmens zur Lösung gesellschaftlicher Probleme im lokalen Umfeld des Unternehmens („Bürgerschaftliches Engagement") bezeichnet.[231] Unternehmerisches Engagement im Sinne der Corporate Citizenship umfasst dabei Spenden und Sponsoring (Corporate Giving), gemeinnützige Unternehmensstiftungen (Corporate Foundations) und die Förderung des sozialen Engagements der Mitarbeiter (Corporate Volunteering).[232] Die Aktivitäten erfolgen jedoch nicht nur aus altruistischen Gesichtspunkten, sondern verfolgen auch strategische Eigeninteressen des Unternehmens.[233] Kennzeichnend für Corporate Citizenship ist zudem, dass es vornehmlich die soziale Dimension der Nachhaltigkeit fokussiert, ökologische Aspekte werden dagegen in der Regel nicht berücksichtigt.[234]

Gemäß dem Verständnis der Europäischen Kommission werden unter dem Konzept **Corporate Social Responsibility** alle freiwilligen Leistungen verstanden, mit denen Unter-

---

[230] Daneben werden im Kontext gesellschaftlicher Unternehmensverantwortung gelegentlich auch die Begriffe Corporate Governance und Corporate Responsibility verwendet, vgl. hierzu weiterführend Czymmek, F. et al. (2009), S. 245 ff.

[231] Vgl. Loew, T. et al. (2004), S. 71; Schaltegger, S. et al. (2007), S. 89; Czymmek, F. et al. (2009), S. 246. Einen umfassenden Überblick zu den Formen des gesellschaftlichen Engagements von Unternehmen in Deutschland gibt Habisch, A. (2003).

[232] Vgl. Loew, T. et al. (2004), S. 71 f.; Habisch, A. et al. (2008), S. 11 f.; Czymmek, F. et al. (2009), S. 246.

[233] Vgl. Schaltegger, S. et al. (2007), S. 89; Habisch, A. et al. (2008), S. 15; Czymmek, F. et al. (2009), S. 246.

[234] Vgl. Loew, T. et al. (2004), S. 71; Schaltegger, S. et al. (2007), S. 90.

nehmen zur ökologischen und sozialen Nachhaltigkeit beitragen.[235] Hierunter fallen insbesondere Aktivitäten aus den Bereichen Umweltschutz und Arbeitsbedingungen.[236] Charakteristisch für dieses Konzept ist der Aspekt der Freiwilligkeit, da CSR-bezogene Maßnahmen annahmegemäß über gesetzliche Anforderungen hinausgehen.[237] Zudem fokussiert CSR zunächst die ökologische und soziale Dimension und betrachtet den Faktor Wirtschaftlichkeit lediglich als Rahmenbedingung.[238] In der Unternehmenspraxis werden im Zuge von CSR-Aktivitäten jedoch sehr wohl ökonomische Aspekte beachtet, da vor allem ökologische und soziale Maßnahmen ergriffen werden, die im Sinne von Win-Win-Lösungen auch wirtschaftlich von Vorteil für das Unternehmen sind.[239]

Das Konzept der **Corporate Sustainability** orientiert sich ausdrücklich am Leitbild der nachhaltigen Entwicklung.[240] Dieses Konzept bezieht sich folglich auf die gleichzeitige Berücksichtigung ökonomischer, ökologischer und sozialer Zieldimensionen.[241] Im Unterschied zur CSR wird hier die ökonomische Dimension in gleicher Form und mit dem gleichen Stellenwert einbezogen.[242]

Die vorgestellten Konzepte unterscheiden sich zum Teil nur geringfügig und sind nicht immer trennscharf voneinander abzugrenzen. Jedoch herrscht weitgehend Einigkeit darüber, dass das Konzept der Corporate Sustainability das am weitesten gefasste Konzept ist und der Definition von **unternehmerischer Nachhaltigkeit** am besten entspricht. Die anderen beiden Konzepte lassen sich dagegen als Teilbereiche der Corporate Sustainability einordnen.[243] Indem über die eigentliche Geschäftstätigkeit hinaus gesellschaftliches Engagement gezeigt wird, leisten CC-Aktivitäten einen Beitrag zum Leitbild der nachhaltigen Entwicklung. CC-Aktivitäten decken jedoch nicht alle Dimensionen der TBL ab und sind somit nur ein Teilbereich der unternehmerischen Nachhaltigkeit. Mit freiwilligen ökologischen und sozialen Leistungen tragen Unternehmen auch nach dem CSR-Konzept zum Leitbild der nachhaltigen Entwicklung bei. Da die ökonomische Dimension der TBL im Konzept der CSR jedoch nicht

---

[235] Vgl. Europäische Kommission (2001b), S. 7; Loew, T./Braun, S. (2006), S. 8; Clausen, J./Loew, T. (2009), S. 18.
[236] Vgl. Clausen, J./Loew, T. (2009), S. 18.
[237] Vgl. Loew, T. et al. (2004), S. 71; Schaltegger, S. et al. (2007), S. 94.
[238] Vgl. Schaltegger, S. et al. (2007), S. 95.
[239] Vgl. Clausen, J./Loew, T. (2009), S. 19.
[240] Vgl. Czymmek, F. et al. (2009), S. 246.
[241] Vgl. Czymmek, F. et al. (2009), S. 246; Schaltegger, S. (2012), S. 168.
[242] Vgl. Clausen, J./Loew, T. (2009), S. 18.
[243] Vgl. Loew, T. et al. (2004), S. 72.

explizit eingeschlossen wird, ist CSR auch als Teil der unternehmerischen Nachhaltigkeit anzusehen.[244] Das Verhältnis der unterschiedlichen Konzepte zueinander wird in Abbildung 5 grafisch dargestellt.

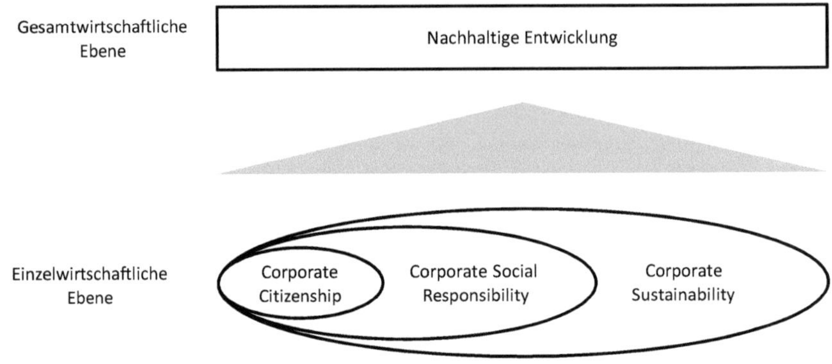


Abb. 5: Konzepte unternehmerischer Nachhaltigkeit
(Quelle: in enger Anlehnung an Loew, T. et al. (2004), S. 72)

Gegenstand unternehmerischer Nachhaltigkeit ist die Aufgabe, ökonomische Interessen mit ökologischer und sozialer Verantwortung zu verbinden.[245] Wie aus den Ausführungen dieses Abschnitts hervorgeht, werden letztlich durch alle drei Konzepte wertvolle Beiträge zur Umsetzung dieser Aufgabe geleistet. Aus diesem Grund finden alle Konzepte weitestgehend gleichberechtigt Eingang in die umfangreiche wissenschaftliche Literatur zur unternehmerischen Nachhaltigkeit.

### 2.2.4 Ziele und Erfolgspotenziale

Im Zusammenhang mit einer nachhaltigen Unternehmensführung werden in der wissenschaftlichen Literatur zahlreiche Erfolgspotenziale angeführt.[246] Allgemein wird angenommen, dass eine verstärkte Nachhaltigkeitsausrichtung Kosteneinsparungen zur Folge haben und/oder neue Umsatzpotenziale eröffnen kann.[247] Ergänzend wird von einer positiven Wir-

[244] Vgl. Loew, T. et al. (2004), S. 71.
[245] Vgl. Bansal, P. (2005), S. 199 f.
[246] Vgl. bspw. Ambec, S./Lanoie, P. (2008), S. 45 ff.; Welge, M. K./Rabbe, S. (2009), S. 37 ff.; Schaltegger, S./Lüdeke-Freund, F. (2012), S. 6 f.
[247] Vgl. Klassen, R. D./McLaughlin, C. P. (1996), S. 1200; Schaltegger, S. et al. (2002), S. 7; Ambec, S./Lanoie, P. (2008), S. 47; Kiron, D. et al. (2012), S. 71.

kung gelebter Nachhaltigkeit auf verschiedenste Stakeholderbeziehungen ausgegangen.[248] Kosteneinsparungen, Umsatzchancen sowie verbesserte Stakeholderbeziehungen führen schließlich zu **Wettbewerbsvorteilen**. Die Erlangung von Wettbewerbsvorteilen kann somit als zentrale, übergeordnete Zielsetzung für unternehmerische Nachhaltigkeit in der Unternehmenspraxis angesehen werden und dabei helfen, die strategische Bedeutung[249] sowie die immer stärkere Ausbreitung nachhaltiger Geschäftsmodelle zu begründen.[250] Die gängigsten in der Literatur diskutierten Erfolgspotenziale, welche die unternehmerische Nachhaltigkeit treiben und motivieren, werden im Folgenden vorgestellt.

Ein erstes, in der Literatur häufig angeführtes Erfolgspotenzial nachhaltigen Handelns besteht in **Kostensenkungspotenzialen** bzw. einer verbesserten betrieblichen Effizienz.[251] Verringern Unternehmen ihren negativen Einfluss auf die Umwelt, werden regelmäßig auch Ineffizienzen im Wertschöpfungsprozess reduziert.[252] Hieraus ergibt sich neben dem Vorteil für die Umwelt infolge der gesteigerten Effizienz der Leistungserstellung auch ein wirtschaftlicher Vorteil für das Unternehmen. Kosteneinsparpotenziale beziehen sich hierbei insbesondere auf direkt mit der Leistungserstellung zusammenhängende Kosten (z. B. Material, Energie, Abfallentsorgung etc.).[253] So wurde auch in verschiedenen Studien gezeigt, dass Verbesserungen der Umweltleistung die betriebliche Effizienz erhöhen und folglich auch zu einer Verringerung der Kosten der Leistungserstellung führen können.[254] Darüber hinaus werden in der Literatur jedoch auch Kosteneinsparungen genannt, die aufgrund

---

248 Vgl. Arnold, W. et al. (2001), S. 75; Epstein, M. J./Roy, M.-J. (2001), S. 598; Ambec, S./Lanoie, P. (2008), S. 47.

249 Die strategische Bedeutung begründet sich einerseits durch die veränderten Erwartungshaltungen verschiedener Stakeholdergruppen. So üben bspw. Kunden, Mitarbeiter, Investoren und Nichtregierungsorganisationen zunehmend Druck auf Unternehmen aus, die negativen Auswirkungen ihres Handelns bezüglich Umwelt und Gesellschaft zu minimieren, vgl. Waddock, S. A. et al. (2002), S. 132 ff.; Perrini, F./Tencati, A. (2006), S. 297; Porter, M. E./Kramer, M. R. (2006), S. 80; Ambec, S./Lanoie, P. (2008), S. 46; Braun, S./Loew, T. (2008), S. 5; Eitelwein, O./Goretzki, L. (2010), S. 23. Andererseits beschleunigen Entwicklungen wie die Verknappung natürlicher Ressourcen, steigende Energiepreise oder der demographische Wandel die strategische Bedeutung unternehmerischer Nachhaltigkeit, vgl. Kiron, D. et al. (2012), S. 70 f.; Weber, J. et al. (2012), S. 243.

250 Vgl. Arnold, W. et al. (2001), S. 75; Phillips, L. (2007), S. 9; Bassen, A./Kovács, A. M. (2009), S. 311; Bonini, S. et al. (2009), S. 11 f.; Kiron, D. et al. (2012), S. 69 ff.

251 Vgl. Arnold, W. et al. (2001), S. 75; Epstein, M. J./Roy, M.-J. (2001), S. 598; Menz, K.-M. (2010), S. 119; Searcy, C. (2012), S. 239.

252 Vgl. Klassen, R. D./McLaughlin, C. P. (1996), S. 1201 f.; Haller, A. (2006), S. 65; Ambec, S./Lanoie, P. (2008), S. 51 ff.; Bonini, S. et al. (2009), S. 14.

253 Vgl. Nitschke, C. (1990), S. 15; Epstein, M. J./Roy, M.-J. (2001), S. 598; Ambec, S./Lanoie, P. (2008), S. 51 ff.; Bonini, S. et al. (2009), S. 13 f.; Eitelwein, O./Goretzki, L. (2010), S. 23; Gastinger, K./Gaggl, P. (2012), S. 245; Schaltegger, S./Lüdeke-Freund, F. (2012), S. 6 f.

254 Vgl. bspw. Hart, S. L./Ahuja, G. (1996); Burnett, R. D./Hansen, D. R. (2008).

ökologischer und sozialer Aktivitäten erst indirekt in anderen Bereichen entstehen. Werden Nachhaltigkeitsthemen proaktiv angegangen, lassen sich auch Risiken (z. B. Strafzahlungen infolge der Verletzung von Umwelt- und Sozialstandards), die wiederum Kosten nach sich ziehen, vermeiden.[255] Zudem können ökologische und soziale Aktivitäten aufgrund positiver Imagewirkungen dazu beitragen, Personalkosten (u. a. durch geringere Fluktuation) und/oder kundenbezogene Kosten (u. a. durch verbesserte Kundenbindung) zu reduzieren. Nach der kostenorientierten Argumentation sind verstärkte Nachhaltigkeitsaktivitäten für Unternehmen folglich sinnvoll, da diese zur Verringerung der Kosten der Leistungserstellung sowie der damit in Verbindung stehenden Risiken beitragen können.

Ein zweites zentrales Erfolgspotenzial einer nachhaltigen Unternehmensführung besteht im Hinblick auf die **Kunden-Beziehung.**[256] Auf der Verbraucherseite steigt die Nachfrage nach nachhaltigen, d. h. ökologisch und sozial-ethisch einwandfreien Produkten und Dienstleistungen (z. B. biologische/organische Lebensmittel).[257] Gleichzeitig verstärken Kunden den Druck auf Unternehmen, negative Auswirkungen auf Umwelt und Gesellschaft zu minimieren.[258] Aus diesem Trend resultieren für Unternehmen verschiedene Chancen. Zunächst ergeben sich im Hinblick auf die steigende Nachfrage nach nachhaltigen Produkten Wachstumschancen durch neue Märkte.[259] Des Weiteren können Produktdifferenzierungen dazu beitragen, höhere Absatzmengen zu erzielen und/oder höhere Preise bzw. Preismargen durchzusetzen (absatz- und preisförderlicher Differenzierungsvorteil).[260] Nicht zuletzt kann durch eine nachhaltige Ausrichtung erreicht werden, dass Kunden dem Unternehmen erhalten bleiben und Umsatzrückgänge vermieden werden.[261] Umwelt- und Sozialverant-

---

[255] Vgl. Steinle, C. et al. (1994), S. 436; Klassen, R. D./McLaughlin, C. P. (1996), S. 1201 f.; Orlitzky, M./Benjamin, J. D. (2001), S. 391; Ambec, S./Lanoie, P. (2008), S. 50 f.; Berrone, P./Gomez-Mejia, L. R. (2009a), S. 961 ff.; Menz, K.-M. (2010), S. 119; Schaltegger, S./Lüdeke-Freund, F. (2012), S. 7.

[256] Vgl. Steinle, C. et al. (1994), S. 434; McWilliams, A./Siegel, D. (2001), S. 119; Arnold, W. et al. (2003), S. 394; Boms, A. (2008), S. 171.

[257] Vgl. Ilinitch, A. Y. et al. (1998), S. 384; Freimann, J. (2005), S. 113; Zentes, J./Schramm-Klein, H. (2009), S. 190; Eitelwein, O./Goretzki, L. (2010), S. 23; Lubin, D. A./Esty, D. C. (2010), S. 44; Unruh, G./Ettenson, R. (2010), S. 94; Goldschmidt, N./Homann, K. (2011), S. 43 f.

[258] Vgl. Waddock, S. A. et al. (2002), S. 134 f.; Arnold, W. et al. (2003), S. 394; Govindarajulu, N./Daily, B. F. (2004), S. 370; Ambec, S./Lanoie, P. (2008), S. 46; Glavas, A./Godwin, L. N. (2013), S. 25.

[259] Vgl. Nitschke, C. (1990), S. 15; Klassen, R. D./McLaughlin, C. P. (1996), S. 1201; Ambec, S./Lanoie, P. (2008), S. 47 ff.; Berrone, P./Gomez-Mejia, L. R. (2009a), S. 961; Bonini, S. et al. (2009), S. 12 f.; Welge, M. K./Rabbe, S. (2009), S. 38; Unruh, G./Ettenson, R. (2010), S. 96; Gastinger, K./Gaggl, P. (2012), S. 245.

[260] Vgl. McWilliams, A./Siegel, D. (2001), S. 119 f.; Ambec, S./Lanoie, P. (2008), S. 49 f.; Bassen, A./Kovács, A. M. (2009), S. 311; Bonini, S. et al. (2009), S. 12 f.; Welge, M. K./Rabbe, S. (2009), S. 38; Unruh, G./Ettenson, R. (2010), S. 96; Gastinger, K./Gaggl, P. (2012), S. 245; Schaltegger, S./Lüdeke-Freund, F. (2012), S. 7.

[261] Vgl. Haller, A. (2006), S. 65; Bonini, S. et al. (2009), S. 13; Menz, K.-M. (2010), S. 119.

wortlichkeit kann somit entscheidend zur Kundengewinnung und -bindung beitragen.[262] In einer Vielzahl empirischer Untersuchungen konnten positive Verbindungen zwischen Nachhaltigkeitsaktivitäten und dem Kundenverhalten gezeigt werden. Nach einer Studie von *SEN ET AL. (2006)* können bspw. durch sozial-motivierte Unternehmensspenden Kaufabsichten der Kunden positiv beeinflusst werden.[263] Weiterhin legt eine Studie von *GARCÍA DE LOS SALMONES ET AL. (2005)* nahe, dass zwischen dem vom Kunden wahrgenommenen Nachhaltigkeitsverhalten des Unternehmens und der Beurteilung der Unternehmensleistung durch den Kunden ein positiver Zusammenhang besteht.[264] Nach der kundenorientierten Argumentation verhalten sich Unternehmen somit nachhaltig, um neue Märkte zu erschließen und/oder positive Umsatzeffekte zu erzielen.

In der Literatur wird des Weiteren auch auf ein Erfolgspotenzial hinsichtlich der **Mitarbeiter-Beziehung** hingewiesen.[265] Argumentiert wird, dass eine gute Nachhaltigkeitsleistung dazu beiträgt, qualifizierte Mitarbeiter anzuwerben, langfristig zu binden und zu motivieren, wodurch sich letztlich auch die Kosten des Personalmanagements reduzieren.[266] Hintergrund dieser Argumentation ist die Entwicklung, dass auch Mitarbeiter zunehmend Anforderungen in Bezug auf das ökologische und soziale Engagement ihres Arbeitgebers stellen.[267] Zum einen ist Arbeitnehmern wichtig, dass der Arbeitgeber ökologisch und sozial einwandfrei agiert und entsprechende Mindeststandards einhält.[268] Zum anderen spielen insbesondere für High-Potentials neben einem entsprechenden Gehalt zunehmend auch Inhalt und Sinn der Tätigkeit, Entwicklungsmöglichkeiten, Werte sowie die soziale Verantwortung des Unternehmens eine große Rolle bei der Wahl des Arbeitgebers.[269] Die Ergebnisse verschiedener Studien in diesem Bereich legen nahe, dass nachhaltige Unternehmen einen entscheidenden

---

[262] Vgl. Steinle, C. et al. (1994), S. 434 ff.; Kuhlen, B. (2005), S. 10; Welge, M. K./Rabbe, S. (2009), S. 38. Die Berücksichtigung der Kundenanforderungen ist insbesondere auch im Hinblick auf Kunden des öffentlichen Bereichs relevant, da öffentliche Auftraggeber bei der Auswahl geeigneter Lieferanten und Dienstleister zunehmend nachhaltigkeitsbezogene Kriterien, wie bspw. die Umweltleistung von Unternehmen, berücksichtigen, vgl. Ambec, S./Lanoie, P. (2008), S. 47; Trautner, J. (2012), S. 761.

[263] Vgl. Sen, S. et al. (2006).

[264] Vgl. García de los Salmones, M. et al. (2005).

[265] Vgl. Smith, N. C. (2003), S. 63 f.; Bonini, S. et al. (2009), S. 13; Simcic Brønn, P./Vidaver-Cohen, D. (2009), S. 91; Welge, M. K./Rabbe, S. (2009), S. 38; Searcy, C. (2012), S. 239.

[266] Vgl. Steinle, C. et al. (1994), S. 436; Haller, A. (2006), S. 65; Ambec, S./Lanoie, P. (2008), S. 57; Bhattacharya, C. B. et al. (2008), S. 37 f.; Bassen, A./Kovács, A. M. (2009), S. 311.

[267] Vgl. Horst, P. (1990), S. 21; Waddock, S. A. et al. (2002), S. 134 f.; Smith, N. C. (2003), S. 63; Brockett, J. (2006), S. 18.

[268] Vgl. Zentes, J./Schramm-Klein, H. (2009), S. 191 f.

[269] Vgl. Horst, P. (1990), S. 21 f.; Buchhorn, E./Werle, K. (2011), S. 113 f.; Gastinger, K./Gaggl, P. (2012), S. 245; Heckel, M. (2013), S. 42 f.

Wettbewerbsvorteil hinsichtlich der Mitarbeitergewinnung, -motivation und -bindung haben.[270] Folglich fungiert das Thema Nachhaltigkeit – nicht zuletzt vor dem Hintergrund des demografischen Wandels – zunehmend als Wettbewerbsfaktor im Kampf um bestehende und potenzielle Mitarbeiter.[271] Nach der mitarbeiterorientierten Argumentation haben nachhaltige Unternehmen also Vorteile, Mitarbeiter zu gewinnen, zu motivieren und an das Unternehmen zu binden.

Auch in Bezug auf **Investoren-Beziehungen** werden Erfolgspotenziale einer nachhaltigen Unternehmensführung gesehen.[272] Das ist darauf zurückzuführen, dass Investoren zunehmend eine nachhaltige Anlagepolitik verfolgen und die Nachfrage nach sog. Socially Responsible Investments (SRI) ständig an Bedeutung gewinnt.[273] Kennzeichnend für eine nachhaltige Anlagepolitik ist, dass Investoren bei der Auswahl geeigneter Investments das Unternehmensverhalten über die finanzielle Unternehmensperformance hinaus analysieren.[274] In diesem Zusammenhang spielen Nachhaltigkeitsindizes eine bedeutsame Rolle,[275] da diese als Gütesiegel fungieren und Auskunft über Unternehmen mit einer überdurchschnittlichen Nachhaltigkeitsleistung geben.[276] Ein Listing in einem Nachhaltigkeitsindex ist folglich aus Sicht von Unternehmen erstrebenswert, da hierdurch die Kapitalbeschaffung vereinfacht sowie zur Senkung der Kapitalkosten beigetragen werden kann.[277] So deuten auch Studienergebnisse darauf hin, dass nachhaltige Unternehmen tendenziell niedrigere

---

[270] Vgl. bspw. Bauer, T. N./Aiman-Smith, L. (1996); Turban, D. B./Greening, D. W. (1997); Greening, D. W./Turban, D. B. (2000); Backhaus, K. B. et al. (2002); Sen, S. et al. (2006); Kim, H.-R. et al. (2010); Mozes, M. et al. (2011).

[271] Vgl. Horst, P. (1990), S. 21 f.; Smith, N. C. (2003), S. 63 f.; Phillips, L. (2007), S. 9; Bhattacharya, C. B. et al. (2008), S. 37; Schwaab, M.-O. (2008), S. 199 f.; Gastinger, K./Gaggl, P. (2012), S. 245.

[272] Vgl. Epstein, M. J./Roy, M.-J. (2001), S. 598; Braun, S./Loew, T. (2008), S. 13; Bassen, A./Senkl, D. (2010), S. 256.

[273] Vgl. Kumar, R. et al. (2002), S. 137 f.; Smith, N. C. (2003), S. 63; Székely, F./Knirsch, M. (2005), S. 630; Brammer, S. et al. (2006), S. 97; Haller, A. (2006), S. 65; Pauli, B. (2007), S. 11; Ambec, S./Lanoie, P. (2008), S. 54; Braun, S./Loew, T. (2008), S. 5; Kirchhoff, K. R. (2008), S. 110 f.; Rhodes, M. J. (2010), S. 146. Aus aktuellen Studien geht hervor, dass sowohl der deutsche als auch der europäische Markt für nachhaltige Investments (Socially Responsible Investments; SRI) rasch und kontinuierlich an Bedeutung gewinnt, vgl. Eurosif (2010); Eurosif (2012).

[274] Vgl. Epstein, M. J./Roy, M.-J. (2001), S. 598; Pauli, B. (2007), S. 11 f.; Braun, S./Loew, T. (2008), S. 5; Bassen, A./Kovács, A. M. (2009), S. 313 f.; Scalet, S./Kelly, T. F. (2010), S. 69; Baumast, A. (2012), S. 640 ff.

[275] Weltweit bedeutsam sind vor allem die Familie der Dow Jones Sustainability Indizes sowie die Familie der FTSE4Good Indizes, vgl. hierzu weiterführend Pauli, B. (2007); Kirchhoff, K. R. (2008); Schäfer, H. (2012).

[276] Vgl. Székely, F./Knirsch, M. (2005), S. 634 f.; Bassen, A./Kovács, A. M. (2009), S. 313 f. Vgl. für eine kritische Einschätzung zu Nachhaltigkeitsindizes auch Porter, M. E./Kramer, M. R. (2006), S. 81; Rickens, C. (2010), S. 71 ff. Neben den Nachhaltigkeitsindizes spielen auch nachhaltigkeitsbezogene Ratings eine immer wichtigere Rolle bei der Beurteilung der Nachhaltigkeitsleistung von Unternehmen, vgl. hierzu weiterführend Schäfer, H. (2005); Schäfer, H. et al. (2006); Scalet, S./Kelly, T. F. (2010).

[277] Vgl. Haller, A. (2006), S. 65; Bassen, A./Kovács, A. M. (2009), S. 313 f.

Kapitalkosten aufweisen, als nicht nachhaltige Unternehmen.[278] Im Hinblick auf die Investoren-Beziehung und den Trend zu nachhaltigen Investments kann eine nachhaltige Ausrichtung Unternehmen dabei helfen, ihren Kapitalbedarf langfristig zu decken und die Kapitalkosten gering zu halten.[279]

In der Literatur wird zudem häufig auf Vorteile einer nachhaltigen Unternehmensführung im Hinblick auf die **Gesellschaft** als Ganzes hingewiesen.[280] Zunächst wird ökologisch und sozial verträgliches Handeln i. d. R. zu einer Verbesserung des Images und der Reputation eines Unternehmens in der Gesellschaft beitragen.[281] Langfristig kann hierdurch Akzeptanz und Vertrauen in der Gesellschaft bzw. zu allen Stakeholdergruppen aufgebaut werden.[282] Aus einer gesellschaftsbezogenen Perspektive ist eine nachhaltige Unternehmensführung letztlich Voraussetzung, um die notwendige Legitimität („licence to operate") des unternehmerischen Handelns abzusichern.[283]

Aufgrund der zahlreichen Erfolgspotenziale ist die Vermutung naheliegend, dass eine positive Nachhaltigkeitsleistung auch zur **Verbesserung des finanziellen Erfolgs** von Unternehmen führt. Um dieser Vermutung nachzugehen, wurde der Zusammenhang zwischen der Nachhaltigkeitsperformance und der ökonomischen Performance von Unternehmen in einer Vielzahl empirischer Studien untersucht.[284] Aus der Analyse der Studienergebnisse ergeben sich dabei auf den ersten Blick scheinbar widersprüchliche Aussagen. Zunächst lassen zahl-

---

[278] Das Beratungsunternehmen A.T. Kearney hat in diesem Zusammenhang die gewichteten durchschnittlichen Kapitalkostensätze (Weighted Average Cost of Capital; WACC) von 125 im Dow Jones Sustainability Index (DJSI) gelisteten Unternehmen mit denen von nicht im DJSI gelisteten Unternehmen verglichen. Das Ergebnis der Studie verdeutlicht, dass nachhaltige, d. h. im DJSI gelistete Unternehmen in 12 von 16 Branchen geringere gewichtete durchschnittliche Kapitalkostensätze aufweisen als ihre nicht als nachhaltig eingestuften Wettbewerber, vgl. A.T. Kearney (2009).

[279] Vgl. Kuhlen, B. (2005), S. 10; Ambec, S./Lanoie, P. (2008), S. 54; Zentes, J./Schramm-Klein, H. (2009), S. 195; Bassen, A./Senkl, D. (2010), S. 257; Cheng, B. et al. (2013), S. 16 f.

[280] Vgl. Simcic Brønn, P./Vidaver-Cohen, D. (2009), S. 94.

[281] Vgl. Haller, A. (2006), S. 65; Berrone, P./Gomez-Mejia, L. R. (2009a), S. 961; Welge, M. K./Rabbe, S. (2009), S. 39; Menz, K.-M. (2010), S. 119; Goldschmidt, N./Homann, K. (2011), S. 18; Gastinger, K./Gaggl, P. (2012), S. 244; Schaltegger, S./Lüdeke-Freund, F. (2012), S. 6 f.; Searcy, C. (2012), S. 239.

[282] Vgl. Arnold, W. et al. (2001), S. 75; Freimann, J. (2005), S. 113; Braun, S./Loew, T. (2008), S. 5; Welge, M. K./Rabbe, S. (2009), S. 39; Goldschmidt, N./Homann, K. (2011), S. 18; Gastinger, K./Gaggl, P. (2012), S. 244.

[283] Vgl. Braun, S. et al. (2007), S. 5; Simcic Brønn, P./Vidaver-Cohen, D. (2009), S. 102 ff.; Welge, M. K./Rabbe, S. (2009), S. 39.

[284] Vgl. hierzu insbesondere die Überblicksartikel von Pava, M. L./Krausz, J. (1996); Griffin, J. J./Mahon, J. F. (1997); Roman, R. M. et al. (1999); Margolis, J. D./Walsh, J. P. (2003); Orlitzky, M. et al. (2003); Wu, M.-L. (2006); van Beurden, P./Gössling, T. (2008).

reiche Studien auf einen positiven Zusammenhang schließen.[285] Dieser wird dadurch begründet, dass die für Nachhaltigkeitsaktivitäten anfallenden Kosten durch Verbesserungen der betrieblichen Effizienz bzw. durch die damit verbundenen positiven Stakeholdereffekte überkompensiert werden.[286] Manche Befunde legen dagegen nahe, dass sich Nachhaltigkeitsaktivitäten negativ auf die ökonomische Unternehmensperformance auswirken.[287] Als Hauptargument wird angeführt, dass Maßnahmen im Bereich der unternehmerischen Nachhaltigkeit (z. B. zusätzliche Investitionen für Arbeitssicherheit, Gesundheitsprogramme, umweltfreundliche Produktionstechnologien, etc.) notwendigerweise zu erhöhten Kosten und einer stärkeren administrativen Belastung der Unternehmen führen.[288] Des Weiteren konnten einige Studien keinen signifikanten Zusammenhang zwischen der Nachhaltigkeitsperformance und der ökonomischen Performance von Unternehmen nachweisen.[289]

Aufgrund der unterschiedlichen Ergebnisse kann zunächst keine eindeutige Aussage bezüglich des Zusammenhangs zwischen der Nachhaltigkeitsperformance eines Unternehmens und dessen finanzieller Performance getroffen werden. Jedoch konnten verschiedene Meta-Studien von *Pava/Krausz (1996)*[290] (21 Studien), *Roman et al. (1999)*[291] (46 Studien), *Orlitzky et al. (2003)*[292] (52 Studien), *Margolis/Walsh (2003)*[293] (127 Studien) und *Wu (2006)* (121 Studien)[294] zeigen, dass sich in der Mehrzahl der Studien ein **positiver Zusammenhang** zwischen der Nachhaltigkeitsperformance und der ökonomischen Performance von Unternehmen ergibt. Letztlich kann also von der Existenz der skizzierten Erfolgspotenziale ausgegangen

---

285 Vgl. bspw. Herremans, I. M. et al. (1993); Blacconiere, W. G./Patten, D. M. (1994); Hart, S. L./Ahuja, G. (1996); Klassen, R. D./McLaughlin, C. P. (1996); Preston, L. E./O'Bannon, D. P. (1997); Russo, M. V./Fouts, P. A. (1997); Waddock, S. A./Graves, S. B. (1997); Judge, W. Q. Jr./Douglas, T. J. (1998); Stanwick, P. A./Stanwick, S. D. (1998); Dowell, G. et al. (2000); Verschoor, C. C./Murphy, E. A. (2002); Schnietz, K. E./Epstein, M. J. (2005); Luo, X./Bhattacharya, C. B. (2006); He, Y. et al. (2007); Burnett, R. D./Hansen, D. R. (2008).

286 Vgl. Burke, L./Logsdon, J. M. (1996), S. 496; Burnett, R. D./Hansen, D. R. (2008), S. 554; Menz, K.-M. (2010), S. 119.

287 Vgl. bspw. Vance, S. C. (1975); Boyle, E. J. et al. (1997).

288 Vgl. Waddock, S. A./Graves, S. B. (1997), S. 305; Barnett, M. L./Salomon, R. M. (2006), S. 1103; Burnett, R. D./Hansen, D. R. (2008), S. 554; Müller-Stewens, G./Brauer, M. (2009), S. 128; Menz, K.-M. (2010), S. 119.

289 Vgl. bspw. Arlow, P./Ackelsberg, R. (1991); Hamilton, S. et al. (1993); McWilliams, A./Siegel, D. (2000); Moore, G. (2001); Seifert, B. et al. (2003); Seifert, B. et al. (2004); van de Velde, E. et al. (2005).

290 Vgl. Pava, M. L./Krausz, J. (1996), S. 322.

291 Vgl. Roman, R. M. et al. (1999), S. 121.

292 Vgl. Orlitzky, M. et al. (2003), S. 427.

293 Vgl. Margolis, J. D./Walsh, J. P. (2003), S. 273 ff.

294 Vgl. Wu, M.-L. (2006), S. 167.

werden.[295] Viele Autoren stellen sich daher heute auch nicht mehr die Frage, ob unternehmerische Nachhaltigkeit sinnvoll ist, sondern wie diese umgesetzt werden kann.[296]

### 2.2.5 Anforderungen

Voraussetzung für das Erreichen der beschriebenen Erfolgspotenziale einer nachhaltigen Unternehmensführung ist zunächst, dass Unternehmen das Thema Nachhaltigkeit in ihr unternehmerisches Denken und Handeln aufnehmen. Um dies zu erreichen, müssen Nachhaltigkeitsaspekte in die Steuerungsprozesse integriert und im Rahmen eines **Nachhaltigkeitsmanagements** systematisch koordiniert werden.[297] Im Folgenden sollen daher die zentralen Anforderungen für das Management unternehmerischer Nachhaltigkeit beleuchtet werden.

Eine erste zentrale Anforderung an das Nachhaltigkeitsmanagement besteht darin, gleichermaßen ökonomische, ökologische und soziale Nachhaltigkeitsaspekte und -ziele in die Steuerungsprozesse und -systeme zu integrieren.[298] Dafür sind zunächst die relevanten **Themen und Handlungsfelder** aus allen Nachhaltigkeitsdimensionen zu identifizieren. In der ökonomischen Dimension sind gute finanzielle Ergebnisse auch im Rahmen einer nachhaltigen Unternehmensführung bedeutsam.[299] Hierbei stehen Erhalt und Förderung des materiellen und immateriellen Kapitals sowie des Wissensbestands und der Lernfähigkeit des Unternehmens im Vordergrund.[300] Die ökologische Dimension der Nachhaltigkeit fokussiert die Reduktion der direkt und indirekt verursachten Umweltbelastungen und den Erhalt der natürlichen Ressourcen.[301] Dies umfasst die Verringerung des Ressourcenbedarfs durch die Steigerung der Ressourcenproduktivität, die Reduktion von Abfällen und Emissionen, den Umstieg auf regenerative Einsatzstoffe und Energieträger sowie eine ganzheitliche Produktverantwortung in der Wertschöpfungskette über den gesamten Produktlebenszyklus hin-

---

295 Vgl. Aguilera, R. V. et al. (2007), S. 837.
296 Vgl. Aguilera, R. V. et al. (2007), S. 837; Searcy, C. (2012), S. 239. PORTER/KRAMER (2007) zeigen anhand zahlreicher Beispiele entlang der Wertschöpfungskette auf, wie Unternehmen gesellschaftlich verantwortlich handeln und gleichzeitig Wettbewerbsvorteile erzielen können, vgl. Porter, M. E./Kramer, M. R. (2007), S. 23.
297 Vgl. Schaltegger, S. et al. (2002), S. 3; Braun, S./Loew, T. (2008), S. 14.
298 Vgl. Clausen, J./Loew, T. (2009), S. 21; Hesse, A. (2009), S. 12; Welge, M. K./Rabbe, S. (2009), S. 37; Ries, A./Wehrum, K. (2011), S. 26; Schaltegger, S. (2012), S. 168.
299 Vgl. Schaltegger, S. et al. (2002), S. 6.
300 Vgl. Arnold, W. et al. (2003), S. 393; Freimann, J. (2005), S. 115; Kurz, R. (2005), S. 86.
301 Vgl. Schaltegger, S./Dyllick, T. (2002), S. 33; Welge, M. K./Rabbe, S. (2009), S. 37.

weg.[302] Indikatoren für den ökologischen Erfolg beziehen sich typischerweise auf den Input (Material, Energie, Wasser, etc.) oder den Output (Abfälle, Emissionen, etc.).[303] Der Erhalt und die Erhöhung des betrieblichen Humankapitals sowie des betrieblichen und gesellschaftlichen Sozialkapitals stellen die Ziele der sozialen Dimension der Nachhaltigkeit dar.[304] Die bedeutsamsten Handlungsfelder werden in den Bereichen Mitarbeiterinteressen, Verbraucherinteressen und soziale Standards in der Supply Chain (Interessen der Lieferanten) gesehen.[305] Erfolge der sozialen Dimension können bspw. anhand von gesellschafts- und mitarbeiterbezogenen Indikatoren ermittelt werden.[306]

Eine weitere Anforderung an das Nachhaltigkeitsmanagement besteht darin, alle unternehmerischen Aktivitäten gleichermaßen hinsichtlich deren **Effektivität und Effizienz** zu beurteilen. Neben der eigentlichen Zielerreichung in den einzelnen Dimensionen (Effektivität) spielt auch die Wirtschaftlichkeit der Zielerreichung eine bedeutsame Rolle (Effizienz).[307] Folglich müssen neben der ökonomischen, ökologischen und sozialen Effektivität auch die Öko-Effizienz und Sozio-Effizienz beachtet werden.[308] Öko-Effizienz definiert das Verhältnis zwischen einer ökonomischen und einer physikalischen Größe.[309] Im Bereich der Ökoeffizienz wird bspw. die erzielte Wertschöpfung ins Verhältnis zur verbrauchten Energiemenge gesetzt (Energieeffizienz).[310] Analog wird bei der Sozio-Effizienz das Verhältnis aus einer ökonomischen und einer sozialen Größe gebildet.[311] Bspw. gibt das Verhältnis aus erzielter Wertschöpfung und Personalunfällen Auskunft darüber, wie viel Umsatz pro Personalunfall

---

302 Vgl. Arnold, W. et al. (2003), S. 393; Balderjahn, I. (2004), S. 174 f.; Kurz, R. (2005), S. 87; Loew, T./Braun, S. (2006), S. 8 f.; Clausen, J./Loew, T. (2009), S. 20.

303 Vgl. Seidel, E. et al. (1998), S. 141 ff.

304 Vgl. Gminder, C. U. et al. (2002), S. 98; Arnold, W. et al. (2003), S. 393; Kurz, R. (2005), S. 86 f.

305 Vgl. Loew, T./Braun, S. (2006), S. 8 f.; Clausen, J./Loew, T. (2009), S. 20.

306 Vgl. von Eckardstein, D./Konlechner, S. (2008), S. 47 ff.

307 Vgl. Schaltegger, S./Dyllick, T. (2002), S. 33; Boms, A. (2008), S. 101 ff.

308 Vgl. Schaltegger, S. et al. (2007), S. 14 ff.; Welge, M. K./Rabbe, S. (2009), S. 37; Ries, A./Wehrum, K. (2011), S. 27.

309 Vgl. Dyllick, T./Hockerts, K. (2002), S. 136; Schaltegger, S. et al. (2007), S. 17.

310 Die Energieeffizienz wird bspw. in der Einheit [€/kWh] erhoben. Weitere Beispiele für Kenngrößen der Öko-Effizienz sind Wertschöpfung/emittiertes $CO_2$ [€/t] und Wertschöpfung/Abfallmenge [€/t], vgl. Schaltegger, S. et al. (2002), S. 9.

311 Vgl. Dyllick, T./Hockerts, K. (2002), S. 136; Schaltegger, S. et al. (2002), S. 9.

erzielt wurde und somit, wie unfallintensiv die Erreichung des gegebenen Umsatzes erfolgt.[312]

Im Rahmen des Nachhaltigkeitsmanagements muss nicht zuletzt ein geeignetes **Instrumentarium zur Steuerung** der Nachhaltigkeitsthemen Anwendung finden.[313] Hierbei wird häufig auf die **Sustainability Balanced Scorecard (SBSC)** als zweckmäßiges Instrument zur Umsetzung einer nachhaltigkeitsorientierten Unternehmensführung hingewiesen.[314] Bei der Entwicklung einer SBSC sind grundsätzlich zwei unterschiedliche Ansätze zu unterscheiden, die jeweils an der traditionellen Balanced Scorecard (BSC) ansetzen (vgl. Abbildung 6).[315] Im Rahmen des additiven Ansatzes wird die traditionelle Balanced Scorecard um eine bzw. mehrere Perspektiven ergänzt, um Aspekte ökologischer und sozialer Nachhaltigkeit integrieren zu können.[316] Im Gegensatz dazu werden beim integrativen Ansatz die bestehenden BSC-Perspektiven systematisch erweitert, so dass diese jeweils alle drei Nachhaltigkeitsdimensionen umfassen.[317] Für den additiven Ansatz spricht insbesondere, dass eine Überfrachtung der bestehenden BSC-Perspektiven durch neu hinzukommende Aspekte der ökologischen und sozialen Nachhaltigkeit vermieden wird.[318] Der bedeutende Vorteil des integrativen Ansatzes wird darin gesehen, dass dadurch betont wird, dass allen Nachhaltigkeitsdimensionen in jeder der BSC-Perspektiven strategische Relevanz zukommen kann.[319]

---

[312] Dieses Maß der Sozio-Effizienz könnte bspw. in der Einheit [€/Unfall] erhoben werden. Ein weiteres Beispiel für die Sozio-Effizienz ist die Kenngröße Wertschöpfung/Krankheitszeit [€/Tage], vgl. Schaltegger, S. et al. (2002), S. 9.

[313] Vgl. hierzu insbesondere Schaltegger, S. et al. (2002); Schaltegger, S. et al. (2007).

[314] Vgl. Arnold, W. et al. (2001), S. 77 ff.; Dyllick, T./Schaltegger, S. (2001), S. 69 ff.; Figge, F. et al. (2002), S. 272 ff.; Hahn, T. et al. (2002), S. 43 ff.; Arnold, W. et al. (2003), S. 394 ff.; Gminder, C. U. et al. (2003), S. 58 ff.; Schaltegger, S. et al. (2007), S. 67 ff.; Hubbard, G. (2009), S. 185 ff.; Mahammadzadeh, M. (2009), S. 177 ff.; Neßler, C./Fischer, M.-T. (2013), S. 63 ff.

[315] Vgl. Arnold, W. et al. (2003), S. 395.

[316] Vgl. Figge, F. et al. (2002), S. 274 f.; Arnold, W. et al. (2003), S. 395; Hubbard, G. (2009), S. 185 ff.

[317] Vgl. Arnold, W. et al. (2001), S. 78; Figge, F. et al. (2002), S. 273 f.; Arnold, W. et al. (2003), S. 395; Schaltegger, S. et al. (2007), S. 68; Hubbard, G. (2009), S. 185.

[318] Vgl. Hubbard, G. (2009), S. 186.

[319] Vgl. Arnold, W. et al. (2003), S. 395.

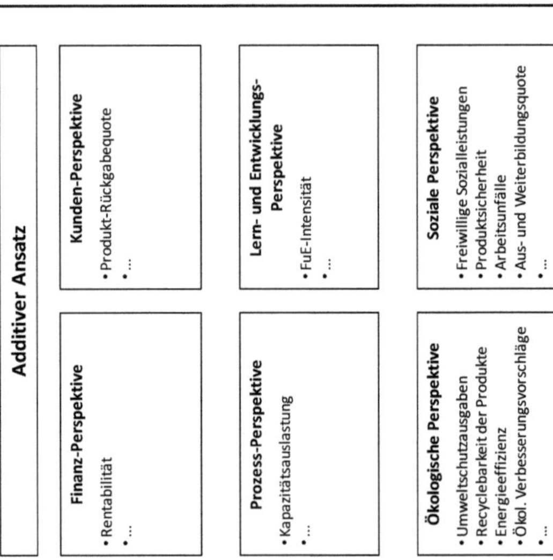


**Integrativer Ansatz**

| Nach-haltigkeits-dimension / BSC-Perspektive | Finanz-Perspektive | Kunden-Perspektive | Prozess-Perspektive | Lern- und Entwicklungs-Perspektive |
|---|---|---|---|---|
| **Ökonomische Nachhaltigkeit** | • Rentabilität<br>• ... | • Produkt-Rückgabequote<br>• ... | • Kapazitäts-auslastung<br>• ... | • FuE-Intensität<br>• ... |
| **Ökologische Nachhaltigkeit** | • Umweltschutz-ausgaben<br>• ... | • Recyclebarkeit der Produkte<br>• ... | • Energieeffizienz<br>• ... | • Ökol. Verbesse-rungsvorschläge<br>• ... |
| **Soziale Nachhaltigkeit** | • Freiwillige Sozialleistungen<br>• ... | • Produkt-sicherheit<br>• ... | • Arbeitsunfälle<br>• ... | • Aus- und Weiter-bildungsquote<br>• ... |

Abb. 6: Schematische Darstellung des additiven und integrativen Ansatzes einer Sustainability Balanced Scorecard (Quelle: in Anlehnung an Arnold, W. et al. (2003), S. 396 und Hubbard, G. (2009), S. 187)

Eine Alternative bzw. Ergänzung zur SBSC stellt das **Integrierende Nachhaltigkeitsdreieck** dar, welches die drei Nachhaltigkeitsdimensionen in einem Dreieck gleichberechtigt anordnet (vgl. Abbildung 7).[320] Die Fläche des Integrierenden Nachhaltigkeitsdreiecks kann als Kontinuum in Felder aufgeteilt werden, die starke bis schwache Beziehungen zu den einzelnen Nachhaltigkeitsdimensionen aufweisen.[321] Durch diese Darstellung können den einzelnen Feldern Ziele, Handlungsfelder, Steuerungsgrößen, Kennzahlen und Indikatoren zugeordnet werden, wodurch ein Rahmen für die Operationalisierung der strategischen Nachhaltigkeitsziele vorgegeben wird.[322] Diese Systematisierung nachhaltigkeitsrelevanter Aspekte ist hilfreich, um den vielfältigen Anforderungen an eine integrierte Betrachtung der nachhaltigen Entwicklung auf Unternehmensebene gerecht zu werden.

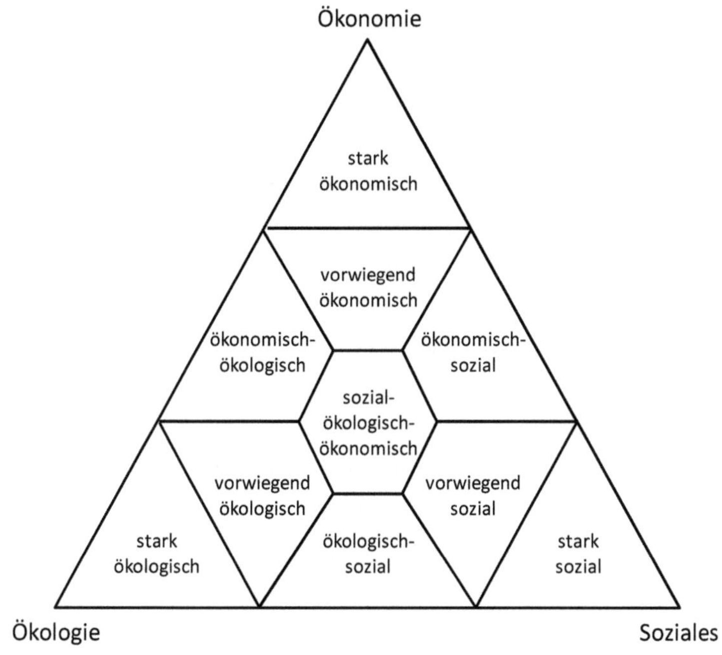


Abb. 7: Das Integrierende Nachhaltigkeitsdreieck
(Quelle: in Anlehnung an von Hauff, M./Kleine, A. (2009), S. 125)

[320] Vgl. Kleine, A. (2009), S. 81 ff.; von Hauff, M./Kleine, A. (2009), S. 119.
[321] Vgl. Kleine, A. (2005), S. 24; Kleine, A./von Hauff, M. (2009), S. 523.
[322] Vgl. Kleine, A./von Hauff, M. (2009), S. 524.

Des Weiteren ist zur Steuerung, Planung und Kontrolle der Nachhaltigkeitsthemen auf ein entsprechendes **Nachhaltigkeits-Controlling** zurückzugreifen.[323] Dieses hat zur Aufgabe, bei der Definition geeigneter nachhaltigkeitsbezogener Steuerungskennzahlen bzw. Indikatoren zu unterstützen, diese zu erheben und die Zielerreichung nachzuhalten.[324] Die erhobenen Informationen werden einerseits für interne Zwecke benötigt und sind Bestandteil des Management Reporting. Andererseits sind die Informationen auch für externe Zwecke relevant, da auch externe Akteure zunehmend erwarten, dass Unternehmen nachhaltigkeitsbezogene Informationen bereitstellen.[325] Die externe Berichterstattung erfolgt in der Regel im Rahmen eines **Nachhaltigkeitsberichts**, der entweder eigenständig oder in Verbindung mit dem Jahresabschluss (sog. integrierte Berichterstattung) veröffentlicht wird.[326] Das Nachhaltigkeits-Controlling ist somit eine zentrale Voraussetzung für eine zweckadäquate Berichterstattung über die Aktivitäten im Bereich der unternehmerischen Nachhaltigkeit.[327]

Um sicherzustellen, dass Mitarbeiter auch wirklich nachhaltig denken und handeln, müssen in Unternehmen nicht zuletzt geeignete Anreize hierzu gesetzt werden.[328] In der Literatur wird in diesem Zusammenhang vielfach auf die Bedeutung einer Verknüpfung von nachhaltigkeitsbezogenen Aspekten mit **Anreizsystemen** hingewiesen.[329] Folglich gilt es neue Anreizsysteme zu gestalten bzw. bestehende Anreizsysteme weiterzuentwickeln, um auch im Rahmen einer nachhaltigen Unternehmensführung die Erreichung der angestrebten (Nachhaltigkeits-)Ziele zu unterstützen.[330] Jedoch fehlt in der wissenschaftlichen Literatur bislang eine systematische Auseinandersetzung zu den Möglichkeiten, mit denen die Themenfelder „Anreizsysteme“ und „unternehmerische Nachhaltigkeit“ miteinander verknüpft werden können. Aus diesem Grund folgt in Kapitel 3 eine ausführliche Analyse der Gestaltungsoptionen nachhaltigkeitsorientierter Anreizsysteme.

---

323 Vgl. Preller, E. (2007), S. 51 f.; Eitelwein, O./Goretzki, L. (2010), S. 23; Reichmann, T./Kißler, M. (2010), S. 105 f.; Schulze, M./Thomas, S. (2012), S. 58 ff.

324 Vgl. Preller, E. (2007), S. 52.

325 Vgl. Braun, S. et al. (2007), S. 5; Preller, E. (2007), S. 51; Bassen, A./Kovács, A. M. (2009), S. 312; Schwerk, A. (2012), S. 347; Weber, J./Marley, K. A. (2012), S. 627.

326 Vgl. Hubbard, G. (2009), S. 181; Kolk, A. (2010), S. 367. Zur Berichterstattung über unternehmerische Nachhaltigkeit werden daneben jedoch auch weitere Instrumente, wie bspw. CSR-, Umwelt- und Sozialberichte, eingesetzt. Vgl. weiterführend zur Nachhaltigkeitsberichterstattung bspw. Braun, S. et al. (2007); Herzig, C./Pianowski, M. (2009); Schlange, J. (2009).

327 Vgl. Preller, E. (2007), S. 51.

328 Vgl. Berrone, P./Gomez-Mejia, L. R. (2009a), S. 960.

329 Vgl. bspw. Epstein, M. J./Roy, M.-J. (2001), S. 594; Berrone, P./Gomez-Mejia, L. R. (2009a), S. 959 ff.; von Hülsen, H.-C./Weisel, T. (2011), S. 127 f.; Merriman, K. K./Sen, S. (2012), S. 851; Weber, J. et al. (2012), S. 242.

330 Vgl. Epstein, M. J./Roy, M.-J. (2001), S. 594.

## 2.3 Zwischenfazit

Gegenstand von Kapitel 2 war die Einführung in die für den weiteren Verlauf der Arbeit notwendigen inhaltlichen und definitorischen Grundlagen zu den Themenfeldern „Anreizsysteme“ und „unternehmerische Nachhaltigkeit“. Für das Themenfeld **Anreizsysteme** kann als Zwischenfazit festgehalten werden, dass diese als bedeutsame Instrumente der Unternehmensführung dazu beitragen, das Verhalten aktueller und künftiger Mitarbeiter zielorientiert zu steuern.[331] Im Rahmen von Anreizsystemen werden Mitarbeitern Anreize in Aussicht gestellt, deren Eintritt und Höhe sich in Abhängigkeit der Ausprägung vereinbarter Bemessungsgrundlagen bestimmt.[332] Zu beachten ist, dass die gebotenen Anreize auch aus Sicht der Mitarbeiter von Bedeutung sind und die Bemessungsgrundlagen den drei zentralen Anforderungen Anreizkompatibilität, Controllability und Manipulationsresistenz gerecht werden.[333] Bei der Gestaltung von Anreizsystemen müssen Unternehmen darüber hinaus festlegen, welcher funktionale Zusammenhang zwischen Anreizen und Bemessungsgrundlagen besteht (Belohnungsfunktion), wann Anreize den Mitarbeitern zur Verfügung stehen (Ausschüttungspolitik) und welche Mitarbeiter durch das Anreizsystem incentiviert werden (Adressatenkreis).[334] Anreizsystemen werden im Allgemeinen personalbezogene als auch leistungsbezogene Funktionen zugeschrieben.[335] So zielen Anreizsysteme darauf ab, das Verhalten aktueller und künftiger Mitarbeiter in Bezug auf einen Unternehmenseintritt und -verbleib, sowie deren Motivations- und Kooperationsbereitschaft, positiv zu beeinflussen.[336] Für ein erfolgreiches Anreizsystem muss bei der Gestaltung neben dem Aspekt der Wirtschaftlichkeit gleichermaßen auf die Anforderungen Aktualität der Ermittlung, Transparenz, Gerechtigkeit, Akzeptanz und Nachhaltigkeit geachtet werden.[337]

Als Zwischenfazit zum Themenkomplex der **Nachhaltigkeit** kann festgehalten werden, dass mit unternehmerischer Nachhaltigkeit ein langfristig-orientiertes dreidimensionales Konzept bezeichnet wird, welches simultan Ziele aus den drei Nachhaltigkeitsdimensionen Ökonomie, Ökologie und Soziales berücksichtigt.[338] Das dreidimensionale Nachhaltigkeitskonzept

---

[331] Vgl. Anthony, R. N./Govindarajan, V. (2007), S. 513.
[332] Vgl. Hungenberg, H. (2011), S. 361 f.
[333] Vgl. Becker, F. G. (1993), S. 318; Hofmann, C. (2002), Sp. 71 f.
[334] Vgl. Rödl, K. (2006), S. 97 ff.; Hungenberg, H. (2011), S. 364 ff.
[335] Vgl. Winter, S. (1996), S. 40.
[336] Vgl. Wolff, B./Lucas, S. (2004), Sp. 22; Becker, F. G./Kramarsch, M. (2006), S. 11.
[337] Vgl. bspw. Riegler, C. (2000a), S. 159 ff.; Plaschke, F. J. (2003), S. 102 ff.; Kara, M. (2009), S. 119 ff.
[338] Vgl. Loew, T. et al. (2004), S. 70 ff.

wird synonym auch als Triple Bottom Line bezeichnet und hat sich in der Wissenschaft als vorherrschendes Begriffsverständnis durchgesetzt.[339] Die Literatur zur Umsetzung unternehmerischer Nachhaltigkeit ist vor allem durch die Konzepte Corporate Citizenship, Corporate Social Responsibility und Corporate Sustainability geprägt.[340] Alle drei tragen bedeutend zur unternehmerischen Nachhaltigkeit auf einzelwirtschaftlicher sowie zur nachhaltigen Entwicklung auf gesamtwirtschaftlicher Ebene bei. Allgemein wird jedoch das Konzept der Corporate Sustainability als das umfassendste Konzept angesehen, worunter die beiden anderen Konzepte subsumiert werden können.[341] Aufgrund zahlreicher Erfolgspotenziale steigt die Bedeutung unternehmerischer Nachhaltigkeit stetig an, so dass sich diese in der Zwischenzeit zu einem strategischen Erfolgsfaktor auf Unternehmensebene entwickelt hat.[342] Die Erfolgspotenziale unternehmerischer Nachhaltigkeit resultieren dabei aus möglichen Kosteneinsparungen, zusätzlichen Umsatzchancen sowie verbesserten Stakeholderbeziehungen.[343] Nachdem die Ergebnisse verschiedener Meta-Studien auf einen positiven Zusammenhang zwischen der Nachhaltigkeitsperformance und der ökonomischen Performance von Unternehmen hindeuten,[344] steht nun nicht mehr die Frage im Vordergrund, ob unternehmerische Nachhaltigkeit die Unternehmensleistung verbessert, sondern wie diese umgesetzt werden kann.[345] In diesem Zusammenhang gilt es zunächst, die unterschiedlichen Nachhaltigkeitsaspekte konsequent in die Unternehmensprozesse zu integrieren und im Rahmen eines Nachhaltigkeitsmanagements zielorientiert zu steuern.[346] Die Hauptanforderungen an das Nachhaltigkeitsmanagement bestehen in der Identifikation der relevanten Themen und Handlungsfelder aus allen drei Nachhaltigkeitsdimensionen, der gleichzeitigen Beachtung von Effektivitäts- und Effizienzzielen sowie der Bereitstellung eines geeigneten Instrumentariums zur Steuerung der Nachhaltigkeitsaspekte.[347]

Auf den ersten Blick erscheinen die beiden Themenfelder Anreizsysteme und unternehmerische Nachhaltigkeit weitestgehend unabhängig voneinander zu sein. Insbesondere in

---

[339] Vgl. Colbert, B. A./Kurucz, E. C. (2007), S. 21 f.; Hubbard, G. (2009), S. 180 f.; Kiron, D. et al. (2012), S. 70.
[340] Vgl. bspw. Czymmek, F. et al. (2009), S. 245 ff.
[341] Vgl. Loew, T. et al. (2004), S. 72.
[342] Vgl. Luo, X./Bhattacharya, C. B. (2006), S. 1; Hesse, A. (2009), S. 12; Welge, M. K./Rabbe, S. (2009), S. 37. Aktuelle Studienergebnisse legen nahe, dass Unternehmen auch weiterhin von einer steigenden strategischen Relevanz des Themas Nachhaltigkeit ausgehen, vgl. Weber, J. et al. (2012), S. 242 ff.
[343] Vgl. Klassen, R. D./McLaughlin, C. P. (1996), S. 1202; Weber, J. et al. (2012), S. 243.
[344] Vgl. bspw. Margolis, J. D./Walsh, J. P. (2003); Orlitzky, M. et al. (2003).
[345] Vgl. Aguilera, R. V. et al. (2007), S. 837.
[346] Vgl. Schaltegger, S. (2012), S. 168 f.
[347] Vgl. bspw. Dyllick, T./Schaltegger, S. (2001); Schaltegger, S. et al. (2007).

jüngster Vergangenheit werden in der wissenschaftlichen Literatur jedoch verschiedene **Berührungspunkte** zwischen diesen Themenfeldern aufgezeigt und diskutiert. Zunächst wird darauf hingewiesen, dass die durch das VorstAG geänderten **regulatorischen Rahmenbedingungen** eine verstärkte Berücksichtigung von Nachhaltigkeitsaspekten in den Anreiz- und Vergütungssystemen von Unternehmen erfordern.[348] Darüber hinaus ist in der Unternehmenspraxis eine stetige **Zunahme nachhaltigkeitsorientierter Geschäftsmodelle** zu verzeichnen.[349] In der Folge müssen einerseits ökonomische, ökologische und soziale Nachhaltigkeitsaspekte gleichermaßen Eingang in die Steuerungsprozesse und -systeme von Unternehmen finden.[350] Andererseits sind vor dem Hintergrund einer nachhaltigen Unternehmensführung die bestehenden Anreizsysteme anzupassen, um den Zielerreichungsgrad ökonomischer, ökologischer und sozialer Nachhaltigkeitsziele zu fördern.[351] Schließlich wird in der Nachhaltigkeitsdiskussion explizit auf ein Erfolgspotenzial in Bezug auf die **Mitarbeitersteuerung** hingewiesen.[352] Argumentiert wird, dass nachhaltige Unternehmen Vorteile haben, Mitarbeiter zu gewinnen, zu motivieren und an das Unternehmen zu binden.[353] Folglich kommt dem Faktor Nachhaltigkeit bzw. nachhaltigkeitsbezogenen Anreizen und Arbeitsinhalten auch im Bereich der Mitarbeitersteuerung eine zunehmende Relevanz zu.[354]

Zusammenfassend können die folgenden drei wesentlichen Berührungspunkte zwischen den Themenfeldern Anreizsysteme und unternehmerische Nachhaltigkeit festgehalten werden:

- Der Aspekt Nachhaltigkeit ist gemäß des VorstAG als Anforderung bei der Gestaltung von Anreizsystemen zu beachten.
- Anreizsysteme werden benötigt, um die unternehmerische Nachhaltigkeit, d. h. die Umsetzung ökonomischer, ökologischer und sozialer Nachhaltigkeitsziele, zu fördern.
- Das Thema Nachhaltigkeit wird im Bereich des strategischen Personalmanagements (Mitarbeiterattraktion und -steuerung) zunehmend bedeutsam.

[348] Vgl. Annuß, G./Theusinger, I. (2009), S. 2435; Wilsing, H.-U./Paul, C. A. (2010), S. 363.
[349] Vgl. Colbert, B. A./Kurucz, E. C. (2007), S. 22.
[350] Vgl. Weber, J. et al. (2012), S. 242 f.
[351] Vgl. Epstein, M. J./Roy, M.-J. (2001), S. 594; Berrone, P./Gomez-Mejia, L. R. (2009a), S. 960.
[352] Vgl. Bonini, S. et al. (2009), S. 13; Simcic Brønn, P./Vidaver-Cohen, D. (2009), S. 91; Searcy, C. (2012), S. 239.
[353] Vgl. Bhattacharya, C. B. et al. (2008), S. 37 ff.
[354] Vgl. Bhattacharya, C. B. et al. (2008), S. 37 ff.; Schwaab, M.-O. (2008), S. 199 f.

# 3 Gestaltung nachhaltigkeitsorientierter Anreizsysteme

## 3.1 Untersuchungsgegenstand und Forschungsbedarf

Anreizsysteme zielen als wichtige Instrumente der Unternehmensführung auf die unternehmenszielkonforme Verhaltensbeeinflussung aktueller und künftiger Mitarbeiter ab.[355] Dagegen bezeichnet Nachhaltigkeit auf der Unternehmensebene ein langfristig-orientiertes dreidimensionales Konzept, welches im Sinne einer nachhaltigen Entwicklung simultan Ziele aus den drei Nachhaltigkeitsdimensionen Ökonomie, Ökologie und Soziales umfasst.[356] Zunächst erscheinen diese beiden Themenfelder weitestgehend unverbunden. Jedoch haben verschiedene aktuelle Entwicklungen, wie z. B. neue regulatorische Rahmenbedingungen, veränderte Geschäftsstrategien/-modelle sowie neue Entwicklungen in der Personalpolitik dazu beigetragen, dass sich sowohl Forschung als auch Unternehmenspraxis verstärkt mit dem Überschneidungsbereich zwischen beiden Themenfeldern, d. h. mit der Gestaltung nachhaltigkeitsorientierter Anreizsysteme auseinandersetzen. Die aktuellen Entwicklungen, die den Bedeutungszuwachs nachhaltigkeitsorientierter Anreizsysteme begründen, werden im Folgenden vorgestellt.

Die erste Entwicklung bezieht sich auf **Veränderungen der regulatorischen Rahmenbedingungen**, die aus dem – vor dem Hintergrund der Finanzmarktkrise – im Jahr 2009 verabschiedeten Gesetz zur Angemessenheit der Vorstandsvergütung (VorstAG) resultieren. Das Gesetz impliziert eine Verschärfung des regulatorischen Rahmens für die Gestaltung von Anreizsystemen für Vorstände von börsennotierten Unternehmen.[357] Es sieht vor, dass die Vergütung angemessen und auf eine nachhaltige Unternehmensentwicklung auszurichten ist.[358] Durch das VorstAG hat der Gesetzgeber deutschen börsennotierten Unternehmen nunmehr eine eindeutige Verbindung zwischen dem Konzept der Nachhaltigkeit und Anreiz- und Vergütungssystemen vorgegeben.[359] Infolge der geänderten regulatorischen Rahmenbedingungen stehen Unternehmen letztlich vor der Herausforderung, ihre Anreiz- und Vergütungssysteme nachhaltigkeitsorientiert zu gestalten.[360]

---

[355] Vgl. Schanz, G. (1991), S. 8 und Abschnitt 2.1 dieser Arbeit.
[356] Vgl. Loew, T. et al. (2004), S. 70; Bansal, P. (2005), S. 199 und Abschnitt 2.2 dieser Arbeit.
[357] Vgl. Filbert, D. et al. (2011), S. 596; Lange, R./Walth, A. (2011), S. 31.
[358] Vgl. Suchan, S./Winter, S. (2009), S. 2531; Götz, A./Friese, N. (2010), S. 410.
[359] Vgl. von Hülsen, H.-C./Weisel, T. (2011), S. 128.
[360] Vgl. Lange, R./Walth, A. (2011), S. 31; von Werder, A. (2011), S. 55.

Eine zweite Entwicklung resultiert aus der zunehmenden **strategischen Bedeutung des Faktors Nachhaltigkeit** in der Unternehmenssteuerung.[361] Hiermit einher geht eine immer stärkere Verbreitung der nachhaltigen Unternehmensführung.[362] So steigt die Zahl der Unternehmen, welche die Vorteile eines nachhaltigen Geschäftsmodells entdecken und für sich nutzen möchten, kontinuierlich an.[363] Die Adaption eines nachhaltigen Geschäftsmodells macht jedoch auch die Anpassung der Steuerungssysteme erforderlich.[364] Insbesondere werden auf die unternehmerische Nachhaltigkeit ausgerichtete Anreizsysteme benötigt, um die Umsetzung ökonomischer, ökologischer und sozialer Nachhaltigkeitsziele zu fördern.[365] Umfragen zeigen, dass Unternehmen Nachhaltigkeitsaspekte sehr wohl in ihre Strategien und Ziele aufnehmen, eine Verknüpfung mit unternehmerischen Anreizsystemen erfolgt jedoch bisher nur selten.[366] Hieraus wird ersichtlich, dass bei vielen Unternehmen noch Nachholbedarf hinsichtlich der nachhaltigkeitsorientierten Gestaltung von Anreizsystemen besteht.

Die dritte Entwicklung bezieht sich auf die steigende **personalpolitische Bedeutung** des Faktors Nachhaltigkeit.[367] Empirische Studien konnten vielfach einen positiven Zusammenhang zwischen der Nachhaltigkeitsleistung eines Unternehmens und dessen Attraktivität für künftige Mitarbeiter nachweisen.[368] Des Weiteren wurde ein positiver Zusammenhang zwischen der von Mitarbeitern wahrgenommenen Nachhaltigkeitsleistung ihres Arbeitgebers und dem Commitment zum Unternehmen gezeigt.[369] Auch deuten empirische Ergebnisse darauf hin, dass Mitarbeiter, die in Nachhaltigkeitsprogramme eingebunden sind, eine höhere Arbeitsmotivation und Kooperationsbereitschaft aufweisen als Mitarbeiter, die nicht an Nachhaltigkeitsprogrammen teilnehmen.[370] Die empirischen Ergebnisse lassen sich durch

---

361 Vgl. Lacy, P. et al. (2010), S. 11; von Hülsen, H.-C./Weisel, T. (2011), S. 122.
362 Vgl. Hahn, T./Scheermesser, M. (2006), S. 150 f.
363 Vgl. hierzu die unterschiedlichen Erfolgspotenziale einer nachhaltigen Unternehmensführung in Abschnitt 2.2.4 dieser Arbeit.
364 Vgl. Epstein, M. J./Roy, M.-J. (2001), S. 594; Porter, M. E./Kramer, M. R. (2007), S. 32; Eitelwein, O./Goretzki, L. (2010), S. 24 f.; Merriman, K. K./Sen, S. (2012), S. 851.
365 Vgl. Székely, F./Knirsch, M. (2005), S. 631; Lacy, P. et al. (2010), S. 52; von Hülsen, H.-C./Weisel, T. (2011), S. 127 f.; Weber, J. et al. (2012), S. 242.
366 Vgl. Hahn, T./Scheermesser, M. (2006), S. 156; Phillips, L. (2007), S. 9; Merriman, K. K./Sen, S. (2012), S. 866.
367 Vgl. Davies, G./Smith, H. (2007), S. 28 ff.; Kiron, D. et al. (2012), S. 71.
368 Vgl. Greening, D. W./Turban, D. B. (2000), S. 270 f.; Sen, S. et al. (2006), S. 163; Evans, W. R./Davis, W. D. (2011), S. 465.
369 Vgl. Maignan, I. et al. (1999), S. 463 f.; Peterson, D. K. (2004), S. 308; Stites, J. P./Michael, J. H. (2011), S. 61.
370 Vgl. Bartel, C. A. (2001), S. 402 f.; Mozes, M. et al. (2011), S. 316.

Veränderungen der Bedürfnisstrukturen von Mitarbeitern begründen.[371] So werden neben einem sicheren Arbeitsplatz und einer ausreichenden Bezahlung zunehmend Aspekte wie sinnerfülltes Arbeiten, persönliche Entwicklungsmöglichkeiten und die soziale Verantwortung des Unternehmens bedeutsam.[372] Folglich rücken nachhaltigkeitsbezogene Anreize und Arbeitsinhalte nun auch im Bereich des strategischen und operativen Personalmanagements stärker in den Fokus, da diese potenziell zu gewünschten Verhaltensweisen (Attraktion, Commitment, Motivation etc.) bei aktuellen und künftigen Mitarbeitern beitragen.[373] Vor diesem Hintergrund wird es immer wichtiger, dass sich Unternehmen mit den Gestaltungsmöglichkeiten nachhaltigkeitsorientierter Anreizsysteme auseinandersetzen.[374]

Die beschriebenen Entwicklungen machen deutlich, dass nachhaltigkeitsorientierte Anreizsysteme große Relevanz für die Unternehmenspraxis aufweisen. Parallel dazu ist die Frage nach der **Gestaltung nachhaltigkeitsorientierter Anreizsysteme** in den letzten Jahren stärker in den Fokus der Wissenschaft gerückt.[375] Trotz des gestiegenen Interesses existieren bislang jedoch nur wenige Beiträge, in denen mögliche Optionen zur Verknüpfung von Anreizsystemen und unternehmerischer Nachhaltigkeit aufgezeigt und diskutiert werden. Vor diesem Hintergrund merken *Berrone/Gomez-Mejia (2009a)* an: „Despite the hundreds of scholarly articles written during more than eight decades of executive compensation research, the academic community has largely neglected the link between social issues and managerial pay."[376]

In bisherigen Beiträgen werden bezüglich möglicher Optionen zur Gestaltung nachhaltigkeitsorientierter Anreizsysteme zudem widersprüchliche Meinungen vertreten, die von einer mehrjährigen Leistungsbeurteilung bis hin zur vollständigen Integration der drei Nachhaltigkeitsdimensionen in das Anreizsystem reichen.[377] So regen insbesondere im Zusammenhang mit dem VorstAG stehende Beiträge an, die geforderte Nachhaltigkeitsausrichtung durch längere Zeiträume bei den Parametern des Anreizsystems (mehrjährige Bemessungsgrund-

---

[371] Vgl. Opaschowski, H. W. (1991), S. 37 f.; Schanz, G. (1991), S. 6 f.; Knappe, C. (2009), S. 22 ff.
[372] Vgl. Buchhorn, E./Werle, K. (2011), S. 113 f.; Heckel, M. (2013), S. 42 f.
[373] Vgl. Wandel, P. (1990), S. 24; Bhattacharya, C. B. et al. (2008), S. 37.
[374] Vgl. Berrone, P./Gomez-Mejia, L. R. (2009a), S. 968.
[375] Vgl. bspw. Berrone, P./Gomez-Mejia, L. R. (2009a), S. 960 ff.; Jackson, S. E. et al. (2011), S. 107 f.; Kolk, A./Perego, P. (2013), S. 1 ff.
[376] Berrone, P./Gomez-Mejia, L. R. (2009a), S. 961.
[377] Vgl. bspw. Hohenstatt, K.-S./Kuhnke, M. (2009); Raible, K.-F./Schmidt, W. (2009b); Evers, H. et al. (2010); Hol, H. et al. (2010); Thüsing, G./Forst, G. (2010); Filbert, D. et al. (2011).

lagen, verzögerte Ausschüttung variabler Vergütungsbestandteile etc.) umzusetzen.[378] Hingegen wählen bspw. *MÜLLER (2007)* und *ARIELY (2010)* eine umfassendere Herangehensweise und schlagen vor, neben finanziellen auch soziale und ökologische Nachhaltigkeitskriterien bei der Vergütung zu berücksichtigen.[379] Ähnlich regen auch *BERRONE/GOMEZ-MEJIA (2009A)* an, die Beteiligung bzw. das Engagement in sozialen Projekten für alle Mitarbeiter vergütungsrelevant zu machen.[380]

Zusammenfassend kann festgestellt werden, dass – trotz der besonderen unternehmenspraktischen Relevanz – in der wissenschaftlichen Literatur bislang nur wenige und zudem heterogene Ansätze existieren, wie das Konzept der Nachhaltigkeit mit Anreiz- und Vergütungssystemen zusammengeführt werden kann. Insbesondere vor dem Hintergrund der Verschärfung des regulatorischen Rahmens für die Gestaltung von Anreizsystemen infolge des VorstAG und den zum Teil widersprüchlichen Meinungen zur Integration von Nachhaltigkeitsaspekten in unternehmerische Anreizsysteme, erscheint eine wissenschaftlich-konzeptionelle Auseinandersetzung geboten. Daher ist es im weiteren Verlauf dieses Kapitels das Ziel, im Rahmen einer konzeptionellen Auseinandersetzung verschiedene Optionen zur Gestaltung nachhaltigkeitsorientierter Anreizsysteme aufzuzeigen. Hierfür erfolgt zunächst eine Bestandsaufnahme der themenspezifischen Literatur. Des Weiteren wird der aktuelle Umsetzungsstand zu nachhaltigkeitsorientierten Anreizsystemen in der Unternehmenspraxis analysiert. Schließlich werden die Optionen zur Gestaltung nachhaltigkeitsorientierter Anreizsysteme systematisch dargestellt und umfassend diskutiert.

## 3.2 Bestandsaufnahme der bisherigen wissenschaftlichen Erkenntnisse zur Gestaltung nachhaltigkeitsorientierter Anreizsysteme

Die Diskussion zur Gestaltung nachhaltigkeitsorientierter Anreizsysteme hat in Deutschland durch die Verabschiedung des Gesetzes zur Angemessenheit der Vorstandsvergütung (VorstAG) an Relevanz gewonnen. Parallel dazu wurde nicht nur der Deutsche Corporate Governance Kodex (DCGK) angepasst, sondern es entstanden darüber hinaus einige wissenschaftliche Beiträge zu den Implikationen für die Gestaltung unternehmerischer

---

378 Vgl. bspw. Götz, A./Friese, N. (2010); Friedl, G./Springer, V. (2011).
379 Vgl. Müller, H.-E. (2007), S. 37; Ariely, D. (2010), S. 38.
380 Vgl. Berrone, P./Gomez-Mejia, L. R. (2009a), S. 967.

Anreiz- und Vergütungssysteme.[381] Seit der Verabschiedung des VorstAG findet sich im Aktiengesetz der folgende Hinweis: „Die Vergütungsstruktur ist bei börsennotierten Gesellschaften auf eine nachhaltige Unternehmensentwicklung auszurichten. Variable Vergütungsbestandteile sollen daher eine mehrjährige Bemessungsgrundlage haben; für außerordentliche Entwicklungen soll der Aufsichtsrat eine Begrenzungsmöglichkeit vereinbaren."[382] Eine entsprechende Forderung enthält auch der DCGK.[383] In Textziffer 4.2.3 heißt es: „Die Vergütungsstruktur ist auf eine nachhaltige Unternehmensentwicklung auszurichten. [...]. Der Aufsichtsrat hat dafür zu sorgen, dass variable Vergütungsteile grundsätzlich eine mehrjährige Bemessungsgrundlage haben. Sowohl positiven als auch negativen Entwicklungen soll [...] Rechnung getragen werden."[384] Darüber hinaus wird jedoch weder im VorstAG noch im DCGK näher erläutert, wie der **Nachhaltigkeitsbegriff** zu interpretieren ist.[385] Fest steht zunächst nur, dass Nachhaltigkeit als Orientierungspunkt für die Ausrichtung der Vergütungsstrukturen dient.[386] Folglich ist in einem nächsten Schritt zu klären, wie der Begriff aus einer betriebswirtschaftlichen Perspektive inhaltlich auszulegen ist. Im Folgenden werden die beiden in der Literatur vorherrschenden Begriffsauslegungen dargestellt.

In einer ersten, nach *von Werder (2011)* eher oberflächlichen Auslegung kann Nachhaltigkeit im Sinne von **„längeren Zeiträumen"** aufgefasst werden.[387] Gemäß dieser Interpretation des Nachhaltigkeitsbegriffs sollen Vergütungsstrukturen längerfristig ausgerichtet werden, indem insbesondere die Leistungsbeurteilung über mehrere Jahre erfolgt oder die Verfügbarkeit von Anreizen verzögert wird.[388] Diese Begriffsauslegung wird einerseits aufgrund zweier Anforderungen aus dem Aktiengesetz nahegelegt.[389] So sollen gemäß § 87 Abs. 1 Satz 3 AktG mehrjährige Bemessungsgrundlagen für die variablen Vergütungsbestandteile herangezogen werden.[390] Darüber hinaus ist gemäß § 193 Abs. 2 Nr. 4 AktG bis zur Ausübung von Aktien-

---

[381] Vgl. bspw. Annuß, G./Theusinger, I. (2009); Deilmann, B./Otte, S. (2009); Fleischer, H. (2009); Hoffmann-Becking, M./Krieger, G. (2009); Hohenstatt, K.-S. (2009); Evers, H. et al. (2010); Thüsing, G./Forst, G. (2010); Wagner, J. (2010); Lange, R./Walth, A. (2011).

[382] § 87 Abs. 1 Sätze 2 und 3 AktG.

[383] Vgl. Kocher, D./Bednarz, L. (2011), S. 78.

[384] DCGK (2010), Tz. 4.2.3.

[385] Vgl. Raible, K.-F./Schmidt, W. (2009b), S. 249; Suchan, S./Winter, S. (2009), S. 2536; Regierungskommission Deutscher Corporate Governance Kodex (2010), S. 25; von Werder, A. (2011), S. 55.

[386] Vgl. von Werder, A. (2011), S. 53.

[387] Vgl. von Werder, A. (2011), S. 55. Vgl. hierzu auch Friedl, G./Döscher, T. (2009), S. 36 ff.; Suchan, S./Winter, S. (2009), S. 2537.

[388] Vgl. von Werder, A. (2011), S. 55.

[389] Vgl. Regierungskommission Deutscher Corporate Governance Kodex (2010), S. 25.

[390] Vgl. Suchan, S./Winter, S. (2009), S. 2537; Ringleb, H.-M. et al. (2010), Rn. 725; von Werder, A. (2011), S. 55.

optionen eine Wartezeit von vier Jahren einzuhalten.[391] Andererseits kann festgestellt werden, dass sich diese Auslegung des Nachhaltigkeitsbegriffs durch dessen häufige umgangssprachliche Verwendung „zunehmend als Sinn bestimmend aufdrängt".[392] Umgangssprachlich wird Nachhaltigkeit oftmals im Sinne einer „langfristigen Zeitspanne" verstanden, wodurch ausgedrückt werden soll, dass etwas von anhaltender bzw. dauerhafter Bedeutung ist.[393] Die Auslegung des Nachhaltigkeitsbegriffs nach diesem Verständnis, welches Nachhaltigkeit im Wesentlichen mit dem Begriff der „Langfristigkeit" gleichsetzt, wird im Folgenden als Nachhaltigkeit im engeren Sinne (i. e. S.) bezeichnet. Analog werden Anreizsysteme, die nach diesem Verständnis nachhaltigkeitsorientiert gestaltet werden, im weiteren Verlauf der Arbeit als **nachhaltigkeitsorientierte Anreizsysteme i. e. S.** bezeichnet.

Die zweite Auslegung des Nachhaltigkeitsbegriffs ist dagegen deutlich tiefgehender und bezieht sich auf das dreidimensionale Nachhaltigkeitskonzept.[394] Nach dieser umfassenderen Begriffsauslegung bedeutet Nachhaltigkeit, ökonomische, ökologische und soziale Ressourcen gleichermaßen dauerhaft zu erhalten.[395] Dabei sind vielfältige Interdependenzen zwischen den drei Nachhaltigkeitsdimensionen zu beachten, woraus die Notwendigkeit einer integrativen Betrachtung resultiert.[396] So ist die Fokussierung und Optimierung einer einzelnen Nachhaltigkeitsdimension langfristig nicht sinnvoll, da dauerhafter Erfolg in einer Dimension nur unter Berücksichtigung der anderen beiden Dimensionen möglich ist.[397] Im Einklang mit dem weitergehenden Nachhaltigkeitsverständnis interpretieren *Ringleb et al. (2010)* die Anforderungen des Aktiengesetzes und des DCGK wie folgt: „Nachhaltigkeit lediglich zeitlich zu verstehen, wäre wohl zu kurz gedacht. [...]. Das Gesetz stellt damit ebenso wie der Kodex in Ziffer 4.1.1 auf das Unternehmensinteresse ab, dass dann beachtet ist, wenn die **wirtschaftlichen, sozialen und ökologischen** Interessen der betroffenen Stakeholder angemessen berücksichtigt werden."[398] Diese weitergehende Auslegung des Nachhaltigkeits-

---

[391] Vgl. Regierungskommission Deutscher Corporate Governance Kodex (2010), S. 25.

[392] Kara, M. (2009), S. 121. Vgl. hierzu auch Studt, J. F. (2008), S. 186.

[393] Vgl. Kara, M. (2009), S. 121. *Studt (2008)* merkt hierzu an, dass sich aufgrund der häufigen Verwendung in den Medien in der Zwischenzeit ein paralleler Wortsinn für den Begriff der Nachhaltigkeit herausgebildet hat. In der Folge wird der Nachhaltigkeitsbegriff heute häufig ohne ein tatsächliches Verständnis über dessen ursprüngliche Bedeutung verwendet (z. B. nachhaltige Aktienkursentwicklung), vgl. Studt, J. F. (2008), S. 186.

[394] Vgl. Raible, K.-F./Schmidt, W. (2009b), S. 249 f.

[395] Vgl. Evers, H. et al. (2010), S. 38.

[396] Vgl. Hubbard, G. (2009), S. 181.

[397] Vgl. Bansal, P. (2002), S. 123; Evers, H. et al. (2010), S. 38.

[398] Ringleb, H.-M. et al. (2010), Rn. 722a [Hervorhebung durch den Verfasser].

begriffs wird im Folgenden als Nachhaltigkeit im weiteren Sinne (i. w. S.) bezeichnet. Mit Blick auf Anreizsysteme bedeutet dies, dass bei deren Gestaltung neben ökonomischen auch ökologische und soziale Aspekte Berücksichtigung finden.[399] Folglich werden Anreizsysteme, die dem dreidimensionalen Verständnis folgend nachhaltigkeitsorientiert gestaltet werden, im weiteren Verlauf der Arbeit als **nachhaltigkeitsorientierte Anreizsysteme i. w. S.** bezeichnet.

Die Diskussion macht deutlich, dass der Nachhaltigkeitsbegriff im Kontext von Anreizsystemen unterschiedlich interpretiert wird und sich bislang kein einheitliches Begriffsverständnis in der Literatur herausgebildet hat. Vor dem Hintergrund des in dieser Arbeit verfolgten dreidimensionalen Nachhaltigkeitsverständnisses (Triple Bottom Line)[400] ist anzumerken, dass die Gleichsetzung der Begriffe Nachhaltigkeit und Langfristigkeit zu kurz greift und nicht unmittelbar mit dem ursprünglichen Wortsinn vereinbar ist. Jedoch nimmt der Aspekt der Langfristigkeit eine wichtige Komponente im Konzept der unternehmerischen Nachhaltigkeit ein.[401] Daher werden – im Sinne einer möglichst umfassenden Darstellung des Forschungsstands zur Gestaltung nachhaltigkeitsorientierter Anreizsysteme – im Folgenden die Empfehlungen aus beiden Forschungsfeldern beleuchtet. Zunächst werden die Beiträge zur langfristigen Begriffsauslegung (nachhaltigkeitsorientierte Anreizsysteme i. e. S.) veranschaulicht, bevor auf Beiträge zur dreidimensionalen Interpretation (nachhaltigkeitsorientierte Anreizsysteme i. w. S.) eingegangen wird.

### 3.2.1 Nachhaltigkeitsorientierte Anreizsysteme im engeren Sinne

In der Literatur befassen sich verschiedene Beiträge mit der Frage, wie eine stärkere Nachhaltigkeitsorientierung i. e. S. in Anreizsystemen umgesetzt werden kann. Ein Teil der Beiträge ist dadurch motiviert, dass von existierenden Anreiz- und Vergütungssystemen Fehlanreize ausgehen, denen durch neue, stärker langfristig-nachhaltig ausgerichtete Anreizstrukturen begegnet werden muss.[402] Der größere Teil der Beiträge ist jedoch aufgrund der Verabschiedung des VorstAG entstanden und gibt Empfehlungen, wie Anreiz- und Vergütungssysteme entsprechend der Nachhaltigkeitsanforderung in § 87 Abs. 1 Satz 2 AktG ge-

399 Vgl. Seyboth, M./Thannisch, R. (2010), S. 15.
400 Vgl. hierzu Abschnitt 2.2.2 dieser Arbeit.
401 Vgl. Bansal, P. (2002), S. 123; Hol, H. et al. (2010), S. 11.
402 Vgl. bspw. Friedl, G./Döscher, T. (2009); Ben Shlomo, J./Nguyen, T. (2011).

staltet werden können.[403] Diese Empfehlungen stehen folglich in engem Zusammenhang mit den gesetzlichen Vorschriften, gehen aber auch über diese hinaus. Die gemeinsame Zielsetzung der Beiträge besteht darin, Gestaltungsoptionen zur langfristig-nachhaltigen Ausrichtung von Anreizsystemen aufzuzeigen. Im Wesentlichen diskutieren die Beiträge dabei die folgenden Gestaltungsoptionen:[404]

- Mehrjährigkeit der Leistungsbeurteilung
- Verzögerte Anreizverfügbarkeit
- Bonus-Malus-Regelung
- Höchstgrenze für die variable Vergütung (Cap)
- Rückzahlungsverpflichtung (Claw-Back-Klausel)
- Eigeninvestment

Die einzelnen Gestaltungsoptionen werden im Folgenden vorgestellt.

**Mehrjährigkeit der Leistungsbeurteilung**

Als eine erste Option zur langfristig-nachhaltigen Ausrichtung von Anreizsystemen wird in der Literatur vielfach die Möglichkeit genannt, den Aspekt der Mehrjährigkeit im Rahmen der Leistungsbeurteilung zu beachten.[405] Damit wird den Regelungen aus § 87 Abs. 1 Satz 3 AktG und Textziffer 4.2.3 des DCGK entsprochen, die grundsätzlich eine mehrjährige Bemes-

---

[403] Vgl. bspw. Raible, K.-F./Schmidt, W. (2009b); Friedl, G./Springer, V. (2011); von Werder, A. (2011).

[404] Vgl. bspw. Götz, A./Friese, N. (2010), S. 410 ff.; Lange, R./Walth, A. (2011), S. 31 ff.; von Werder, A. (2011), S. 55 f. Daneben existieren vereinzelt weitere Ansatzpunkte, wie die Nachhaltigkeitsorientierung i. e. S. in Anreizsystemen umgesetzt werden kann. Bspw. interpretieren RAIBLE/SCHMIDT (2009A) Nachhaltigkeit im Kontext von Anreiz- und Vergütungssystemen im Sinne von Kontinuität und fordern, dass ein gewähltes Vergütungssystem mindestens 3-5 Jahre konstant gehalten werden sollte, vgl. Raible, K.-F./Schmidt, W. (2009a), S. 69. Vorgeschlagen wird zudem, einer zu starken Kurzfristorientierung von Anreizsystemen dadurch entgegen zu wirken, dass die Fixvergütung gegenüber der variablen Vergütung gestärkt wird, vgl. Seyboth, M./Thannisch, R. (2010), S. 13 f. Um einen fokussierten Überblick der Optionen zur Umsetzung der Nachhaltigkeitsorientierung in Anreizsystemen i. e. S. zu geben, werden im Zuge dieses Abschnitts nur Ansätze diskutiert, die in der Literatur mehrfach im Kontext einer stärkeren Nachhaltigkeitsorientierung genannt werden und sich somit als gängige Gestaltungsoptionen herausgebildet haben.

[405] Vgl. Hexel, D. (2008), S. 129; Annuß, G./Theusinger, I. (2009), S. 2435 f.; Deilmann, B./Otte, S. (2009), S. 263; Fleischer, H. (2009), S. 803; Friedl, G./Döscher, T. (2009), S. 36 f.; Hoffmann-Becking, M./Krieger, G. (2009), S. 2 f.; Hohenstatt, K.-S. (2009), S. 1351 f.; Hohenstatt, K.-S./Kuhnke, M. (2009), S. 1989; Raible, K.-F./Schmidt, W. (2009b), S. 253; Evers, H. et al. (2010), S. 39; Götz, A./Friese, N. (2010), S. 412 f.; Hol, H. et al. (2010), S. 37; Seyboth, M./Thannisch, R. (2010), S. 14; Thüsing, G./Forst, G. (2010), S. 517; Wilsing, H.-U./Paul, C. A. (2010), S. 363; Filbert, D. et al. (2011), S. 597; Friedl, G./Springer, V. (2011), S. 3; Lange, R./Walth, A. (2011), S. 33; von Werder, A. (2011), S. 55; Wilke, P. et al. (2011), S. 11.

sungsgrundlage für variable Vergütungsteile fordern.[406] Kern der Regelung ist somit, dass sich die Leistungsbeurteilung nicht nur an kurzfristigen, meist einperiodigen Leistungen orientiert, sondern sich über einen längeren Zeitraum erstrecken soll.[407] Wie die Mehrjährigkeit konkret erreicht wird, bleibt dabei offen.[408] Hinsichtlich der zeitlichen Perspektive lassen sich jedoch zwei Möglichkeiten unterscheiden. So sind Regelungen denkbar, bei denen die Leistungsbeurteilung mehrjährig rückwärts (vergangenheitsorientiert) oder aber mehrjährig vorwärts (zukunftsorientiert) vorgenommen wird.[409] In der vergangenheitsorientierten Regelung könnte die Leistungsbeurteilung bspw. auf Basis eines rollierenden Drei-Jahres-Durchschnitts einer Ergebniskennzahl erfolgen.[410] Sollen auch zukünftige Perioden in die Leistungsbeurteilung eingeschlossen werden, kann dagegen auf mehrjährige Bonusprogramme zurückgegriffen werden.[411] Im Gegensatz zur vergangenheitsorientierten Regelung kann die Höhe der Anreize bei der zukunftsorientierten Regelung naturgemäß noch nicht mit Sicherheit bestimmt werden, da bis zum Ende des Mehrjahreszeitraums noch weitere positive und/oder negative Entwicklungen auftreten können.[412]

**Verzögerte Anreizverfügbarkeit**

Neben dem Zeitraum der Leistungsbeurteilung kann auch über eine verzögerte Anreizverfügbarkeit der Aspekt der Langfristigkeit gestärkt werden. So wird in der Literatur vielfach auf diese Gestaltungsoption verwiesen, um langfristig-nachhaltige Verhaltensanreize zu schaffen.[413] Unter diesem Stichwort werden sowohl die verzögerte Ausschüttung bestimmter Vergütungsbestandteile als auch die Verzögerung von Verfügungsrechten diskutiert.[414]

---

[406] Vgl. von Werder, A. (2011), S. 55.

[407] Vgl. Hohenstatt, K.-S. (2009), S. 1351 f.; Raible, K.-F./Schmidt, W. (2009b), S. 253.

[408] Vgl. Wilsing, H.-U./Paul, C. A. (2010), S. 363.

[409] Vgl. Friedl, G./Döscher, T. (2009), S. 36 f.; Hoffmann-Becking, M./Krieger, G. (2009), S. 3; Lange, R./Walth, A. (2011), S. 33 f.

[410] Vgl. Raible, K.-F./Schmidt, W. (2009b), S. 253; Lange, R./Walth, A. (2011), S. 34.

[411] Vgl. Friedl, G./Döscher, T. (2009), S. 37.

[412] Vgl. Friedl, G./Döscher, T. (2009), S. 37.

[413] Vgl. Hexel, D. (2008), S. 129; Annuß, G./Theusinger, I. (2009), S. 2436; Deilmann, B./Otte, S. (2009), S. 262; Fleischer, H. (2009), S. 803; Friedl, G./Döscher, T. (2009), S. 37; Hoffmann-Becking, M./Krieger, G. (2009), S. 3; Hohenstatt, K.-S. (2009), S. 1352; Hohenstatt, K.-S./Kuhnke, M. (2009), S. 1984; Raible, K.-F./Schmidt, W. (2009b), S. 253; Evers, H. et al. (2010), S. 53; Götz, A./Friese, N. (2010), S. 413; Hol, H. et al. (2010), S. 37; Seyboth, M./Thannisch, R. (2010), S. 19; Wilsing, H.-U./Paul, C. A. (2010), S. 364; Ben Shlomo, J./Nguyen, T. (2011), S. 607; Filbert, D. et al. (2011), S. 597; Friedl, G./Springer, V. (2011), S. 4; Lange, R./Walth, A. (2011), S. 33 f.; von Werder, A. (2011), S. 55; Wilke, P. et al. (2011), S. 11.

[414] Vgl. bspw. Hol, H. et al. (2010), S. 37; Lange, R./Walth, A. (2011), S. 33 f.; von Werder, A. (2011), S. 55.

Zunächst wird eine verzögerte Anreizverfügbarkeit dadurch erreicht, dass variable Vergütungsbestandteile (i. d. R. Bonuszahlungen) nicht sofort nach Ablauf einer Periode, sondern verzögert über die kommenden Perioden, ausgeschüttet werden.[415] Eine verzögerte Ausschüttung bedeutet zunächst nur, dass nicht die komplette variable Vergütung zur sofortigen freien Verfügung des Mitarbeiters steht. Somit kann trotz verzögerter Ausschüttung die eigentliche Anreizhöhe (z. B. die Höhe des Jahresbonus) sofort nach Ablauf des Beurteilungszeitraums festgestellt werden. Üblich ist, dass ein Teil sofort zur Auszahlung kommt, der verbleibende Teil dagegen auf ein personenbezogenes Konto eingezahlt wird.[416] Die Ausschüttung des zurückgestellten Betrags erfolgt i. d. R. anteilig über die kommenden 3-5 Jahre.[417] Nach diesem Vorgehen verzögert sich also die Anreizverfügbarkeit, ohne dass jedoch Unsicherheit bezüglich der Anreizhöhe besteht.

Des Weiteren können zur verzögerten Anreizverfügbarkeit auch Haltefristen und Wartezeiten gezählt werden, die im Kontext von Aktien und Aktienoptionen diskutiert werden.[418] Die Verzögerung bezieht sich hierbei auf die Verfügungsrechte. Werden Aktien als Anreize gewährt, kann vereinbart werden, dass diese erst nach Ablauf einer Mindesthaltefrist veräußert werden dürfen.[419] Analog können für Aktienoptionen Wartezeiten vereinbart werden, die bis zur Ausübung eingehalten werden müssen.[420] Für börsennotierte Unternehmen sieht der § 193 Abs. 2 Nr. 4 AktG in diesem Zusammenhang vor, dass bis zur Ausübung von Aktienoptionen eine Wartezeit von vier Jahren einzuhalten ist.[421]

**Bonus-Malus-Regelung**

Jedoch sind auch bei Anwendung der Option „verzögerte Anreizverfügbarkeit" Situationen möglich, in denen trotz schlechter Leistungen hohe variable Vergütungsanteile ausgeschüt-

---

[415] Vgl. Friedl, G./Döscher, T. (2009), S. 37; Hohenstatt, K.-S./Kuhnke, M. (2009), S. 1984; Raible, K.-F./Schmidt, W. (2009b), S. 252; Götz, A./Friese, N. (2010), S. 413; Filbert, D. et al. (2011), S. 597; Lange, R./Walth, A. (2011), S. 34; von Werder, A. (2011), S. 55.

[416] Vgl. Friedl, G./Döscher, T. (2009), S. 37; Raible, K.-F./Schmidt, W. (2009b), S. 252; Friedl, G./Springer, V. (2011), S. 4.

[417] Vgl. hierzu auch Anthony, R. N./Govindarajan, V. (2007), S. 517.

[418] Vgl. Friedl, G./Döscher, T. (2009), S. 37; Hoffmann-Becking, M./Krieger, G. (2009), S. 3 f.; Evers, H. et al. (2010), S. 55; Ben Shlomo, J./Nguyen, T. (2011), S. 607; Filbert, D. et al. (2011), S. 597; Friedl, G./Springer, V. (2011), S. 2 f.; Lange, R./Walth, A. (2011), S. 34.

[419] Vgl. Hoffmann-Becking, M./Krieger, G. (2009), S. 3 f.; Hol, H. et al. (2010), S. 37; Seyboth, M./Thannisch, R. (2010), S. 12; Lange, R./Walth, A. (2011), S. 34.

[420] Vgl. Ben Shlomo, J./Nguyen, T. (2011), S. 607; von Werder, A. (2011), S. 56.

[421] Vgl. Annuß, G./Theusinger, I. (2009), S. 2436; Fleischer, H. (2009), S. 803; Hoffmann-Becking, M./Krieger, G. (2009), S. 3; Götz, A./Friese, N. (2010), S. 410.

tet werden.[422] Um diese Gefahr einzudämmen, wird in der Literatur auf die Möglichkeit hingewiesen, Mitarbeiter mittels Bonus-Malus-Regelungen auch an schlechten Ergebnissen zu beteiligen.[423] Bei Bonus-Malus-Regelungen werden analog zur verzögerten Ausschüttung Teile der variablen Vergütung auf ein personenbezogenes Konto eingezahlt und in Folgeperioden verschoben. Im Gegensatz zur einfachen verzögerten Ausschüttung sind jedoch Auszahlung und Höhe der einbehaltenen Vergütungsbestandteile mit Unsicherheit behaftet.[424] Werden schlechte Ergebnisse erzielt, so reduziert der Malus das personenbezogene Konto und folglich auch den jährlich auszuschüttenden variablen Vergütungsanteil.[425] Unter Bonus-Malus-Regelungen sind auch Fälle möglich, in denen infolge schlechter Leistungen ein negativer Saldo auf dem personenbezogenen Konto entsteht. Dieses Defizit gilt es zunächst durch gute Leistungen in den Folgejahren auszugleichen, bevor es wieder zur Ausschüttung von Bonuszahlungen kommt.[426]

Die Erweiterung zur verzögerten Ausschüttung besteht darin, dass Mitarbeiter bei Bonus-Malus-Regelungen sowohl an positiven als auch an negativen Entwicklungen beteiligt werden. Mit Bonus-Malus-Regelungen wird zudem einer Empfehlung in Textziffer 4.2.3 des DCGK entsprochen, in der vorgesehen ist, dass die variable Vergütung sowohl positiven als auch negativen Entwicklungen Rechnung tragen soll.[427]

**Höchstgrenze für die variable Vergütung (Cap)**

Isoliert können die drei zuvor genannten Gestaltungsoptionen jedoch nicht verhindern, dass z. T. unverhältnismäßig hohe Anreize (i. d. R. Bonuszahlungen) zur Ausschüttung kommen, die einer langfristig-nachhaltigen Unternehmensentwicklung möglicherweise schaden. Um dies zu vermeiden, wird in der Literatur vorgeschlagen, Höchstgrenzen (sog. Caps) für die

[422] Vgl. Filbert, D. et al. (2011), S. 599. So können bspw. verzögerte Bonuszahlungen aus vergangenen guten Jahren dazu führen, dass auch in schlechten Jahren hohe Bonuszahlungen ausgeschüttet werden.

[423] Vgl. Deilmann, B./Otte, S. (2009), S. 263; Fleischer, H. (2009), S. 803; Friedl, G./Döscher, T. (2009), S. 37; Hoffmann-Becking, M./Krieger, G. (2009), S. 3; Raible, K.-F./Schmidt, W. (2009b), S. 253; Evers, H. et al. (2010), S. 53; Götz, A./Friese, N. (2010), S. 413; Seyboth, M./Thannisch, R. (2010), S. 14; Wilsing, H.-U./Paul, C. A. (2010), S. 364; Ben Shlomo, J./Nguyen, T. (2011), S. 607; Filbert, D. et al. (2011), S. 597; Friedl, G./Springer, V. (2011), S. 4; Lange, R./Walth, A. (2011), S. 35; Wilke, P. et al. (2011), S. 11.

[424] Vgl. Evers, H. et al. (2010), S. 53; Filbert, D. et al. (2011), S. 597.

[425] Vgl. Evers, H. et al. (2010), S. 53; Lange, R./Walth, A. (2011), S. 35; Wilke, P. et al. (2011), S. 23 f.

[426] Vgl. Evers, H. et al. (2010), S. 54.

[427] Vgl. Hoffmann-Becking, M./Krieger, G. (2009), S. 3.

variable Vergütung zu vereinbaren.[428] Dies bedeutet, dass ein vereinbartes Maximum an variabler Vergütung nicht überschritten wird.[429] Mit Höchstgrenzen für die variable Vergütung kann somit erreicht werden, dass ein Unternehmen aufgrund unerwarteter Entwicklungen keine exorbitanten Aufwendungen für variable Vergütungsanteile zu entrichten hat.[430] Somit dient diese Regelung als Schutz, um die langfristige Kapitalausstattung des Unternehmens nicht zu gefährden und wird daher auch von Seiten vieler Investoren, Wissenschaftler und dem Großteil der Öffentlichkeit begrüßt.[431] Mit einem Cap wird zudem der Sollvorschrift in § 87 Abs. 1 Satz 3 des Aktiengesetzes entsprochen, nach welcher der Aufsichtsrat für außerordentliche Entwicklungen eine Begrenzungsmöglichkeit für variable Vergütungsbestandteile vereinbaren soll.[432] Auch der DCGK betont in Textziffer 4.2.3 die Bedeutung einer Obergrenze für die variable Vergütung.[433]

**Rückzahlungsverpflichtung (Claw-Back-Klausel)**

Das zuvor angesprochene Bonus-Malus-Prinzip kann durch Rückzahlungsverpflichtungen (sog. Claw-Back-Klauseln) noch weiter verschärft werden. Mit Bonus-Malus-Regelungen kann zwar verhindert werden, dass zurückbehaltene Vergütungsanteile bei schlechter Geschäftsentwicklung komplett zur Auszahlung kommen. Dagegen kann jedoch auf bereits ausgeschüttete Zahlungen nicht mehr zugegriffen werden. Genau dies soll durch Rückzahlungsvereinbarungen bzw. -verpflichtungen erreicht werden, die von Teilen der Literatur im Rahmen der Diskussion zur Schaffung langfristig-nachhaltiger Anreizstrukturen angeregt werden.[434] Diese sehen vor, dass bereits ausbezahlte variable Vergütungsbestandteile zurückgefordert werden können, wenn zuvor vereinbarte Ziele nicht erreicht oder Verein-

---

[428] Vgl. Annuß, G./Theusinger, I. (2009), S. 2437; Deilmann, B./Otte, S. (2009), S. 263; Fleischer, H. (2009), S. 803; Hoffmann-Becking, M./Krieger, G. (2009), S. 4; Hohenstatt, K.-S. (2009), S. 1352; Hohenstatt, K.-S./Kuhnke, M. (2009), S. 1984; Evers, H. et al. (2010), S. 46; Götz, A./Friese, N. (2010), S. 413; Seyboth, M./Thannisch, R. (2010), S. 14; Wilke, P. et al. (2011), S. 12.

[429] Vgl. Hohenstatt, K.-S./Kuhnke, M. (2009), S. 1988; Evers, H. et al. (2010), S. 46.

[430] Vgl. Annuß, G./Theusinger, I. (2009), S. 2437; Götz, A./Friese, N. (2010), S. 413.

[431] Vgl. Eurosif/EIRIS (2010), S. 1.

[432] Vgl. Deilmann, B./Otte, S. (2009), S. 263.

[433] Vgl. Hohenstatt, K.-S. (2009), S. 1352.

[434] Vgl. Annuß, G./Theusinger, I. (2009), S. 2436; Deilmann, B./Otte, S. (2009), S. 262; Hohenstatt, K.-S. (2009), S. 1352; Hohenstatt, K.-S./Kuhnke, M. (2009), S. 1985; Evers, H. et al. (2010), S. 54; Hol, H. et al. (2010), S. 37; Thüsing, G./Forst, G. (2010), S. 518; Lange, R./Walth, A. (2011), S. 34.

barungen missachtet werden.[435] Der Grundgedanke von Claw-Back-Klauseln besteht somit darin, Boni unter dem Vorbehalt einer Rückforderung auszubezahlen.[436]

**Eigeninvestment**

In einigen Beiträgen wird mit sogenannten Eigeninvestments eine weitere Option diskutiert, die der Stärkung des Aspekts der Langfristigkeit in Anreiz- und Vergütungssystemen dient.[437] Unter Vereinbarungen zu Eigeninvestments (share ownership guidelines) werden Regelungen verstanden, die Mitarbeiter (zumeist Vorstände) zu Investitionen in Aktien des eigenen Unternehmens verpflichten, die zudem über einen bestimmten Zeitraum (z. B. die Dauer der Unternehmenszugehörigkeit) gehalten werden müssen.[438] Hierdurch soll das langfristige Interesse an der Unternehmensentwicklung erhöht werden, indem die Personen (insbes. Vorstände) stärker an den unternehmerischen Chancen und Risiken beteiligt werden.[439]

In Bezug auf Eigeninvestments gilt es zwei Fälle zu unterscheiden. Wird ein Vorstand zu Beginn seiner Tätigkeit verpflichtet, aus seinem Privatvermögen in Aktien des Unternehmens zu investieren, handelt es sich streng genommen nicht um eine stärkere Ausrichtung des Anreiz- und Vergütungssystems auf den Aspekt der Langfristigkeit, da die Aktien nicht als Gegenleistung für eine erbrachte Arbeitsleistung gewährt werden.[440] Vielmehr handelt es sich um eine Bedingung für das Vertragsverhältnis.

Wird das Investment dagegen aus dem Gehalt selbst getätigt, besteht eine direkte Verbindung zum Vergütungssystem. Nachdem diese Form von Aktieninvestments i. d. R. über die Dauer der Unternehmenszugehörigkeit gehalten werden muss oder erst nach Ablauf einer Sperrfrist veräußert werden darf, handelt es sich hierbei um eine Sonderform der „verzö-

---

435 Vgl. Hohenstatt, K.-S./Kuhnke, M. (2009), S. 1985; Hol, H. et al. (2010), S. 37; Thüsing, G./Forst, G. (2010), S. 518; Lange, R./Walth, A. (2011), S. 34.

436 Vgl. Lange, R./Walth, A. (2011), S. 34.

437 Vgl. Deilmann, B./Otte, S. (2009), S. 263; Fleischer, H. (2009), S. 803; Friedl, G./Döscher, T. (2009), S. 37; Hoffmann-Becking, M./Krieger, G. (2009), S. 3 f.; Raible, K.-F./Schmidt, W. (2009b), S. 253; Evers, H. et al. (2010), S. 39; Götz, A./Friese, N. (2010), S. 413; Seyboth, M./Thannisch, R. (2010), S. 12; Wilsing, H.-U./Paul, C. A. (2010), S. 364 f.; Filbert, D. et al. (2011), S. 597; Wilke, P. et al. (2011), S. 24 f.

438 Vgl. Fleischer, H. (2009), S. 803; Friedl, G./Döscher, T. (2009), S. 37; Götz, A./Friese, N. (2010), S. 413; Seyboth, M./Thannisch, R. (2010), S. 12; Wilsing, H.-U./Paul, C. A. (2010), S. 364 f.; Filbert, D. et al. (2011), S. 597.

439 Vgl. Wilsing, H.-U./Paul, C. A. (2010), S. 364 f.

440 Vgl. Wilsing, H.-U./Paul, C. A. (2010), S. 365.

gerten Ausschüttung". So werden Gehaltsbestandteile in Aktien umgewandelt („eingefroren"), die wiederum mit einer Mindesthaltefrist versehen werden.[441]

| Autor | Gestaltungsoption | | | | | |
|---|---|---|---|---|---|---|
| | Mehrjährigkeit der Leistungsbeurteilung | Verzögerte Anreizverfügbarkeit | Bonus-Malus-Regelung | Cap | Claw-Back-Klausel | Eigeninvestment |
| Hexel (2008) | x | x | | | | |
| Annuß/Theusinger (2009) | x | x | | x | x | |
| Deilmann/Otte (2009) | x | x | x | x | x | x |
| Fleischer (2009) | x | x | x | x | | x |
| Friedl/Döscher (2009) | x | x | x | | | x |
| Hoffmann-Becking/ Krieger (2009) | x | x | x | x | | x |
| Hohenstatt (2009) | x | x | | x | x | |
| Hohenstatt/Kuhnke (2009) | x | x | | x | x | |
| Raible/Schmidt (2009b) | x | x | x | | | x |
| Evers et al. (2010) | x | x | x | x | x | x |
| Götz/Friese (2010) | x | x | x | x | | x |
| Hol et al. (2010) | x | x | | | x | |
| Seyboth/Thannisch (2010) | x | x | x | x | | x |
| Thüsing/Forst (2010) | x | | | | x | |
| Wilsing/Paul (2010) | x | x | x | | | x |
| Ben Shlomo/Nguyen (2011) | | x | x | | | |
| Filbert et al. (2011) | x | x | x | | | x |
| Friedl/Springer (2011) | x | x | x | | | |
| Lange/Walth (2011) | x | x | x | | x | |
| von Werder (2011) | x | x | | | | |
| Wilke et al. (2011) | x | x | x | x | | x |

Tab. 1: Vorschläge der Literatur zur nachhaltigkeitsorientierten Gestaltung von Anreizsystemen im engeren Sinne

[441] Vgl. Hoffmann-Becking, M./Krieger, G. (2009), S. 3 f.; Evers, H. et al. (2010), S. 54.

In Tabelle 1 werden Beiträge zusammengefasst, die eine oder mehrere Optionen zur nachhaltigkeitsorientierten Gestaltung von Anreizsystemen i. e. S. diskutieren. Da die Diskussion um eine stärkere Nachhaltigkeitsorientierung von Anreizsystemen i. e. S. im Wesentlichen vor dem Hintergrund des VorstAG geführt wird, beschränken sich die Beiträge fast ausschließlich auf die deutschsprachige Literatur.

Hinsichtlich des Geltungsbereichs der vorgestellten Gestaltungsoptionen ist anzumerken, dass die Beiträge überwiegend durch die Verabschiedung des VorstAG motiviert sind und folglich insbesondere auf Anreizsysteme von Vorständen börsennotierter Unternehmen abzielen. Es sprechen jedoch einige Gründe dafür, dass diese Gestaltungsoptionen auch für weitere Unternehmen und Hierarchieebenen relevant sind:

- Ein wesentlicher Teil der in diesem Abschnitt vorgestellten Gestaltungsoptionen findet sich auch in Regelungen des DCGK wieder. Der Kodex richtet sich zwar in erster Linie an börsennotierte Gesellschaften, weist aber in seiner Präambel darauf hin, dass auch nicht börsennotierten Gesellschaften die Beachtung des Kodex nahegelegt wird.[442] Folglich kommt den im DCGK enthaltenen Standards guter und verantwortungsvoller Unternehmensführung – und somit auch den Empfehlungen und Anregungen zur Gestaltung von Anreizsystemen – eine deutliche Signalwirkung für alle anderen Gesellschaftsformen zu.[443]
- Des Weiteren wird angenommen, dass die DAX-Unternehmen eine Vorbildfunktion für andere Unternehmen in Bezug auf die Anpassung der Anreizsysteme hin zu mehr Nachhaltigkeit einnehmen.[444] So ist davon auszugehen, dass Unternehmen, die eine stärkere nachhaltigkeitsorientierte Ausrichtung ihrer Anreizsysteme anstreben, sich an den bei großen Unternehmen umgesetzten Gestaltungsoptionen orientieren. Folglich könnten Unternehmen aus der Gesamtmenge der hier vorgestellten Empfehlungen auch nur einzelne, für sie passende Gestaltungsoptionen übernehmen.
- Zudem werden Innovationen in der Ausgestaltung von Anreizsystemen zwar zumeist auf oberster Ebene initiiert, über die Zeit werden diese jedoch auch auf die nachfolgenden Hierarchieebenen übertragen. Zum einen wird oftmals darauf hinge-

---

[442] Vgl. DCGK (2010), S. 2.
[443] Vgl. Raible, K.-F./Schmidt, W. (2009b), S. 249.
[444] Vgl. Wilke, P./Schmid, K. (2012), S. 41.

wiesen, dass die Anreizsysteme auf den unteren Hierarchieebenen mit den Anreizsystemen der Unternehmensspitze kompatibel sein sollten.[445] Zum anderen müssen nachhaltige Geschäftsmodelle unternehmensweit implementiert und durch alle Mitarbeiterebenen unterstützt werden.[446] Folglich ist zu erwarten, dass von den hier vorgestellten Gestaltungsoptionen auch deutliche Signalwirkungen für weitere Hierarchieebenen ausgehen.[447]

Zusammenfassend lässt sich aus der vorangegangenen Analyse erkennen, dass verschiedene Gestaltungsoptionen für die langfristig-nachhaltige Neuausrichtung der Anreiz- und Vergütungssysteme herangezogen werden können. Alle Gestaltungsoptionen haben gemeinsam, dass hierdurch langfristig-nachhaltige Anreizstrukturen geschaffen werden. Aufgrund der durch das VorstAG veränderten regulatorischen Anforderungen, ist die Gestaltung nachhaltigkeitsorientierter Anreizsysteme i. e. S. mithilfe der aufgezeigten Gestaltungsoptionen zunächst in erster Linie für die Vorstandsebene börsennotierter Unternehmen bedeutsam. Darüber hinaus ist jedoch zu erwarten, dass die vorgestellten Gestaltungsoptionen sowohl auf weiteren Hierarchieebenen als auch bei anderen Gesellschaftsformen zur Anwendung kommen werden.

### 3.2.2 Nachhaltigkeitsorientierte Anreizsysteme im weiteren Sinne

Wie zu Beginn von Abschnitt 3.2 ausgeführt, existiert im Kontext von Anreizsystemen neben der Auslegung der Nachhaltigkeit i. e. S. (Langfristigkeit) eine zweite, weitergehende Begriffsauslegung, in der Nachhaltigkeit neben ökonomischen auch ökologische und soziale Aspekte umfasst (Triple Bottom Line). Vor dem Hintergrund dieses weitergehenden Begriffsverständnisses (Nachhaltigkeit i. w. S.) können zusätzliche – über die in Abschnitt 3.2.1 hinausgehende – Optionen zur nachhaltigkeitsorientierten Gestaltung von Anreizsystemen identifiziert werden. Bei den Gestaltungsoptionen zu nachhaltigkeitsorientierten Anreizsystemen i. w. S. kann danach unterschieden werden, ob sich diese auf die Bemessungsgrundlagen oder die Anreize des Anreizsystems beziehen. Der Großteil der wissenschaftlichen Literatur zielt darauf ab, die Verbindung zur Nachhaltigkeit über die **Bemes-**

---

[445] Vgl. Berrone, P./Gomez-Mejia, L. R. (2009a), S. 969.

[446] Vgl. Epstein, M. J./Roy, M.-J. (2001), S. 594; von Hülsen, H.-C./Weisel, T. (2011), S. 128; Merriman, K. K./Sen, S. (2012), S. 852.

[447] Vgl. Raible, K.-F./Schmidt, W. (2009b), S. 249.

**sungsgrundlagen** des Anreizsystems herzustellen.[448] Dabei wird die Anreizhöhe (Belohnung, Vergütung) an die Ausprägung bestimmter ökologischer und/oder sozialer Bemessungsgrundlagen geknüpft, die aus den Nachhaltigkeitszielen des Unternehmens abgeleitet werden.[449] Darüber hinaus werden in einigen wissenschaftlichen Beiträgen jedoch auch die **Anreize** des Anreizsystems direkt mit dem Konzept der Nachhaltigkeit in Verbindung gebracht.[450] Im Folgenden werden beide Optionen zur Gestaltung von nachhaltigkeitsorientierten Anreizsystemen i. w. S. vorgestellt.

**Nachhaltigkeitsorientierte Gestaltung von Anreizsystemen über Anreize**

Eine Verstärkung der Nachhaltigkeitsorientierung von Anreizsystemen kann prinzipiell direkt durch die Bestimmung der Anreize erfolgen. In diesem Sinne können Anreizsysteme nachhaltigkeitsorientiert gestaltet werden, indem neben traditionellen ökonomischen Anreizen (Boni, Prämien etc.) auch Anreize aus den Bereichen Ökologie und Soziales in die Mitarbeitersteuerung einbezogen werden.

Die Möglichkeit bzw. die Notwendigkeit, die ökonomische Incentivierung um **ökologieorientierte Anreize** zu ergänzen, ist schon seit längerer Zeit Gegenstand von Beiträgen aus dem Bereich des Umweltmanagements.[451] Vor dem Hintergrund endlicher natürlicher Ressourcen und der stetig steigenden Bedrohung des Ökosystems wird eine verstärkte (strategische) Umweltorientierung als unerlässlich erachtet, um die langfristige Existenz des Unternehmens nicht zu gefährden.[452] Um eine stärker umweltorientierte Ausrichtung des Unternehmens zu erreichen, sind jedoch entsprechende Beiträge durch die Mitarbeiter zu leisten.[453] Folglich sollten Mitarbeiter Belohnungen und Bestrafungen (Anreize) wahrnehmen, wodurch die Wahrscheinlichkeit für ökologieschonendes Arbeitsverhalten verstärkt wird.[454] Dabei herrscht die Auffassung, dass Anreize zur Förderung ökologieschonenden Arbeitsverhaltens

---

[448] Vgl. bspw. Ariely, D. (2010); Seyboth, M./Thannisch, R. (2010); von Hülsen, H.-C./Weisel, T. (2011).
[449] Vgl. Hol, H. et al. (2010), S. 32 ff.
[450] Vgl. bspw. Steinle, C. et al. (1997); Gade, C. (2007); Berrone, P./Gomez-Mejia, L. R. (2009a).
[451] Vgl. bspw. Seidel, E. (1991); Steinle, C. et al. (1994); Kreikebaum, H. (1995); Steinle, C. et al. (1997).
[452] Vgl. Steinle, C. et al. (1997), S. 255 f.; Gade, C. (2007), S. 12 ff.
[453] Vgl. Steinle, C. et al. (1997), S. 256; Davies, G./Smith, H. (2007), S. 30.
[454] Vgl. Ramus, C. A. (2002), S. 162; Gade, C. (2007), S. 170; Dyckhoff, H./Souren, R. (2008), S. 150.

idealerweise einen Ökologiebezug aufweisen sollten (ökologiebezogene Verhaltensanreize).[455]

In diesem Zusammenhang werden in der Literatur eine Vielzahl möglicher ökologiebezogener Anreize vorgeschlagen, die das ökologiegerechte Verhalten der Mitarbeiter fördern können.[456] Die Vorschläge zur ökologischen Anreizsetzung lassen sich im Wesentlichen den Themenfeldern Aufgabeninhalte, Auszeichnungen, Informationsbereitstellung, Qualifizierungsmaßnahmen und Teilnahmemöglichkeiten an ökologiebezogenen Veranstaltungen zuordnen.

Ein erster möglicher ökologischer Anreiz besteht darin, den **Ökologiebezug der Aufgabeninhalte** zu verstärken.[457] Zunächst wird eine horizontale ökologiebezogene Aufgabenerweiterung genannt (Job Enlargement).[458] Hierbei ist bspw. die Mitarbeit in umweltbezogenen Projekten oder Ökologiezirkeln denkbar.[459] Des Weiteren kann ein ökologischer Anreiz darin bestehen, Mitarbeitern zusätzliche Entscheidungskompetenzen hinsichtlich ökologiebezogener Themen in Aussicht zu stellen (Job Enrichment).[460] Nicht zuletzt wird ein systematischer Tausch ökologiebezogener Arbeitsaufgaben bzw. von Arbeitsplätzen mit Ökologiebezug zwischen verschiedenen Mitarbeitern vorgeschlagen (Job Rotation).[461] Ökologische Anreize können des Weiteren in **umweltorientierten Auszeichnungen** bestehen.[462] Engagieren sich Mitarbeiter sehr stark, in dem sie bspw. mehrfach Vorschläge zur Verbesserung der

---

455 Vgl. Steinle, C. et al. (1997), S. 258; Gade, C. (2007), S. 172.

456 *Steinle et al. (1994)*, *Kreikebaum (1995)*, *Steinle et al. (1997)* und *Gade (2007)* unterscheiden jeweils hinsichtlich materieller und immaterieller Anreize. Jedoch sind nur die als „immaterielle Anreize" bezeichneten Anreize nach der in dieser Arbeit zugrundeliegenden Begriffsdefinition (vgl. hierzu die Abschnitte 2.1.2 und 2.1.3 dieser Arbeit) zu den ökologieorientierten Anreizen zu zählen. Bspw. können gute Leistungen eines Mitarbeiters mit der Teilnahmemöglichkeit an einem Umweltkongress (immaterieller Anreiz) honoriert werden. Dagegen handelt es sich bei Prämien für ökologiebezogene Verbesserungsvorschläge, die bspw. von *Kreikebaum (1995)* als „materielle Anreize" bezeichnet werden, nach dem Verständnis dieser Arbeit um ökonomische Anreize (Prämien), die sich in Abhängigkeit der Ausprägung einer ökologischen Bemessungsgrundlage (Anzahl ökologiebezogener Verbesserungsvorschläge) ergeben. Um eine klare Abgrenzung zwischen den Anreizen und Bemessungsgrundlagen beizubehalten, werden Vorschläge, die den Nachhaltigkeitsbezug über die Bemessungsgrundlage herstellen, an dieser Stelle ausgeklammert und im weiteren Verlauf der Arbeit unter dem Punkt „Nachhaltigkeitsorientierte Gestaltung von Anreizsystemen über Bemessungsgrundlagen" aufgegriffen.

457 Vgl. Bennauer, U. (1994), S. 338.

458 Vgl. Steinle, C. et al. (1994), S. 424.

459 Vgl. Gade, C. (2007), S. 185.

460 Vgl. Steinle, C. et al. (1997), S. 261; Gade, C. (2007), S. 185.

461 Vgl. Gade, C. (2007), S. 185.

462 Vgl. Steinle, C. et al. (1994), S. 424; Ramus, C. A. (2002), S. 162; Govindarajulu, N./Daily, B. F. (2004), S. 368; Renwick, D. W. et al. (2013), S. 6.

Umweltleistung des Unternehmens einreichen, so kann dies bspw. durch eine Veröffentlichung in der Betriebszeitung belohnt werden.[463] Eine weitere Möglichkeit wird in der Bereitstellung **ökologieorientierter Informationen** gesehen.[464] In dieser Weise könnte ein Mitarbeiter durch ein zusätzliches, umweltspezifisches Informationsangebot (bspw. Zugang zu Fachzeitschriften) belohnt werden. Zudem können **umweltorientierte Qualifizierungsmaßnahmen** gewünschtes Arbeitsverhalten fördern. So sind umweltbezogene Aus- und Weiterbildungsmaßnahmen als Belohnung des Mitarbeiterverhaltens denkbar.[465] Bspw. könnte die Weiterqualifizierung eines Mitarbeiters zum Umweltschutzbeauftragten des Unternehmens erfolgen.[466] Möglich sind jedoch auch kostenlose ökologische Beratungsangebote, die Mitarbeitern – neben dem beruflichen Alltag – auch im Privatbereich Nutzen stiften.[467] Ein weiterer häufig genannter ökologischer Anreiz besteht in **Teilnahmemöglichkeiten an ökologieorientierten Veranstaltungen.**[468] Hierbei ist insbesondere an Teilnahmemöglichkeiten in Bezug auf Umwelttagungen und -messen sowie Nachhaltigkeitskonferenzen zu denken.[469] Neben den genannten Themenfeldern sind grundsätzlich weitere Bereiche vorstellbar, wie z. B. eine ökologische Arbeitsplatzgestaltung[470] oder umweltbezogene Mitarbeiterangebote (z. B. kostenlose oder subventionierte Tickets für den öffentlichen Nahverkehr[471], Sprit-Spar-Trainings[472], Zuschuss für den Kauf eines Hybridfahrzeugs[473]), in denen Anreize mit einem expliziten ökologischen Nachhaltigkeitsbezug gesetzt werden können.[474]

Neben den traditionellen ökonomischen und den eben vorgestellten ökologiebezogenen Anreizen werden auch für die soziale Dimension der Nachhaltigkeit zahlreiche Anreize vorgeschlagen, die Mitarbeitern als Folge guter Leistungen im Rahmen von Anreizsystemen

---

463 Vgl. Bennauer, U. (1994), S. 338 f.; Kreikebaum, H. (1995), S. 558; Gade, C. (2007), S. 185.
464 Vgl. Steinle, C. et al. (1997), S. 259; Gade, C. (2007), S. 185.
465 Vgl. Bennauer, U. (1994), S. 340; Steinle, C. et al. (1997), S. 259; Gade, C. (2007), S. 185; Dyckhoff, H./Souren, R. (2008), S. 151.
466 Vgl. Kreikebaum, H. (1995), S. 558.
467 Vgl. Gade, C. (2007), S. 185.
468 Vgl. Steinle, C. et al. (1994), S. 424; Kreikebaum, H. (1995), S. 558; Renwick, D. W. et al. (2013), S. 6.
469 Vgl. Steinle, C. et al. (1997), S. 259; Gade, C. (2007), S. 185.
470 Vgl. Dyckhoff, H./Souren, R. (2008), S. 151.
471 Vgl. Simms, J. (2007), S. 36; Schwaab, M.-O. (2008), S. 204.
472 Vgl. Brübach, D. (2008), S. 253.
473 Vgl. Davies, G./Smith, H. (2007), S. 30.
474 Vgl. hierzu insbesondere auch die zahlreichen Praxisbeispiele aus dem Bereich Umwelt, die im Rahmen des Projekts MIMONA (Mitarbeiter-Motivation zu Nachhaltigkeit) zusammengestellt wurden. Das Projekt wurde durch den Bundesdeutschen Arbeitskreis für Umweltbewusstes Management e.V. (B.A.U.M. e.V.) initiiert und in Kooperation mit der Stiftung Arbeit und Umwelt der IGBCE durchgeführt, vgl. Bundesdeutscher Arbeitskreis für Umweltbewusstes Management e.V. (2013).

in Aussicht gestellt werden können.[475] **Sozialorientierte Anreize** können auf die Arbeitsinhalte (z. B. Mitsprache bei den Arbeitsinhalten durch den Mitarbeiter), den Arbeitsplatz (z. B. individualisierte Arbeitsplatzgestaltung, ergonomische Verbesserungen), die Arbeitssicherheit (z. B. Fahrsicherheitstraining) und die Arbeitszeit (z. B. zusätzliche Freizeit, flexible bzw. individuelle Arbeitszeiten) bezogen sein sowie sonstige Angebote in den Bereichen zusätzliches Engagement (z. B. Teilnahme an Corporate Volunteering-Projekten), Familie (z. B. Kinderbetreuungsmöglichkeiten), Gesundheit (z. B. Nichtraucherkurse, Ernährungskurse), Sport (z. B. Fitnessstudio, Betriebssportgruppe) und Weiterbildung (z. B. Sprachkurse, EDV-Kurse) umfassen.[476]

Die große Anzahl möglicher ökologischer und sozialer Anreize macht deutlich, dass prinzipiell viele Ansatzpunkte bestehen, Mitarbeiter über die ökonomische Dimension hinaus zu belohnen. Bspw. haben zahlreiche Unternehmen die Wichtigkeit erkannt, die einer ausgeglichenen und gesunden Belegschaft zukommt.[477] Vor diesem Hintergrund bieten viele Unternehmen ihren Mitarbeitern nunmehr Möglichkeiten, ihre Fitness und Gesundheit im Rahmen von Entspannungsprogrammen, Ernährungskursen oder Sportangeboten zu verbessern.[478] Ob ein sinnvoller Anwendungsbereich für den Einsatz ökologischer und sozialer Anreize besteht, kann jedoch nur im Einzelfall und unternehmensspezifisch entschieden werden. Dies ist insbesondere darauf zurückzuführen, dass die Wirkung ökologischer und sozialer Anreize in einem sehr hohen Maße von der individuellen Motivstruktur der Mitarbeiter abhängt.[479] Weiterhin stehen Mitarbeitern einige der in diesem Abschnitt aufgeführten Anreize (z. B. Kinderbetreuungsmöglichkeiten) oftmals ex ante, d. h. leistungsunabhängig zur Verfügung.[480] In diesem Fall werden ökologische und soziale Anreize von Mitarbeitern als gegeben vorausgesetzt, so dass sich diese nicht mehr zur gezielten Verhaltensbeeinflussung im Rahmen von Anreizsystemen eignen. Um den unterschiedlichen Bedürfnis-

---

475 Vgl. bspw. Berrone, P./Gomez-Mejia, L. R. (2009a), S. 964.

476 Vgl. Govindarajulu, N./Daily, B. F. (2004), S. 368; Brübach, D. (2008), S. 253 ff.; Berrone, P./Gomez-Mejia, L. R. (2009a), S. 964; Müller, E. (2010), S. 76; Buchhorn, E./Werle, K. (2011), S. 113 ff. Vgl. hierzu insbesondere auch die zahlreichen Praxisbeispiele aus dem Bereich Soziales, die im Rahmen des Projekts MIMONA (Mitarbeiter-Motivation zu Nachhaltigkeit) zusammengestellt wurden, vgl. Bundesdeutscher Arbeitskreis für Umweltbewusstes Management e.V. (2013).

477 Vgl. Berry, L. L. et al. (2010), S. 112.

478 Vgl. Müller, E. (2010), S. 76; Buchhorn, E./Werle, K. (2011), S. 122.

479 Verfügen Mitarbeiter bspw. über eine positive Einstellung zur Umwelt, werden diese annahmegemäß umweltbezogene Anreize anstreben und die intendierte Verhaltenssteuerung gelingt. Sind einem Mitarbeiter Umweltaspekte hingegen gleichgültig, würde ein umweltbezogener Anreiz keine, oder, im schlimmsten Fall, eine negative Wirkung hervorrufen, vgl. Schanz, G. (1991), S. 22 ff.; Gade, C. (2007), S. 170 f.

480 Vgl. Schwaab, M.-O. (2008), S. 202 f.; Müller, E. (2010), S. 76.

strukturen sowie den spezifischen Unternehmensgegebenheiten Rechnung zu tragen, bietet es sich an, ökologische und soziale Anreize als punktuelle Ergänzung zu traditionellen ökonomischen Anreizen im Rahmen von Cafeteria-Modellen anzubieten.[481]

**Nachhaltigkeitsorientierte Gestaltung von Anreizsystemen über Bemessungsgrundlagen**

Neben den Anreizen wird mit den Bemessungsgrundlagen eine zweite Option zur Verankerung der Nachhaltigkeit (i. w. S.) in Anreizsystemen diskutiert.[482] In diesem Fall wird die Nachhaltigkeitsorientierung des Anreizsystems dadurch erreicht, dass Bemessungsgrundlagen aus allen drei Nachhaltigkeitsdimensionen in die Leistungsbeurteilung einbezogen werden. Angeregt und unterstützt wird diese Option zur Gestaltung nachhaltigkeitsorientierter Anreizsysteme zunächst in Beiträgen, die den Faktor Nachhaltigkeit als einen **strategisch bedeutsamen Faktor** der Unternehmensführung ansehen.[483] Die strategische Bedeutung erfordert die Formulierung entsprechender Nachhaltigkeitsziele, die in einem nächsten Schritt über Teilziele, Kenngrößen und Indikatoren operationalisiert bzw. steuerbar gemacht werden. Die abgeleiteten nachhaltigkeitsorientierten Indikatoren müssen schließlich auch in die Anreiz- und Vergütungssysteme einfließen, um die Erreichung der Nachhaltigkeitsziele zu fördern.[484] So regen bspw. *Deckop et al. (2006)* an, Indikatoren der Nachhaltigkeitsleistung direkt in die Vergütungssysteme einfließen zu lassen.[485]

Weiterhin wird die Möglichkeit zur Verankerung der Nachhaltigkeit über Bemessungsgrundlagen auch im Rahmen der **wissenschaftlichen Literatur zur Angemessenheit der Vorstandsvergütung** diskutiert. Sowohl im Vorfeld der Gesetzesverabschiedung als auch im Hinblick auf die Auslegung des VorstAG wird in einigen Beiträgen die Meinung vertreten, dass die Nachhaltigkeitsorientierung über den Aspekt der Langfristigkeit hinausgeht.[486] Somit reicht es nicht aus, Anreiz- und Vergütungssysteme lediglich eindimensional bzw. nur ökonomisch

---

481 Im Rahmen von Cafeteria-Modellen wird Mitarbeitern die Möglichkeit gegeben, ein verfügbares Budget zwischen verschiedenen Anreizarten aufzuteilen. Die Wahlmöglichkeit zwischen unterschiedlichen Anreizarten führt dazu, dass Mitarbeiter ihr Budget entsprechend ihrer individuellen Bedürfnisse bzw. Präferenzen einsetzen. Sind ökologie- und sozialorientierte Anreize in einer „Anreiz-Cafeteria" verfügbar, werden diese annahmegemäß nur von denjenigen Mitarbeitern ausgewählt, die dadurch zu einer Verbesserung ihrer persönlichen Bedürfnisbefriedigung beitragen. Vgl. zu den Cafeteria-Modellen auch Abschnitt 2.1.3 dieser Arbeit.

482 Vgl. bspw. Ariely, D. (2010), S. 38; Hol, H. et al. (2010), S. 7 ff.

483 Vgl. bspw. Weber, J. et al. (2012), S. 242 f.

484 Vgl. Eurosif/EIRIS (2010), S. 4; von Hülsen, H.-C./Weisel, T. (2011), S. 131; Weber, J. et al. (2012), S. 243.

485 Vgl. Deckop, J. R. et al. (2006), S. 340.

486 Vgl. bspw. Hexel, D. (2008), S. 128 f.; Evers, H. et al. (2010), S. 60 ff.; Seyboth, M./Thannisch, R. (2010), S. 15.

nachhaltig zu gestalten.[487] Diesbezüglich regt bspw. *Müller (2007)* an „zu diskutieren, ob neben finanziellen, auch soziale und ökologische Nachhaltigkeitskriterien bei der Vorstandsvergütung berücksichtigt werden sollten („triple bottom line")."[488] Auch *Seyboth/Thannisch (2010)* fordern explizit, Ziele sozialer, gesellschaftlicher und ökologischer Verantwortung über entsprechende Kennzahlen in die variable Vergütung einfließen zu lassen.[489] Als Richtwert geben die Autoren vor, einen Anteil von mindestens 25 bis 50 Prozent der variablen Vergütung an sozialen, gesellschaftlichen und ökologischen Kriterien zu orientieren.[490]

Zudem wird Unternehmen durch die Sustainability Reporting Guidelines der **Global Reporting Initiative (GRI)** sowie den **Deutschen Nachhaltigkeitskodex (DNK)**[491] eine Verknüpfung ihrer Anreizsysteme mit dem Konzept der Nachhaltigkeit nahegelegt. So sehen sowohl die GRI-Guidelines als auch der DNK vor, dass Unternehmen offenlegen, wie ein Zusammenhang zwischen der Führungskräfte- bzw. Mitarbeitervergütung und der Erreichung von Nachhaltigkeitszielen hergestellt wird.[492] Im Rahmen der Leistungsbeurteilung sollen neben ökonomischen auch ökologische und soziale Leistungen Berücksichtigung finden. Des Weiteren soll angegeben werden, mit welchen Verfahren die ökonomische, ökologische und soziale Leistung beurteilt wird.[493]

Nicht zuletzt wird der Einsatz von Triple Bottom Line-konformen Bemessungsgrundlagen von weiteren einflussreichen Akteuren der Nachhaltigkeitsdiskussion angeregt. So vertritt der World Business Council for Sustainable Development **(WBCSD)**[494] die Position, dass Indikatoren der Nachhaltigkeitsleistung in die Anreiz- und Vergütungssysteme einbezogen werden sollten.[495] Auch das European Sustainable Investment Forum **(Eurosif)**[496] und der Ethical

---

[487] Vgl. Ringleb, H.-M. et al. (2010), Rn. 722a.

[488] Müller, H.-E. (2007), S. 37.

[489] Vgl. Seyboth, M./Thannisch, R. (2010), S. 15 ff.

[490] Vgl. Seyboth, M./Thannisch, R. (2010), S. 15.

[491] Der Deutsche Nachhaltigkeitskodex wurde im Oktober 2012 durch den Rat für Nachhaltige Entwicklung einstimmig beschlossen. Der Kodex hat zum Ziel, die Transparenz, Verbindlichkeit und Vergleichbarkeit der Nachhaltigkeitsleistungen von Unternehmen zu erhöhen. Die Anwendung erfolgt freiwillig.

[492] Vgl. GRI (2011), S. 23; Rat für Nachhaltige Entwicklung (2012), Tz. 8; Colsman, B. (2013), S. 22.

[493] Vgl. GRI (2011), S. 23; Rat für Nachhaltige Entwicklung (2012), Tz. 8.

[494] Im Weltwirtschaftsrat für nachhaltige Entwicklung (World Business Council for Sustainable Development; WBCSD) haben sich rund 200 Unternehmen mit dem Ziel zusammengeschlossen, die nachhaltige Entwicklung durch Austausch von Wissen und Erfahrungen voranzubringen, vgl. hierzu weiterführend Bundesministerium für Arbeit und Soziales (2013); World Business Council for Sustainable Development (2013).

[495] Vgl. World Business Council for Sustainable Development (2010), S. 4.

[496] Das European Sustainable Investment Forum (Eurosif) ist ein europaweiter Zusammenschluss von Pensionsfonds, Finanzdienstleistern, wissenschaftlichen Einrichtungen, Forschungsvereinigungen und Nichtregie-

Investment Research Service **(EIRIS)**[497] weisen in einer gemeinsamen Veröffentlichung auf die Bedeutung hin, die der verstärkten Integration von Nachhaltigkeitskriterien in die Vergütung zukommt.[498]

Zur Umsetzung der Nachhaltigkeitsorientierung über die Bemessungsgrundlagen von Anreizsystemen sind – neben den etablierten ökonomischen – auch geeignete ökologische und soziale Bemessungsgrundlagen heranzuziehen. Vor diesem Hintergrund werden in der einschlägigen Literatur verschiedene nachhaltigkeitsorientierte Bemessungsgrundlagen genannt, die für den Einsatz in unternehmerischen Anreizsystemen in Frage kommen.[499]

Die in der Literatur genannten Bemessungsgrundlagen der **ökologischen Dimension** lassen sich im Wesentlichen nach den folgenden vier Kategorien untergliedern:

- Emissionsbezogene Bemessungsgrundlagen
- Energiebezogene Bemessungsgrundlagen
- Abfall-, material- und wasserbezogene Bemessungsgrundlagen
- Sonstige ökologiebezogene Bemessungsgrundlagen

Die einzelnen Kategorien werden im Folgenden vorgestellt, bevor im Anschluss auf die Bemessungsgrundlagen der sozialen Dimension eingegangen wird.

**Emissionsbezogene Bemessungsgrundlagen**

Die erste Kategorie umfasst Bemessungsgrundlagen, die einen Bezug zu den bei der Leistungserstellung verursachten Emissionen aufweisen. Dabei werden insbesondere $CO_2$-Emissionen genannt.[500] Die Leistung kann zunächst danach beurteilt werden, ob es gelingt, die $CO_2$-Effizienz, also das Verhältnis der $CO_2$-Emissionen zur damit erzielten Wertschöpfung,

---

rungsorganisationen mit der Zielsetzung, Nachhaltigkeit über den Weg der Finanzmärkte zu fördern, vgl. hierzu weiterführend Bundesministerium für Arbeit und Soziales (2013); Eurosif (2013).

497 Der Ethical Investment Research Service (EIRIS) ist ein global führender Anbieter für die Analyse der Nachhaltigkeitsleistung von Unternehmen. Die Analysen dienen Anlegern insbesondere als Grundlage für nachhaltige und verantwortungsvolle Investitionsentscheidungen, vgl. EIRIS (2013).

498 Vgl. Eurosif/EIRIS (2010), S. 4.

499 Vgl. bspw. von Eckardstein, D./Konlechner, S. (2008), S. 47 ff.; Evers, H. et al. (2010), S. 61; Hol, H. et al. (2010), S. 21.

500 Vgl. Berrone, P./Gomez-Mejia, L. R. (2009a), S. 965; Ariely, D. (2010), S. 38; Evers, H. et al. (2010), S. 61.

zu verbessern.[501] Eine Zielsetzung kann zudem darin bestehen, den Ausstoß an $CO_2$-Emissionen insgesamt zu reduzieren, so dass eine entsprechende Beurteilungsgröße eingesetzt werden könnte.[502] Daneben werden aber auch Schadstoffemissionen allgemein[503] und Beiträge zum Klimaschutz als emissionsbezogene Bemessungsgrundlagen angeführt.[504]

**Energiebezogene Bemessungsgrundlagen**

Die zweite Kategorie enthält Beurteilungsgrößen, die jeweils auf das Thema Energieverbrauch bezogen sind. In der Literatur findet sich häufig der Vorschlag, die Leistungsbeurteilung anhand der Energieeffizienz vorzunehmen.[505] Die Zielsetzung besteht darin, die für eine Outputeinheit benötigte Energie zu reduzieren. Gelingt ein sparsamerer Umgang, so führt dies nicht nur zu einer Verbesserung der Beurteilungsgröße Energieeffizienz, sondern auch zu Kosteneinsparungen. Daneben wird jedoch auch die absolute Reduktion verbrauchter Energie als Beurteilungsgröße vorgeschlagen.[506] Ziel kann zudem sein, den Anteil der Energie aus erneuerbaren Energiequellen zu erhöhen, so dass auch eine damit zusammenhängende Beurteilungsgröße gewählt werden könnte.[507]

**Abfall-, material- und wasserbezogene Bemessungsgrundlagen**

In einer dritten Kategorie werden Bemessungsgrundlagen zu Input- und Outputstoffen erfasst, die nicht die Bereiche Emissionen oder Energie betreffen. Vorgeschlagen wird vor allem, Anreize an Verbrauchsreduzierungen von Einsatzstoffen (geringerer Material- und Wasserverbrauch) zu koppeln.[508] Wiederum finden sich auch in dieser Kategorie Vorschläge, die auf eine verbesserte Effizienz abstellen. Bspw. wird eine verbesserte Materialeffizienz als

---

501 Vgl. Hol, H. et al. (2010), S. 21.

502 Vgl. von Eckardstein, D./Konlechner, S. (2008), S. 52; Evers, H. et al. (2010), S. 61; Weber, J. et al. (2012), S. 243.

503 Vgl. Dyckhoff, H./Souren, R. (2008), S. 150; Peters, A. (2009), S. 11; Raible, K.-F./Schmidt, W. (2009b), S. 250; Hol, H. et al. (2010), S. 21; Seyboth, M./Thannisch, R. (2010), S. 17; von Hülsen, H.-C./Weisel, T. (2011), S. 130.

504 Vgl. Wilke, P./Schmid, K. (2012), S. 10.

505 Vgl. Dyckhoff, H./Souren, R. (2008), S. 150; von Eckardstein, D./Konlechner, S. (2008), S. 52; Raible, K.-F./Schmidt, W. (2009b), S. 250; Hol, H. et al. (2010), S. 21; von Hülsen, H.-C./Weisel, T. (2011), S. 130.

506 Vgl. Grewe, A. (2006), S. 19; Gade, C. (2007), S. 185; Schaltegger, S. et al. (2007), S. 56; von Eckardstein, D./Konlechner, S. (2008), S. 52; Berrone, P./Gomez-Mejia, L. R. (2009a), S. 965; Evers, H. et al. (2010), S. 61; Seyboth, M./Thannisch, R. (2010), S. 17; Weber, J. et al. (2012), S. 243; Wilke, P./Schmid, K. (2012), S. 37.

507 Vgl. von Eckardstein, D./Konlechner, S. (2008), S. 52; Hol, H. et al. (2010), S. 21.

508 Vgl. Grewe, A. (2006), S. 19; Schaltegger, S. et al. (2007), S. 56; von Eckardstein, D./Konlechner, S. (2008), S. 52; Weber, J. et al. (2012), S. 243.

mögliche Bemessungsgrundlage genannt.[509] Analog kann eine Reduzierung des Wasserverbrauchs je Outputeinheit angestrebt werden.[510] Die Vergütung kann auch daran geknüpft werden, dass die Verwendung von Gefahrenstoffen reduziert wird oder wiederverwertbare Verpackungsstoffe Verwendung finden.[511] In Bezug auf die eingesetzten Materialien kann zudem eine Mindestquote für recycelte Einsatzstoffe als Beurteilungsgröße vorgegeben werden.[512]

**Sonstige ökologiebezogene Bemessungsgrundlagen**

Die letzte Kategorie erfasst Vorschläge für Bemessungsgrundlagen, die zwar einen klaren Umweltbezug aufweisen, dabei aber sehr allgemein formuliert sind, so dass diese keiner der zuvor genannten Kategorien zugeordnet werden können. Insbesondere in auf die Umweltdimension fokussierten Beiträgen werden ökologieorientierte Vorschläge im Rahmen des betrieblichen Vorschlagswesens genannt.[513] Ökologieorientierte Verbesserungsvorschläge können – falls diese als sinnvoll erachtet werden – durch einen entsprechenden Anreiz (i. d. R. Prämie) honoriert werden.[514] Weiterhin können umweltschonende Verhaltensweisen (z. B. Car Sharing) und das ökologiebezogene Mitarbeiterengagement (z. B. Teilnahme an einem Umweltseminar) Grundlage der Leistungsbeurteilung sein.[515] Daneben wird das Ausmaß der Investitionen mit Ökologiebezug (z. B. in erneuerbare Energien) als mögliche Beurteilungsgröße genannt.[516] Denkbar sind zudem Zielsetzungen bezüglich der Ausweitung ökologischer Produkte (z. B. Steigerung des Umsatzanteils von Biolebensmitteln am Gesamtumsatz).[517] Schließlich findet sich auch der Vorschlag, die ökologische Compliance, im Sinne der Einhaltung umweltbezogener Vorschriften (z. B. Missachtungen des Bundesumweltministeriums), vergütungsrelevant zu machen.[518]

---

[509] Vgl. Dyckhoff, H./Souren, R. (2008), S. 150.
[510] Vgl. Hol, H. et al. (2010), S. 21.
[511] Vgl. von Eckardstein, D./Konlechner, S. (2008), S. 52; Berrone, P./Gomez-Mejia, L. R. (2009a), S. 967; Hol, H. et al. (2010), S. 21.
[512] Vgl. Hol, H. et al. (2010), S. 21.
[513] Vgl. Steinle, C. et al. (1994), S. 424; Kreikebaum, H. (1995), S. 558; Steinle, C. et al. (1997), S. 259; Grewe, A. (2006), S. 19; Gade, C. (2007), S. 185; Renwick, D. W. et al. (2013), S. 9.
[514] Vgl. Kreikebaum, H. (1995), S. 558; Steinle, C. et al. (1997), S. 259; Jackson, S. E. et al. (2011), S. 107.
[515] Vgl. Grewe, A. (2006), S. 19; Davies, G./Smith, H. (2007), S. 30; Simms, J. (2007), S. 36; Renwick, D. W. et al. (2013), S. 9.
[516] Vgl. Peters, A. (2009), S. 11.
[517] Vgl. Hol, H. et al. (2010), S. 21; Weber, J. et al. (2012), S. 243.
[518] Vgl. Evers, H. et al. (2010), S. 61.

Die in der Literatur genannten Bemessungsgrundlagen zur **sozialen Dimension** lassen sich im Wesentlichen drei unterschiedlichen Kategorien zuordnen. Dies sind im Einzelnen:

- Mitarbeiterbezogene Bemessungsgrundlagen
- Kundenbezogene Bemessungsgrundlagen
- Gesellschaftsbezogene Bemessungsgrundlagen

Im Folgenden werden die einzelnen Kategorien näher beleuchtet.

**Mitarbeiterbezogene Bemessungsgrundlagen**

Im Rahmen der ersten Kategorie bzw. der Diskussion um mitarbeiterbezogene Bemessungsgrundlagen wird die Mitarbeiterzufriedenheit besonders häufig als mögliche Bemessungsgrundlage genannt.[519] Daneben werden vielfach Kriterien in Bezug auf die Mitarbeitergesundheit (z. B. Krankheitsquote) und -sicherheit (z. B. Unfallhäufigkeit) angeführt.[520] Zudem können Beurteilungsgrößen in den Bereichen Nachwuchsförderung und Aufbau von Personalressourcen (z. B. Ausbildungsquote), Personalerhaltung (z. B. Bindung von Leistungsträgern) und Fortbildung (z. B. Einhaltung von Fortbildungszielen) formuliert werden.[521] Zu den mitarbeiterbezogenen Bemessungsgrundlagen können jedoch auch Ziele zur Verbesserung der Work-Life-Balance (z. B. Einrichtung einer Beratungsstelle) oder Ziele aus dem Bereich Diversity (z. B. Zielwerte für den Frauenanteil in Führungspositionen) gezählt werden.[522] Daneben könnte auch der direkte Umgang mit Mitarbeitern für die Beurteilung von Vorgesetzten herangezogen werden.[523]

---

[519] Vgl. von Eckardstein, D./Konlechner, S. (2008), S. 51 f.; Peters, A. (2009), S. 11; Ariely, D. (2010), S. 38; Evers, H. et al. (2010), S. 61; Hol, H. et al. (2010), S. 21; Seyboth, M./Thannisch, R. (2010), S. 17; Filbert, D. et al. (2011), S. 597; Friedl, G./Springer, V. (2011), S. 6; Lange, R./Walth, A. (2011), S. 34; von Werder, A. (2011), S. 56; Weber, J. et al. (2012), S. 243; Wilke, P./Schmid, K. (2012), S. 37.

[520] Vgl. Schaltegger, S. et al. (2007), S. 56; von Eckardstein, D./Konlechner, S. (2008), S. 50; Evers, H. et al. (2010), S. 61 f.; Hol, H. et al. (2010), S. 21; Seyboth, M./Thannisch, R. (2010), S. 17; von Hülsen, H.-C./Weisel, T. (2011), S. 128; Weber, J. et al. (2012), S. 243.

[521] Vgl. von Eckardstein, D./Konlechner, S. (2008), S. 50; Evers, H. et al. (2010), S. 61 f.; Seyboth, M./Thannisch, R. (2010), S. 17; von Hülsen, H.-C./Weisel, T. (2011), S. 128; Weber, J. et al. (2012), S. 243.

[522] Vgl. von Eckardstein, D./Konlechner, S. (2008), S. 50; Evers, H. et al. (2010), S. 61; Seyboth, M./Thannisch, R. (2010), S. 17.

[523] Vgl. Ben Shlomo, J./Nguyen, T. (2011), S. 608.

### Kundenbezogene Bemessungsgrundlagen

Die zweite Kategorie umfasst verschiedene kundenbezogene Bemessungsgrundlagen,[524] die in zahlreichen Beiträgen Erwähnung finden.[525] Auffallend häufig wird dabei die Kundenzufriedenheit als Beurteilungsgröße angeführt.[526] Daneben finden sich jedoch auch weitere kundenbezogene Vorschläge, wie bspw. die Beurteilung anhand der Kenngrößen Kundenbindung oder Kundentreue.[527] Weiterhin können kundenbezogene Gesundheits- oder Sicherheitsaspekte als Beurteilungskriterien herangezogen werden.[528]

### Gesellschaftsbezogene Bemessungsgrundlagen

In der dritten Kategorie werden Bemessungsgrundlagen erfasst, die vor allem aus gesamtgesellschaftlicher Sicht relevant sind und folglich über die beiden zuvor genannten Kategorien bzw. Stakeholderperspektiven hinausgehen. Bspw. kann die Leistung eines Unternehmens danach beurteilt werden, wie viele Arbeitsplätze bzw. Lehrstellen angeboten bzw. neu geschaffen werden.[529] Von großem gesellschaftlichen Interesse ist zudem, wie hoch der Anteil fair gehandelter Produkte bei einem Unternehmen ist oder inwieweit Standards zu Arbeitsbedingungen sowohl innerhalb des Unternehmens als auch in der gesamten Wertschöpfungskette eingehalten werden. Folglich werden auch für diesen Bereich Indikatoren zur Leistungsbeurteilung angeregt.[530] Des Weiteren werden von einigen Autoren Bemes-

---

[524] Die Zuordnung kundenbezogener Bemessungsgrundlagen zur sozialen Dimension der Nachhaltigkeit ist durch die starke Stakeholderorientierung im Konzept der unternehmerischen Nachhaltigkeit begründet. Die Berücksichtigung der Stakeholderinteressen führt dazu, dass zur Beurteilung der Unternehmensleistung nun auch nicht-finanzielle Erfolgsmessgrößen herangezogen werden, welche die Interessen der zentralen Stakeholdergruppen widergeben. Aufgrund der hervorgehobenen Bedeutung der Kunden als Stakeholdergruppe, werden kundenbezogene Kennzahlen (neben den mitarbeiterbezogenen) häufig als nicht-finanzielle Erfolgsmessgrößen vorgeschlagen und analog zu den mitarbeiterbezogenen Kennzahlen der sozialen Dimension zugeordnet, vgl. hierzu bspw. von Eckardstein, D./Konlechner, S. (2008), S. 44 ff.; Hol, H. et al. (2010), S. 21; Wilke, P./Schmid, K. (2012), S. 37. Darüber hinaus erklärt sich die Eingruppierung kundenbezogener Bemessungsgrundlagen in die soziale Dimension der Nachhaltigkeit dadurch, dass kundenbezogene Gesundheits- und Sicherheitsaspekte sowie die Kundenzufriedenheit auch im Indikatorenset der Global Reporting Initiative (GRI) den sozialen Leistungsindikatoren zugerechnet werden, vgl. GRI (2011), S. 39.

[525] Vgl. Evers, H. et al. (2010), S. 61; Seyboth, M./Thannisch, R. (2010), S. 9.

[526] Vgl. Ariely, D. (2010), S. 38; Evers, H. et al. (2010), S. 61; Hol, H. et al. (2010), S. 21; Ben Shlomo, J./Nguyen, T. (2011), S. 608; Filbert, D. et al. (2011), S. 597; Friedl, G./Springer, V. (2011), S. 6; Lange, R./Walth, A. (2011), S. 34; von Werder, A. (2011), S. 56; Wilke, P./Schmid, K. (2012), S. 37.

[527] Vgl. Raible, K.-F./Schmidt, W. (2009b), S. 250; Evers, H. et al. (2010), S. 61; von Hülsen, H.-C./Weisel, T. (2011), S. 130; Wilke, P./Schmid, K. (2012), S. 10.

[528] Vgl. Hol, H. et al. (2010), S. 21.

[529] Vgl. von Eckardstein, D./Konlechner, S. (2008), S. 49 f.; Ariely, D. (2010), S. 38; Evers, H. et al. (2010), S. 62; Seyboth, M./Thannisch, R. (2010), S. 17; Ben Shlomo, J./Nguyen, T. (2011), S. 608.

[530] Vgl. Hol, H. et al. (2010), S. 21; Wilke, P./Schmid, K. (2012), S. 37.

sungsgrundlagen bezüglich der Erreichung von Compliance-Zielen angeführt.[531] Hierbei gilt es, Gesetzesverstöße jeglicher Art zu vermeiden. Schließlich findet sich der Vorschlag, die Beteiligung bzw. das Engagement in gesellschaftlich relevanten Projekten für die Leistungsbeurteilung heranzuziehen.[532]

Die nachfolgende Tabelle gibt einen Überblick zu wissenschaftlichen Beiträgen, in denen mögliche nachhaltigkeitsorientierte Bemessungsgrundlagen vorgeschlagen und diskutiert werden.[533] Dabei erfolgt eine Zuordnung der einzelnen Beiträge zu den zuvor dargestellten Kategorien der ökologischen und sozialen Nachhaltigkeit.

| **Autor** | **Nachhaltigkeitsorientierte Bemessungsgrundlagen** | | | | | | |
|---|---|---|---|---|---|---|---|
| | Ökologisch | | | | Sozial | | |
| | Emissionen | Energie | Abfall, Material, Wasser | Sonstige | Mitarbeiter | Kunden | Gesellschaft |
| Steinle et al. (1994) | | | | x | | | |
| Kreikebaum (1995) | | | | x | | | |
| Steinle et al. (1997) | | | | x | | | |
| Grewe (2006) | | x | x | x | | | |
| Davies/Smith (2007) | | | | x | | | |
| Gade (2007) | | x | | x | | | |
| Schaltegger et al. (2007) | | x | x | | x | | |
| Simms (2007) | | | | x | | | |
| Dyckhoff/Souren (2008) | x | x | x | | | | |
| von Eckardstein/ Konlechner (2008) | x | x | x | | x | | x |
| Berrone/Gomez-Mejia (2009a) | x | x | x | | | | x |

531 Vgl. Raible, K.-F./Schmidt, W. (2009b), S. 250; Hol, H. et al. (2010), S. 21; Filbert, D. et al. (2011), S. 597; Lange, R./Walth, A. (2011), S. 34; von Hülsen, H.-C./Weisel, T. (2011), S. 130.

532 Vgl. Berrone, P./Gomez-Mejia, L. R. (2009a), S. 967.

533 In die Tabelle werden nur Beiträge aufgenommen, die im Kontext der wissenschaftlichen Diskussion zur Verstärkung der Nachhaltigkeitsorientierung von Anreiz- und Vergütungssystemen stehen. Folglich werden Beiträge, die sich mit der Beurteilung und Messung der unternehmerischen Nachhaltigkeitsleistung über entsprechende Indikatoren beschäftigen, nicht in der Tabelle aufgeführt, wenn darin keinerlei Bezug zu den Anreiz- und Vergütungssystemen des Unternehmens hergestellt wird. Zudem müssen die aufzunehmenden Beiträge über die bloße Forderung zur Integration ökologischer und sozialer Kriterien hinausgehen. In der Tabelle werden folglich nur Autoren aufgeführt, die in ihren Beiträgen konkrete nachhaltigkeitsorientierte Beurteilungsgrößen (z. B. $CO_2$-Emissionen, Energieeffizienz etc.) nennen bzw. vorschlagen. Autoren, die lediglich eine unspezifische Ausweitung der Beurteilungsgrößen (z. B. um ökologische Aspekte) anregen, werden dagegen nicht in der Übersicht berücksichtigt.

| Autor | Nachhaltigkeitsorientierte Bemessungsgrundlagen | | | | | | |
|---|---|---|---|---|---|---|---|
| | Ökologisch | | | | Sozial | | |
| | Emis-sionen | Energie | Abfall, Material, Wasser | Sonstige | Mitar-beiter | Kunden | Gesell-schaft |
| Peters (2009) | x | | | x | x | | |
| Raible/Schmidt (2009b) | x | x | | | | x | x |
| Ariely (2010) | x | | | | x | x | x |
| Evers et al. (2010) | x | x | | x | x | x | x |
| Hol et al. (2010) | x | x | x | x | x | x | x |
| Seyboth/Thannisch (2010) | x | x | | | x | x | x |
| Ben Shlomo/Nguyen (2011) | | | | | x | x | x |
| Filbert et al. (2011) | | | | | x | x | x |
| Friedl/Springer (2011) | | | | | x | x | |
| Jackson et al. (2011) | | | | x | | | |
| Lange/Walth (2011) | | | | | x | x | x |
| von Hülsen/Weisel (2011) | x | x | | | x | x | x |
| von Werder (2011) | | | | | x | x | |
| Weber et al. (2012) | x | x | x | x | x | | |
| Wilke/Schmid (2012) | x | x | | | x | x | x |
| Renwick et al. (2013) | | | | x | | | |

Tab. 2: Vorschläge der Literatur zu nachhaltigkeitsorientierten Bemessungsgrundlagen

Zusammenfassend lässt sich aus der vorangegangenen Analyse erkennen, dass die nachhaltigkeitsorientierte Gestaltung von Anreizsystemen i. w. S. sowohl an den Anreizen als auch an den Bemessungsgrundlagen des Anreizsystems ansetzen kann. So ging aus der Literaturanalyse hervor, dass prinzipiell verschiedene Möglichkeiten existieren, um die bisher vorwiegend ökonomische Incentivierung von Mitarbeitern punktuell um ökologische und/oder soziale Anreize zu ergänzen. Der Großteil der wissenschaftlichen Beiträge fokussiert jedoch die Identifikation relevanter nachhaltigkeitsorientierter Bemessungsgrundlagen. Im Zuge der Diskussion zu möglichen nachhaltigkeitsorientierten Bemessungsgrundlagen wurden in der wissenschaftlichen Literatur bereits vielfältige Vorschläge zu unterschiedlichen Kategorien der ökologischen und sozialen Nachhaltigkeit entwickelt.

## 3.3 Bestandsaufnahme der bisherigen Umsetzung nachhaltigkeitsorientierter Anreizsysteme in der Unternehmenspraxis

Im vorhergehenden Abschnitt wurde deutlich, dass sich in der wissenschaftlichen Literatur – in Abhängigkeit des zugrundeliegenden Nachhaltigkeitsverständnisses – unterschiedliche Optionen zur nachhaltigkeitsorientierten Gestaltung von Anreizsystemen herausgebildet haben. Zum einen wurden zahlreiche Optionen beschrieben, wie nachhaltigkeitsorientierte Anreizsysteme i. e. S. gestaltet werden können. Die Empfehlungen der Literatur orientieren sich dabei zumeist eng an den entsprechenden Passagen in Aktiengesetz und DCGK und zielen darauf ab, Anreizsysteme stärker langfristig-nachhaltig zu gestalten. Zum anderen wurden Ansatzpunkte zur Gestaltung nachhaltigkeitsorientierter Anreizsysteme i. w. S. vorgestellt. Nachhaltigkeitsorientierte Anreizsysteme i. w. S. können insbesondere dadurch geschaffen werden, dass Bemessungsgrundlagen aus allen drei Dimensionen der Nachhaltigkeit in die Leistungsbeurteilung einbezogen werden.

Im Laufe dieses Abschnitts soll beleuchtet werden, inwieweit die angeführten Gestaltungsoptionen bereits Eingang in die Anreiz- und Vergütungssysteme der Unternehmenspraxis gefunden haben. Hierfür wird zunächst der Umsetzungsstand nachhaltigkeitsorientierter Anreizsysteme i. e. S. dargestellt, bevor auf die Implementierung nachhaltigkeitsorientierter Anreizsysteme i. w. S. eingegangen wird.

### 3.3.1 Nachhaltigkeitsorientierte Anreizsysteme im engeren Sinne

Mit Blick auf die Gestaltungsoptionen zu **nachhaltigkeitsorientierten Anreizsystemen i. e. S.** kann festgestellt werden, dass es infolge des VorstAG in kurzer Zeit zu einer Reihe von Veränderungen gekommen ist. So gelangen *Götz/Friese (2010)* in einer Untersuchung der Geschäftsberichte der DAX- und MDAX-Unternehmen aus dem Jahre 2009 zu dem Ergebnis, dass die Umsetzung des VorstAG insbesondere bei den DAX-Unternehmen bereits 2009 sehr weit fortgeschritten war, obwohl vielfach noch keine rechtliche Verpflichtung zur Anwendung bestand.[534] Eine ähnliche Einschätzung ergibt sich aus einer Untersuchung der Geschäfts- und Vergütungsberichte der Unternehmen des MDAX, die von *Filbert et al. (2011)* für das Jahr 2010 vorgenommen wurde. Die Autoren stellen fest, dass Nachhaltigkeit i. e. S. immer stärker in der Vergütung verankert wird, indem Unternehmen die Leistungs-

[534] Vgl. Götz, A./Friese, N. (2010), S. 419.

beurteilung verstärkt mehrjährig vornehmen, Auszahlungen durch Bonus-Malus-Systeme verzögern sowie Mindesthaltefristen für Aktien vorschreiben.[535] Auch *Lange/Walth (2011)* haben die Veränderungen der Anreizsysteme infolge des VorstAG auf Basis einer Auswertung der Geschäftsberichte aller DAX-, MDAX-, SDAX- und TecDAX-Unternehmen für das Jahr 2010 untersucht. Sie kommen zu dem Ergebnis, dass – zwei Jahre nach Einführung des VorstAG – die Anforderungen durch die Unternehmen umfassend umgesetzt werden, so dass das Ziel einer langfristig-nachhaltigen Ausrichtung der Vergütungsstrukturen erreicht wurde.[536] *Wilke et al. (2011)* haben ebenfalls für das Jahr 2010 untersucht, in welchem Umfang und in welcher Form die DAX-Unternehmen die neuen gesetzlichen Anforderungen umsetzen. Die Analyse zeigt, dass die Nachhaltigkeitsorientierung der Vergütungssysteme bereits weit fortgeschritten ist und Unternehmen verstärkt auf mehrjährige Beurteilungszeiträume, verzögerte Auszahlungen, verlängerte Haltefristen und Höchstgrenzen für die variable Vergütung setzen.[537] Auch aus einer von *Wilke/Schmid (2012)* durchgeführten Studie, in der sich die Autoren drei Jahre nach Einführung des VorstAG mit den Entwicklungen in der Vergütungspraxis der DAX-Unternehmen beschäftigten, geht hervor, dass es infolge des VorstAG zu einer schnellen und umfassenden nachhaltigkeitsorientierten Anpassung der Anreizsysteme i. e. S. gekommen ist. So wurde im Rahmen der Studie festgestellt, dass inzwischen alle DAX-Unternehmen langfristige Bemessungsgrundlagen in ihre Vergütungssysteme integriert haben.[538] Weiterhin haben 27 Unternehmen Höchstgrenzen für die variable Vergütung (Caps) eingeführt.[539] Auch Bonus-Malus-Regelungen waren im Jahr 2011 bereits bei 24 Unternehmen implementiert.[540] Auf Basis dieser Ergebnisse kann gefolgert werden, dass die **Implementierung nachhaltigkeitsorientierter Anreizsysteme i. e. S.** bei den DAX-Unternehmen bereits **weitestgehend erfolgt** ist.[541]

[535] Vgl. Filbert, D. et al. (2011), S. 597.
[536] Vgl. Lange, R./Walth, A. (2011), S. 35.
[537] Vgl. Wilke, P. et al. (2011), S. 39.
[538] Vgl. Wilke, P./Schmid, K. (2012), S. 23.
[539] Vgl. Wilke, P./Schmid, K. (2012), S. 30 ff.
[540] Vgl. Wilke, P./Schmid, K. (2012), S. 24 ff.
[541] Einschränkend ist an dieser Stelle anzumerken, dass die parallele Anwendung verschiedener Gestaltungsoptionen zur nachhaltigkeitsorientierten Anpassung der Anreizsysteme i. e. S. bei den DAX-Unternehmen häufig zu einer Verschlechterung der Transparenz und Verständlichkeit der Anreizsysteme führt, vgl. Lange, R./Walth, A. (2011), S. 35; Wilke, P./Schmid, K. (2012), S. 23 ff. Transparenz ist jedoch eine der zentralen Anforderungen für die Gestaltung wirksamer Anreizsysteme, vgl. hierzu Abschnitt 2.1.5 dieser Arbeit.

### 3.3.2 Nachhaltigkeitsorientierte Anreizsysteme im weiteren Sinne

Neben der Frage nach dem Umsetzungsstand von nachhaltigkeitsorientierten Anreizsystemen i. e. S. wurde in verschiedenen Studien untersucht, inwieweit Unternehmen ihre Anreizsysteme in der Zwischenzeit auch auf die Nachhaltigkeit i. w. S. ausgerichtet haben. Eine von *Filbert et al. (2011)* durchgeführte Analyse der Geschäfts- und Vergütungsberichte der Unternehmen des MDAX für das Jahr 2010 ergab, dass Unternehmen zur Verstärkung der Nachhaltigkeit i. w. S. in den eingesetzten Anreizsystemen teilweise Ziele aus den Bereichen Mitarbeiterzufriedenheit, Kundenzufriedenheit sowie Vorgaben aus den Bereichen Umwelt und Compliance einsetzen.[542] Auch in einer Studie von *Lange/Walth (2011)*, die auf einer Auswertung der Geschäftsberichte aller DAX-, MDAX-, SDAX- und TecDAX-Unternehmen für das Jahr 2010 basiert, wird darauf hingewiesen, dass von Unternehmen vereinzelt nachhaltigkeitsorientierte Bemessungsgrundlagen, wie z. B. Kunden- oder Mitarbeiterzufriedenheit, eingeführt wurden.[543] Diese Einschätzung findet Bestätigung durch die Studie von *Wilke et al. (2011)*, in der die Anreizsysteme der DAX-Unternehmen für das Jahr 2010 untersucht wurden. Die Autoren stellen auf Basis ihrer Analyse fest, dass zwar vereinzelt Kriterien aus allen drei Dimensionen der Nachhaltigkeit (Triple Bottom Line) zur Anwendung kommen, die Unternehmen jedoch insgesamt noch sehr zurückhaltend sind.[544] In einer aktuelleren Studie von *Wilke/Schmid (2012)* wurde der Umsetzungsstand zur Integration von Nachhaltigkeitskriterien i. w. S. in die Vorstandsvergütung der DAX-Unternehmen erneut untersucht.[545] Das Ergebnis zeigt, dass im Jahr 2011 nunmehr acht von 30 DAX-Unternehmen ökologische und/oder soziale Bemessungsgrundlagen in ihre Anreizsysteme integriert haben.[546] Tabelle 3 gibt einen Überblick, welche nachhaltigkeitsbezogenen Kriterien im Jahr 2011 in die Berechnung der Vorstandsvergütung der DAX-Unternehmen eingegangen sind.[547]

---

542 Vgl. Filbert, D. et al. (2011), S. 597.
543 Vgl. Lange, R./Walth, A. (2011), S. 34.
544 Vgl. Wilke, P. et al. (2011), S. 39.
545 Vgl. Wilke, P./Schmid, K. (2012), S. 37 ff.
546 Vgl. Wilke, P./Schmid, K. (2012), S. 37.
547 Die in der Tabelle angeführten nachhaltigkeitsorientierten Bemessungsgrundlagen konnten der Quelle *Wilke/Schmid (2012)* entnommen werden. Zudem erfolgte eine Verifizierung mit Hilfe der jeweiligen Vergütungsberichte.

| Unternehmen | Nachhaltigkeitsorientierte Bemessungsgrundlagen |
|---|---|
| Allianz | - Kundenzufriedenheit<br>- Mitarbeiterzufriedenheit |
| BMW | - Aktivitäten zur Wahrnehmung gesellschaftlicher Verantwortung<br>- Beiträge zur Attraktivität als Arbeitgeber<br>- Fortschritte bei der Umsetzung des Diversity-Konzepts<br>- Ökologische Innovationsleistungen (z. B. Reduktion der $CO_2$-Emissionen) |
| Deutsche Lufthansa | - Kundenzufriedenheit<br>- Mitarbeitercommitment<br>- Umweltschutz |
| Deutsche Post | - Mitarbeiterziel (auf Basis der jährlich durchgeführten Mitarbeiterbefragung) |
| Deutsche Telekom | - Kundenzufriedenheit<br>- Mitarbeiterzufriedenheit |
| RWE | - Corporate-Responsibility-Index (ökologisches und gesellschaftliches Handeln des Unternehmens)<br>- Motivationsindex (Mitarbeiterzufriedenheit und -motivation) |
| SAP | - Arbeitgeberattraktivität<br>- Kundenzufriedenheit<br>- Mitarbeiterzufriedenheit |
| Volkswagen | - Kundenzufriedenheitsindex<br>- Mitarbeiterindex (darin u. a. Mitarbeiterzufriedenheit)[548] |

Tab. 3: Nachhaltigkeitsorientierte Bemessungsgrundlagen in der Vorstandsvergütung der DAX-Unternehmen (Quelle: in Anlehnung an Wilke, P./Schmid, K. (2012), S. 38)

Analysiert man die derzeitige Vergütungspraxis im DAX-30 nach der **Häufigkeit** der herangezogenen Bemessungsgrundlagen, ergibt sich folgendes Bild. Das häufigste Kriterium ist die Mitarbeiterzufriedenheit, die von sechs Unternehmen verwendet wird. Auch die Kundenzufriedenheit findet fünf Mal Eingang in die Leistungsbeurteilung. Alle weiteren Kriterien werden lediglich ein- bzw. zweimal erwähnt. Daneben können die in Tabelle 3 aufgeführten Bemessungsgrundlagen auch im Hinblick auf die **Abdeckung der Dimensionen** der Triple Bottom Line ausgewertet werden. Es zeigt sich, dass die ökologische Dimension nur bei drei Unternehmen Berücksichtigung findet, während Kriterien aus der sozialen Dimension bei allen Unternehmen anzutreffen sind. Folglich verfügen lediglich drei Unternehmen aus dem DAX-30 über Vergütungssysteme, in denen Kriterien aus allen Dimensionen der Triple Bottom Line Eingang finden.

548 Der Mitarbeiterindex berechnet sich auf Basis der Ergebnisse von Mitarbeiterbefragungen, der Teilnahmequote an Mitarbeiterbefragungen sowie den beiden Indikatoren „Beschäftigung" und „Produktivität", vgl. Seyboth, M./Thannisch, R. (2010), S. 9; Volkswagen AG (2012), S. 140.

*Wilke/Schmid (2012)* haben außerdem den Stand zur Integration von Nachhaltigkeitskriterien i. w. S. in die Vorstandsvergütung der Unternehmen im MDAX untersucht.[549] Die nachfolgende Tabelle gibt einen Überblick, welche nachhaltigkeitsbezogenen Kriterien im Jahr 2011 in die Berechnung der Vorstandsvergütung der MDAX-Unternehmen eingegangen sind.[550]

| Unternehmen | Nachhaltigkeitsorientierte Bemessungsgrundlagen |
|---|---|
| Fielmann | - Kundenzufriedenheit |
| Fraport | - Kundenzufriedenheit<br>- Mitarbeiterzufriedenheit |
| Gildemeister | - Nachhaltigkeitsfaktor (darin u. a. Investitionen in Aus- und Weiterbildung in Relation zum Gesamtumsatz)[551] |
| Hamburger Hafen und Logistik | - $CO_2$-Ausstoß<br>- Zielerreichung im Bereich Aus- und Fortbildung<br>- Zielerreichung im Bereich Gesundheit und Beschäftigung |

Tab. 4: Nachhaltigkeitsorientierte Bemessungsgrundlagen in der Vorstandsvergütung der MDAX-Unternehmen (Quelle: in Anlehnung an Wilke, P./Schmid, K. (2012), S. 43)

Aus Tabelle 4 geht hervor, dass bislang lediglich vier von 50 Unternehmen des MDAX nachhaltigkeitsorientierte Bemessungsgrundlagen in ihre Anreizsysteme integriert haben. Bezüglich der **Häufigkeit** der einbezogenen Bemessungsgrundlagen können aufgrund der sehr geringen Zahl keine belastbaren Aussagen getroffen werden. Dennoch soll an dieser Stelle darauf hingewiesen werden, dass neben der Kundenzufriedenheit besonders häufig mitarbeiterbezogene Beurteilungsgrößen zur Anwendung kommen. Im Hinblick auf die **Abdeckung der Dimensionen** der Triple Bottom Line ergibt sich ein ähnliches Bild wie bei den DAX-Unternehmen. Die ökologische Dimension wird nur bei einem Unternehmen berücksichtigt, während Kriterien aus der sozialen Dimension wiederum bei allen Unternehmen anzutreffen sind. Folglich verfügt im Jahr 2011 lediglich ein Unternehmen aus dem MDAX über ein Anreizsystem, in das Beurteilungskriterien aus allen Dimensionen der Triple Bottom Line Eingang finden.

---

549 Vgl. Wilke, P./Schmid, K. (2012), S. 43.

550 Die in der Tabelle angeführten nachhaltigkeitsorientierten Bemessungsgrundlagen konnten der Quelle *Wilke/Schmid (2012)* entnommen werden. Zudem erfolgte eine Verifizierung mit Hilfe der jeweiligen Vergütungsberichte.

551 In die Berechnung des Nachhaltigkeitsfaktors gehen neben den Aufwendungen für Aus- und Weiterbildung auch die Aufwendungen für Forschung und Entwicklung sowie Unternehmenskommunikation, jeweils in Relation zum Gesamtumsatz, ein. Die Erreichung eines vorgegebenen Zielkorridors für den Nachhaltigkeitsfaktor ist Voraussetzung für die Zahlung eines Teils der variablen Vergütung, vgl. Gildemeister Aktiengesellschaft (2012), S. 64; Wilke, P./Schmid, K. (2012), S. 43.

Die Analyseergebnisse der DAX- und MDAX-Unternehmen zeigen, dass nachhaltigkeitsorientierte Anreizsysteme i. w. S. bislang nur von einzelnen Unternehmen implementiert wurden.[552] Falls Unternehmen die Nachhaltigkeitsorientierung verstärkten, so erfolgte dies insbesondere durch **Bemessungsgrundlagen aus dem Bereich der sozialen Nachhaltigkeit** bei gleichzeitiger **Dominanz von Zufriedenheitskennziffern**. Der starke Trend zur Abdeckung der sozialen Nachhaltigkeit könnte u. a. dadurch begründet werden, dass die angeführten Bemessungsgrundlagen fast ausschließlich auf die beiden Stakeholdergruppen Kunden und Mitarbeiter bezogen sind, die für alle Unternehmen gleichermaßen große Relevanz besitzen. Dagegen kann angenommen werden, dass die Bedeutung der ökologischen Dimension branchenspezifisch stärker variiert und ökologische Nachhaltigkeitsziele folglich bei einigen Unternehmen, wie z. B. in der Versicherungs- oder Softwarebranche, weniger bedeutsam sind. Die Beliebtheit der Bemessungsgrundlagen Kunden- und Mitarbeiterzufriedenheit könnte dadurch erklärt werden, dass Zufriedenheitskennziffern in der Regel verfügbar (regelmäßige Mitarbeiter- und Kundenbefragungen) bzw. einfach zu beschaffen sind.

Des Weiteren betonen *Wilke/Schmid (2012)* zwei zentrale **Defizite** in der derzeitigen Anwendung nachhaltigkeitsorientierter Bemessungsgrundlagen. Erstens finden sich in den Vergütungsberichten kaum Angaben darüber, wie die Bemessungsgrundlagen erhoben werden, oder welche Ziele hierzu bestehen.[553] Folglich kann die Leistungsbeurteilung von externer Seite kaum überprüft bzw. nachvollzogen werden. Auch *von Hülsen/Weisel (2011)* kommen zu dem Schluss, dass operative Nachhaltigkeitsziele noch viel zu selten nach außen kommuniziert werden, obwohl hiervon insbesondere ein positiver Effekt auf die Glaubwürdigkeit der Organisation zu erwarten wäre.[554] Zweitens ist die gegenwärtige Gewichtung nachhaltigkeitsorientierter Bemessungsgrundlagen – und folglich auch deren Einfluss auf die Vergütungshöhe – i. d. R. äußerst gering.[555]

Über die deutsche, oftmals durch das VorstAG dominierte Diskussion zur nachhaltigkeitsorientierten Gestaltung von Anreizsystemen hinaus, besteht auch **zunehmendes Interesse auf internationaler Ebene**, inwieweit Unternehmen ökologische und soziale Beurteilungs-

552 Vgl. Wilke, P./Schmid, K. (2012), S. 45.
553 Vgl. Wilke, P./Schmid, K. (2012), S. 38.
554 Vgl. von Hülsen, H.-C./Weisel, T. (2011), S. 128.
555 Vgl. Wilke, P./Schmid, K. (2012), S. 39.

größen mit ihren Anreizsystemen verknüpfen.[556] Vor diesem Hintergrund geben *Hol et al. (2010)* einen Überblick zu internationalen Unternehmen, die bereits Nachhaltigkeitsindikatoren in ihre Anreiz- und Vergütungssysteme integriert haben (vgl. Tabelle 5).[557]

| Unternehmen | Nachhaltigkeitsorientierte Bemessungsgrundlagen |
|---|---|
| Akzo Nobel (NL) | - Relative Nachhaltigkeitsleistung[558] |
| Panasonic Corporation (JP) | - $CO_2$-Emissionen |
| Royal DSM (NL) | - Anteil umweltfreundlicher Produkte<br>- Energieeffizienz<br>- Mitarbeiterengagement-Index (darin: Mitarbeiterzufriedenheit und -commitment)<br>- Treibhausgas-Emissionen |
| Royal Dutch Shell (NL) | - Anzahl der Störfälle mit Umweltschäden<br>- Arbeitssicherheit<br>- Energieeffizienz<br>- Wasserverbrauch |
| Tesco (GB) | - $CO_2$-Emissionen<br>- Mitarbeiterengagement |

Tab. 5: Nachhaltigkeitsorientierte Bemessungsgrundlagen in internationalen Unternehmen (Quelle: in Anlehnung an Hol, H. et al. (2010), S. 39 ff.)

Hinsichtlich der **Häufigkeit** der herangezogenen Bemessungsgrundlagen wird ein deutlicher Unterschied zu den Analyseergebnissen der Unternehmen des DAX und MDAX sichtbar. Mit drei Nennungen werden $CO_2$- bzw. Luftemissionen am häufigsten genannt, gefolgt von den Kriterien Energieeffizienz und Mitarbeiterengagement mit jeweils zwei Nennungen. Auch in der Analyse zur **Abdeckung der Dimensionen** der Triple Bottom Line zeigt sich aufgrund der stärkeren Bedeutung ökologischer Beurteilungsgrößen ein anderes Bild. So ergibt die Analyse, dass die soziale Dimension bei vier von fünf Unternehmen Berücksichtigung findet, während die ökologische Dimension sogar von allen Unternehmen angesprochen wird.

[556] Vgl. bspw. Eurosif/EIRIS (2010); Hol, H. et al. (2010); World Business Council for Sustainable Development (2010); Kolk, A./Perego, P. (2013).

[557] Vgl. Hol, H. et al. (2010), S. 39 ff. Die in der Quelle angeführten Unternehmensbeispiele wurden mit Hilfe der jeweiligen Vergütungsberichte verifiziert.

[558] Zur Messung der relativen Nachhaltigkeitsleistung wird bei Akzo Nobel seit mehreren Jahren auf einschlägige Nachhaltigkeitsrankings bzw. -indizes zurückgegriffen. Für die Jahre 2009 und 2010 wurde das Abschneiden im für das Unternehmen relevanten Dow Jones Sustainability Index herangezogen. Ab dem Jahr 2011 erfolgt die Beurteilung der Nachhaltigkeitsleistung anhand der Punktzahl aus dem Corporate Sustainability Assessment (CSA). Jährlich werden weltweit mehr als 2.000 Unternehmen im Rahmen des CSA durch RobecoSAM – einem auf Nachhaltigkeitsinvestitionen spezialisierten Finanzdienstleister – beurteilt. Anhand der im Rahmen des CSA ermittelten Nachhaltigkeitsleistung werden durch RobecoSAM branchenspezifische Nachhaltigkeitsrankings erstellt, die schließlich für die Aufnahme in die prestigeträchtigen Dow Jones Sustainability-Indizes ausschlaggebend sind, vgl. hierzu weiterführend RobecoSAM (2013).

Folglich verfügen, mit Ausnahme von Panasonic, alle aufgeführten Unternehmen über Anreizsysteme, in denen die drei Nachhaltigkeitsdimensionen (Triple Bottom Line) vollständig abgedeckt werden.

Des Weiteren wurde durch den *Ethical Investment Research Service (EIRIS)* untersucht, wie viele der 300 größten europäischen Unternehmen (FTSE EuroFirst300) eine Verbindung zwischen der Nachhaltigkeitsleistung und den Anreizsystemen herstellen. Die Analyseergebnisse entsprechen im Wesentlichen den zuvor dargestellten Erkenntnissen von *Wilke/Schmid (2012)* zu den Unternehmen des DAX und MDAX.[559] Auch auf europäischer Ebene spielen nachhaltigkeitsorientierte Anreizsysteme i. w. S. mit einem Verbreitungsgrad von 29 % bisher nur eine untergeordnete Rolle.[560] Zudem wird auch in dieser Studie auf die mangelnde Transparenz der Verbindung von Nachhaltigkeitskenngrößen und Anreizsystemen hingewiesen. So gehen etwa die Hälfte der Unternehmen erst gar nicht genauer auf die vergütungsrelevanten Nachhaltigkeitsindikatoren ein.[561] Stattdessen finden sich nur die allgemeinen Bezeichnungen der übergeordneten Bereiche (z. B. CSR), aus denen die Nachhaltigkeitsindikatoren stammen. Außerdem geben die Unternehmen i. d. R. keine Auskunft darüber, welcher Teil der variablen Vergütung an die Nachhaltigkeitsleistung gekoppelt ist, woraus wiederum auf eine geringe Bedeutung der Nachhaltigkeitsindikatoren für die Höhe der variablen Vergütung geschlossen werden kann.[562]

Im Laufe dieses Abschnitts wurde deutlich, dass eine stärkere Nachhaltigkeitsorientierung der Anreizsysteme von der Unternehmenspraxis bislang vor allem im langfristig-nachhaltigen Sinne umgesetzt wurde.[563] So ist bei den DAX-Unternehmen die Umstellung auf nachhaltigkeitsorientierte Anreizsysteme i. e. S. bereits weitestgehend erfolgt.[564] Dagegen kommt die Etablierung von nachhaltigkeitsorientierten Anreizsystemen i. w. S. durch die Berücksichtigung von ökologischen und sozialen Bemessungsgrundlagen nur langsam voran.[565] Obwohl es national und international schon einige Beispiele zur Integration nachhaltigkeitsorientierter Bemessungsgrundlagen in der Unternehmenspraxis gibt, besteht weiterhin großer

---

[559] Vgl. Wilke, P./Schmid, K. (2012), S. 37 ff.
[560] Vgl. Eurosif/EIRIS (2010), S. 4.
[561] Vgl. Eurosif/EIRIS (2010), S. 4.
[562] Vgl. Eurosif/EIRIS (2010), S. 4.
[563] Vgl. Wilke, P./Schmid, K. (2012), S. 45.
[564] Vgl. Wilsing, H.-U./Paul, C. A. (2010), S. 363.
[565] Vgl. Wilke, P./Schmid, K. (2012), S. 45.

Nachholbedarf.[566] Darüber hinaus fehlt es in den meisten Fällen an der nötigen Transparenz, um nachvollziehen zu können, welche nachhaltigkeitsorientierten Bemessungsgrundlagen konkret in die Leistungsbeurteilung einfließen, wie diese erhoben werden und welches Gewicht diesen bei der Berechnung der variablen Vergütungsbestandteile zukommt.[567]

## 3.4 Optionen zur nachhaltigkeitsorientierten Gestaltung von Anreizsystemen

In den bisherigen Ausführungen dieses Kapitels wurden verschiedene Anknüpfungspunkte für die nachhaltigkeitsorientierte Gestaltung von Anreizsystemen aufgezeigt. Je nach Auslegung des Nachhaltigkeitsbegriffs konnten sowohl Anknüpfungspunkte zur nachhaltigkeitsorientierten Gestaltung von Anreizsystemen i. e. S. (Langfristigkeit) als auch Anknüpfungspunkte zur nachhaltigkeitsorientierten Gestaltung von Anreizsystemen i. w. S. (Triple Bottom Line) identifiziert werden. Darauf aufbauend wird im Folgenden ein konzeptioneller Überblick erarbeitet, der aus einer anwendungsorientierten Sicht weitere Orientierung gibt, wie Unternehmen ihre Anreizsysteme konkret nachhaltigkeitsorientiert gestalten können. Der konzeptionelle Überblick orientiert sich dabei an den Erkenntnissen aus Kapitel 2, aus denen deutlich wurde, dass von Unternehmen im Rahmen der Gestaltung von Anreizsystemen grundsätzlich Festlegungen bezüglich der Gestaltungselemente Anreiz, Bemessungsgrundlage, Belohnungsfunktion, Ausschüttungspolitik und Adressatenkreis zu treffen sind. Daher werden im Folgenden die prinzipiell zur Gestaltung nachhaltigkeitsorientierter Anreizsysteme verfügbaren Möglichkeiten anhand der Gestaltungselemente von Anreizsystemen systematisch dargestellt.

### Anreiz

Bei der Gestaltung von Anreizsystemen ist zunächst festzulegen, durch welche Anreize das Mitarbeiterverhalten belohnt werden soll.[568] Durch die Festlegung der Anreize kann sowohl eine Verstärkung der Nachhaltigkeitsorientierung der Anreizsysteme i. e. S. als auch i. w. S. umgesetzt werden. Die **Nachhaltigkeitsorientierung des Anreizsystems i. e. S.** wird verstärkt, wenn das Anreizsystem neben kurzfristigen auch langfristige Verhaltensanreize vorsieht. Im Gegensatz zu kurzfristigen Verhaltensanreizen (z. B. Jahresbonus) sind langfristige

---

566 Vgl. Eurosif/EIRIS (2010), S. 4.
567 Vgl. Wilke, P./Schmid, K. (2012), S. 38 f.
568 Vgl. Winter, S. (1996), S. 14; Friedl, B. (2003), S. 506; Anthony, R. N./Govindarajan, V. (2007), S. 513.

Verhaltensanreize nicht unmittelbar verfügbar und/oder mit Unsicherheit behaftet und sollen langfristig-nachhaltige Denk-/Verhaltensweisen bei Mitarbeitern fördern.

Ein langfristiger Verhaltensanreiz wird bspw. geschaffen, wenn das Anreizsystem vorsieht, dass Anreize ganz oder teilweise in spätere Perioden verschoben werden (verzögerte Ausschüttung).[569] Langfristig-nachhaltige Denkweisen der Mitarbeiter können weiter verstärkt werden, wenn langfristige Vergütungsanteile (z. B. zurückgestellte Bonuszahlung) zudem in Bonus-Malus-Systeme einfließen.[570] Die langfristigen Vergütungsanteile werden dadurch zusätzlich mit Unsicherheit behaftet, da bereits verdiente Bonuszahlungen durch künftige Maluszahlungen wieder reduziert werden könnten.[571] Auch durch aktienbasierte Anreize können langfristige Verhaltensanreize gesetzt werden, sofern diese mit Ausübungs-/Veräußerungssperren (bei Aktien und Aktienoptionen) belegt werden.[572] Die langfristige Anreizwirkung begründet sich hierbei aus der Unsicherheit, die infolge des bestehenden Risikos über die weitere Wertentwicklung der aktienbasierten Anreize resultiert.[573] Ein langfristiger Verhaltensanreiz liegt auch dann vor, wenn in Aussicht gestellte Anreize über Rückzahlungsverpflichtungen mit Unsicherheit behaftet werden.[574] Über Rückzahlungsvereinbarungen können bereits ausgeschüttete Anreize zurückgefordert werden, sofern zuvor vereinbarte Ziele nicht erreicht oder Vereinbarungen missachtet werden.[575] Zuletzt können langfristige Verhaltensanreize dadurch geschaffen werden, dass die Anreizgewährung an eine Investition in Aktien des Unternehmens gebunden ist.[576] Anreize, die an Eigeninvestments in Aktien gekoppelt sind, resultieren wiederum in Unsicherheit, da die endgültige Höhe der in Aktien umgewandelten Anreize (Gehaltsbestandteile) erst nach Ablauf der Wartezeit – entsprechend der weiteren Aktienkursentwicklung – ermittelt werden kann.[577]

Zur Verankerung der **Nachhaltigkeit i. w. S.** können Unternehmen neben den traditionellen ökonomischen Anreizen auch ökologische und soziale Anreize einsetzen. Wie die Überlegungen in diesem Kapitel gezeigt haben, sind prinzipiell verschiedene stark ökologisch-

---

[569] Vgl. bspw. Lange, R./Walth, A. (2011), S. 34.
[570] Vgl. bspw. Friedl, G./Döscher, T. (2009), S. 37.
[571] Vgl. Evers, H. et al. (2010), S. 53.
[572] Vgl. bspw. Friedl, G./Döscher, T. (2009), S. 37.
[573] Vgl. Hoffmann-Becking, M./Krieger, G. (2009), S. 3 f.
[574] Vgl. bspw. Lange, R./Walth, A. (2011), S. 34.
[575] Vgl. Hol, H. et al. (2010), S. 37.
[576] Vgl. bspw. Evers, H. et al. (2010), S. 54.
[577] Vgl. Hoffmann-Becking, M./Krieger, G. (2009), S. 3 f.

und/oder sozial-geprägte Anreize denkbar. Durch den Einsatz ökologischer und sozialer Anreize kann es Unternehmen gelingen, das Mitarbeiterverhalten positiv zu beeinflussen, indem ökologische (z. B. Teilnahme an einer Umwelttagung) und/oder soziale Mitarbeiterbedürfnisse (z. B. zusätzliche Freizeit) gezielt angesprochen werden. Eine Incentivierung mit ökologischen und sozialen Anreizen könnte insbesondere als Ergänzung zu ökonomischen Anreizen im Rahmen von Cafeteria-Modellen erfolgen.

**Bemessungsgrundlage**

Ein zweiter zentraler Aspekt bei der Gestaltung von Anreizsystemen besteht in der Festlegung der Beurteilungsgrößen (Bemessungsgrundlagen), anhand derer über die Leistung der Mitarbeiter entschieden wird.[578] Analog zu den Anreizen kann durch die Auswahl der Bemessungsgrundlagen sowohl die Nachhaltigkeitsorientierung der Anreizsysteme i. e. S. als auch i. w. S. verstärkt werden. Hinsichtlich der Verstärkung der **Nachhaltigkeitsorientierung i. e. S.** können mehrjährige Durchschnitte von Bemessungsgrundlagen als Basis der Leistungsbeurteilung dienen.[579] Dabei ist weiterhin zu spezifizieren, ob die mehrjährige Leistungsbeurteilung vergangenheitsorientiert (z. B. die vergangenen drei Jahre) oder zukunftsorientiert (z. B. die kommenden drei Jahre) erfolgen soll.[580]

Über das Gestaltungselement „Bemessungsgrundlage" kann darüber hinaus eine **nachhaltigkeitsorientierte Ausrichtung der Anreizsysteme i. w. S.** erreicht werden. Hierzu sind neben traditionellen ökonomischen Beurteilungsgrößen auch ökologische und soziale Bemessungsgrundlagen in die Leistungsbeurteilung einzubeziehen. Wie die Beispiele im Rahmen dieses Kapitels gezeigt haben, wird diese Möglichkeit bereits von einigen Unternehmen umgesetzt.[581] Mit Blick auf die weiter steigende Bedeutung nachhaltiger Geschäftsmodelle ist davon auszugehen, dass die Leistungsbeurteilung auf Basis ökonomischer, ökologischer und sozialer Beurteilungsgrößen in Zukunft eine noch weitere Verbreitung finden wird. Daher soll an dieser Stelle exemplarisch aufgezeigt werden, wie ökologische und soziale Bemessungsgrundlagen in unternehmerische Anreizsysteme integriert werden können.

---

578 Vgl. Becker, F. G./Kramarsch, M. (2006), S. 30; Hungenberg, H. (2011), S. 362.
579 Vgl. bspw. Friedl, G./Döscher, T. (2009), S. 36.
580 Vgl. Lange, R./Walth, A. (2011), S. 34 f.
581 Vgl. bspw. Hol, H. et al. (2010), S. 39 ff.

In Abbildung 8 ist ein vereinfachtes Anreizsystem mit der ökologischen Bemessungsgrundlage **„Energieeffizienz"** dargestellt. Aus Unternehmensperspektive leitet sich die Bemessungsgrundlage aus dem Unternehmensziel „Verbesserung der Energieeffizienz" ab. Indem die geplante mit der tatsächlichen Energieeffizienz der Geschäftsbereiche abgeglichen wird, gibt die Bemessungsgrundlage zudem Auskunft über den Zielerreichungsgrad. Aus Mitarbeiterperspektive stellt die Bemessungsgrundlage diejenige Größe dar, anhand derer über die Mitarbeiterleistung entschieden wird. Sofern die Belohnung/Bestrafung mit den Motivstrukturen des Mitarbeiters korrespondiert und somit relevant ist, wird der Mitarbeiter nun verschiedene Aktivitäten prüfen, um die Energieeffizienz (= Bemessungsgrundlage) in seinem Verantwortungsbereich zu verbessern. Auf Basis der Ausprägung der Bemessungsgrundlage kann schließlich die Zielerreichung beurteilt und über die Höhe der Belohnung/Bestrafung entschieden werden.

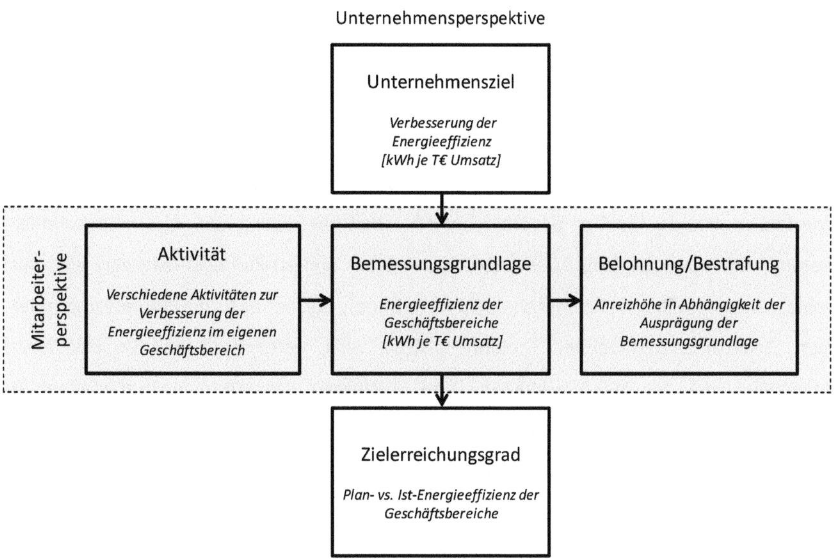


Abb. 8: Energieeffizienz als ökologieorientierte Bemessungsgrundlage eines Anreizsystems

In Abbildung 9 ist analog ein vereinfachtes Anreizsystem mit der sozialen Bemessungsgrundlage **„Mitarbeiterzufriedenheit"** dargestellt.

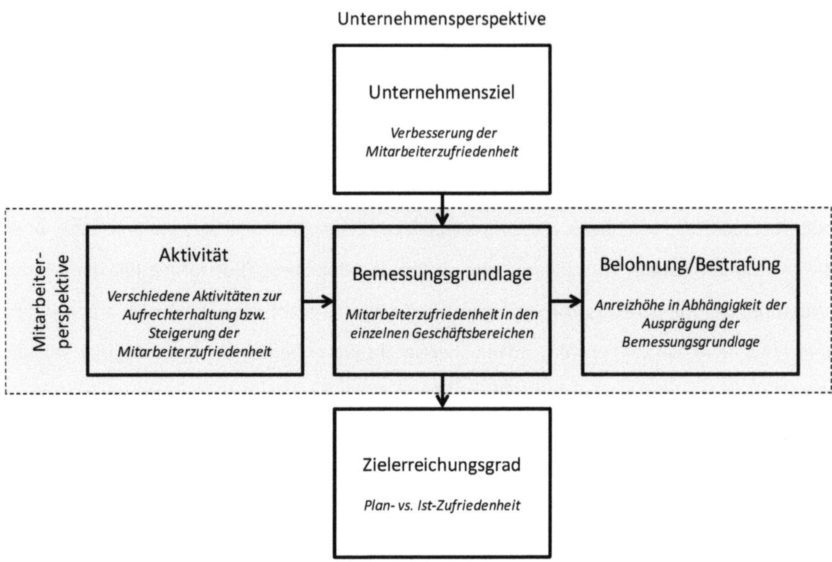


Abb. 9: Mitarbeiterzufriedenheit als sozialorientierte Bemessungsgrundlage eines Anreizsystems

Aus Sicht des Unternehmens besteht die Zielsetzung in der Verbesserung der Mitarbeiterzufriedenheit. Die Zielerreichung kann mit Hilfe der jährlichen Mitarbeiterbefragung erfasst werden, so dass das Ergebnis der jährlichen Mitarbeiterbefragung als Bemessungsgrundlage herangezogen werden kann. Der Abgleich aus Plan- und Ist-Zufriedenheitswert gibt Aufschluss über den Zielerreichungsgrad. Ein Mitarbeiter, der auf Basis der Bemessungsgrundlage „Mitarbeiterzufriedenheit" belohnt/bestraft wird, unternimmt nun verschiedenste Aktivitäten, die der Aufrechterhaltung und Steigerung der Mitarbeiterzufriedenheit in seinem Verantwortungsbereich dienen. Anhand der Ausprägung der Bemessungsgrundlage wird wiederum über die Höhe der Belohnung/Bestrafung entschieden.

**Belohnungsfunktion**

Durch die Belohnungsfunktion wird der funktionale Zusammenhang zwischen einer (oder mehreren) Bemessungsgrundlage(n) und der Anreizmenge beschrieben.[582] Der funktionale Zusammenhang kann dabei derart ausgestaltet sein, dass eine feste Obergrenze für die

---

[582] Vgl. Winter, S. (1997), S. 624 f.; Gillenkirch, R. M. (2008), S. 7; Küpper, H.-U. (2008), S. 268.

Anreizmenge vorgesehen ist.[583] Dieses Vorgehen entspricht den zuvor diskutierten Höchstgrenzen für die variable Vergütung, den sogenannten Caps.[584] Die Festlegung von Obergrenzen dient der langfristig-nachhaltigen Unternehmensentwicklung, da auch bei unerwarteten Entwicklungen keine exorbitanten Aufwendungen für variable Vergütungsanteile zu entrichten sind.[585] Folglich bietet die Belohnungsfunktion einen **Ansatzpunkt zur nachhaltigkeitsorientierten Gestaltung von Anreizsystemen i. e. S.**

Mit Blick auf die **Nachhaltigkeit i. w. S.** besteht durch das Gestaltungselement „Belohnungsfunktion" keine Option zur nachhaltigkeitsorientierten Gestaltung von Anreizsystemen. Dies ist dadurch begründet, dass die Belohnungsfunktion als mathematische Relation lediglich den Zusammenhang zwischen den Bemessungsgrundlagen und den Anreizen herstellt. Insofern die Bemessungsgrundlagen und/oder die Anreize nicht im weiteren Sinne (d. h. ökologisch und/oder sozial) nachhaltigkeitsorientiert gestaltet sind, kann dies durch eine mathematische Relation nicht mehr nachgeholt werden.

**Ausschüttungspolitik**

Durch die Ausschüttungspolitik werden die Zeitpunkte festgelegt, zu welchen die Mitarbeiter über ihre variablen, leistungsbezogenen Anreize verfügen können.[586] Die Möglichkeiten zur Verstärkung der Nachhaltigkeitsorientierung von Anreizsystemen durch das Gestaltungselement „Ausschüttungspolitik" stehen in einem sehr engen Zusammenhang zu den Anreizen des Anreizsystems und somit zu den dort aufgezeigten Optionen. Streng genommen bestehen diese Optionen jedoch erneut im Rahmen der Ausschüttungspolitik, da unabhängig von der Art des Anreizes über dessen Verfügbarkeit entschieden werden muss. Denkbar wäre bspw., dass in einem ersten Schritt ein monetärer Bonus als Anreiz vereinbart wird. In einem zweiten Schritt ist darüber hinaus zu entscheiden, ob der Bonus sofort oder verzögert ausgezahlt werden soll.

Im Rahmen der Ausschüttungspolitik bestehen mehrere Möglichkeiten, um die **Nachhaltigkeitsorientierung des Anreizsystems i. e. S.** zu fördern. Die Verstärkung der Langfristigkeit wird hierbei durch das Setzen bestimmter Fristen und/oder die Vereinbarung zusätzlicher

---

583 Vgl. Günther, T./Plaschke, F. J. (2004), S. 1216.
584 Vgl. bspw. Wilke, P. et al. (2011), S. 12.
585 Vgl. Götz, A./Friese, N. (2010), S. 413.
586 Vgl. Dahlhaus, C. (2009), S. 131; Hungenberg, H. (2011), S. 366.

Bedingungen für die Ausschüttung der Anreize erreicht. Zunächst kann die Anreizverfügbarkeit durch verschiedene Ausschüttungs-/Verfügbarkeitsfristen verzögert werden. Hierbei kommen insbesondere eine verzögerte Ausschüttung (z. B. Streckung von Bonuszahlungen über mehrere Jahre mithilfe personenbezogener Konten) sowie Mindesthaltefristen und Ausübungssperren bei Aktien und Aktienoptionen in Betracht.[587] Zudem kann die Ausschüttung bzw. die Verfügbarkeit an bestimmte Bedingungen gekoppelt werden. So kann die Ausschüttung einer Bonuszahlung an die Prämisse geknüpft sein, dass nach Verrechnung mit weiteren Bonus- und Maluszahlungen aus künftigen Perioden überhaupt ein positiver Kontostand besteht. Ist dies nicht der Fall, entfällt die Auszahlung.[588] Mit der Vereinbarung von Rückzahlungsverpflichtungen im Rahmen der Ausschüttungspolitik kann erreicht werden, dass eine bereits erfolgte Ausschüttung, bspw. bei Unterschreitung bestimmter Kriterien, rückgängig gemacht wird (Claw-Back-Klausel).[589] Zuletzt kann auch mit Eigeninvestments in Aktien zur Verstärkung der Langfristigkeit beigetragen werden.[590] Bei Eigeninvestments in Aktien, als eine Sonderform der verzögerten Ausschüttung, werden Gehaltsbestandteile zunächst in Aktien umgewandelt und erst nach Ablauf einer Wartezeit (i. d. R. Unternehmenszugehörigkeit) wieder verfügbar gemacht.[591]

In Bezug auf die **Nachhaltigkeitsorientierung i. w. S.** kann durch die Ausschüttungspolitik kein neuer Nachhaltigkeitsbezug geschaffen werden. Sofern keine Triple Bottom Line-Komponente über die Leistungsbeurteilung (Bemessungsgrundlage) und/oder den Anreiz in das Anreizsystem eingeflossen ist, kann dies durch Vereinbarungen über die Verfügbarkeit der Anreize nicht mehr nachgeholt werden.

**Adressatenkreis**

Der Adressatenkreis bestimmt, welche Personen durch das Anreizsystem in ihrem Verhalten beeinflusst werden sollen.[592] Wie im Rahmen der Bestandsaufnahme der bisherigen wissenschaftlichen Erkenntnisse in Abschnitt 3.2.1 deutlich wurde, ist das Gestaltungselement „Adressatenkreis“ bisher nicht Gegenstand der Diskussion, wie nachhaltigkeitsorientierte

[587] Vgl. bspw. Götz, A./Friese, N. (2010), S. 413.
[588] Vgl. Evers, H. et al. (2010), S. 53 f.
[589] Vgl. bspw. Deilmann, B./Otte, S. (2009), S. 262.
[590] Vgl. bspw. Evers, H. et al. (2010), S. 54.
[591] Vgl. Hoffmann-Becking, M./Krieger, G. (2009), S. 3 f.
[592] Vgl. Rödl, K. (2006), S. 109.

Anreizsysteme i. e. S. gestaltet werden können. Vom Aspekt der Langfristigkeit ausgehend könnte zwar argumentiert werden, dass in der Kontinuität des Adressatenkreises ein möglicher Anknüpfungspunkt besteht, um die Nachhaltigkeitsorientierung des Anreizsystems i. e. S. zu steigern. Dies gilt insbesondere, da Langfristigkeit im Personalbereich – im Sinne einer hohen Kontinuität bzw. geringen Fluktuation – in der Regel ausdrücklich gewünscht ist.[593] Dennoch werden durch den Aspekt der Kontinuität keine langfristig-nachhaltigen Anreizstrukturen bzw. Verhaltensanreize geschaffen. Folglich besteht durch die Wahl des Adressatenkreises keine Option, um **Nachhaltigkeit i. e. S.** in das Anreizsystem zu integrieren.

Im Rahmen der Diskussion um **nachhaltigkeitsorientierte Anreizsysteme i. w. S.** wird der Adressatenkreis ebenfalls nicht als eigener Anknüpfungspunkt diskutiert. Analog zur Ausschüttungspolitik kann durch den Adressatenkreis das Anreizsystem nicht nachträglich im weiteren Sinne nachhaltigkeitsorientiert gestaltet werden, wenn dies im Zuge der Leistungsbeurteilung und/oder der Anreizsetzung unterblieben ist. Dennoch soll an dieser Stelle auf die große Bedeutung hingewiesen werden, die der Nachhaltigkeitseinstellung der Mitarbeiter zukommt. So kann angenommen werden, dass die Wirksamkeit nachhaltigkeitsorientierter Anreizsysteme i. w. S. von der persönlichen Nachhaltigkeitseinstellung[594] der Mitarbeiter abhängt. Mitarbeiter, die Nachhaltigkeitsthemen grundsätzlich positiv gegenüberstehen, dürften der Aufnahme ökologischer und sozialer Größen zur Leistungsbeurteilung im Allgemeinen positiver gegenüberstehen als Mitarbeiter, die eine geringe Affinität zu Nachhaltigkeitsthemen aufweisen.[595]

In der nachfolgenden Tabelle werden alle diskutierten Optionen zur Gestaltung nachhaltigkeitsorientierter Anreizsysteme anhand der Gestaltungselemente von Anreizsystemen zusammengefasst. Dabei wird unterschieden, ob die Optionen auf die nachhaltigkeitsorientierte Gestaltung von Anreizsystemen i. e. S. oder i. w. S. bezogen sind.

---

593 Vgl. bspw. Schwaab, M.-O. (2008), S. 200.

594 Der Begriff „Nachhaltigkeitseinstellung" bezieht sich in dieser Arbeit immer auf das dreidimensionale Konzept der Nachhaltigkeit. Die Nachhaltigkeitseinstellung drückt somit aus, wie stark Personen der Aussage zustimmen, dass Unternehmen neben dem Bereich Ökonomie gleichermaßen Verantwortung in den Bereichen Ökologie und Soziales zukommt.

595 Vgl. hierzu auch die Ergebnisse der empirischen Untersuchung in Kapitel 5 dieser Arbeit.

| Gestaltungselement | Optionen zur nachhaltigkeits-orientierten Gestaltung von Anreizsystemen i. e. S. | Optionen zur nachhaltigkeits-orientierten Gestaltung von Anreizsystemen i. w. S. |
| --- | --- | --- |
| Anreiz | - Verzögerte Anreizverfügbarkeit<br>- Bonus-Malus-Regelung<br>- Rückzahlungsverpflichtung<br>- Eigeninvestment | - Ökologisch-geprägte Anreize<br>- Sozial-geprägte Anreize |
| Bemessungsgrundlage | - Mehrjährigkeit der Leistungsbeurteilung | - Ökologische Bemessungsgrundlagen<br>- Soziale Bemessungsgrundlagen |
| Belohnungsfunktion | - Höchstgrenze (Cap) | --- |
| Ausschüttungspolitik | - Verzögerte Anreizverfügbarkeit<br>- Bonus-Malus-Regelung<br>- Rückzahlungsverpflichtung<br>- Eigeninvestment | --- |
| Adressatenkreis | --- | --- |

Tab. 6: Zusammenfassende Übersicht der Optionen zur nachhaltigkeitsorientierten Gestaltung von Anreizsystemen

## 3.5 Diskussion der Optionen zur nachhaltigkeitsorientierten Gestaltung von Anreizsystemen

Im Rahmen von Kapitel 3 wird der Forschungsfrage nachgegangen, welche Optionen aus konzeptioneller Sicht zur nachhaltigkeitsorientierten Gestaltung von Anreizsystemen bestehen. Hierfür wurden die in der Literatur diskutierten Optionen für die Gestaltung nachhaltigkeitsorientierter Anreizsysteme zusammengestellt (vgl. Abschnitt 3.2) und den einzelnen Gestaltungselementen von Anreizsystemen zugeordnet (vgl. Abschnitt 3.4). Darauf aufbauend werden in einem nächsten Schritt weitergehende **Empfehlungen für die Gestaltung nachhaltigkeitsorientierter Anreizsysteme** entwickelt. Ziel ist es dabei, Aussagen darüber zu treffen, welche der dargestellten Gestaltungsoptionen besonders geeignet sind und daher priorisiert durch die Unternehmenspraxis umgesetzt werden sollten. Hierfür werden die identifizierten Gestaltungsoptionen aus drei unterschiedlichen Perspektiven heraus betrachtet. Zunächst werden die Gestaltungsoptionen hinsichtlich ihres Beitrages zur Umsetzung unternehmerischer Nachhaltigkeit beurteilt. Zudem wird geprüft, inwieweit die Gestaltungsoptionen zur Erfüllung regulatorischer und sonstiger Anforderungen beitragen. Schließlich wird auf Basis verhaltenswissenschaftlicher Erkenntnisse diskutiert, ob durch die Implementierung der Gestaltungsoptionen positive/negative Effekte bezüglich der Erfüllung der Funktionen von Anreizsystemen zu erwarten sind.

Aufgrund großer inhaltlicher Überschneidungen werden alle sechs Optionen zur nachhaltigkeitsorientierten Gestaltung von Anreizsystemen i. e. S. (Mehrjährigkeit der Leistungsbeurteilung, verzögerte Anreizverfügbarkeit, Bonus-Malus-Regelung, Höchstgrenze der variablen Vergütung (Cap), Rückzahlungsverpflichtung, Eigeninvestment) zusammengefasst und gemeinsam diskutiert. Im Rahmen der folgenden Diskussion werden somit 1) Optionen zur nachhaltigkeitsorientierten Gestaltung von Anreizsystemen i. e. S., 2) ökologische und soziale Anreize sowie 3) ökologische und soziale Bemessungsgrundlagen aus den drei zuvor beschriebenen Perspektiven bewertet.

**Umsetzung unternehmerischer Nachhaltigkeit**

Die Aufgabe nachhaltigkeitsorientierter Anreizsysteme besteht darin, die Aufmerksamkeit der Mitarbeiter auf Nachhaltigkeitsziele zu lenken und somit zu einer nachhaltigen Unternehmensentwicklung beizutragen.[596] Nachhaltiges Handeln bedeutet auf Unternehmensebene, dass die Aktivitäten eines Unternehmens auf mittel- bis langfristige Zielsetzungen aus den drei Nachhaltigkeitsdimensionen Ökonomie, Ökologie und Soziales ausgerichtet werden.[597] Um die unternehmerische Nachhaltigkeit zu unterstützen, sollten nachhaltigkeitsorientierte Anreizsysteme folglich sowohl dem Aspekt der Langfristigkeit als auch dem Aspekt der Triple Bottom Line Rechnung tragen. Somit können die Optionen zur nachhaltigkeitsorientierten Gestaltung von Anreizsystemen in einem ersten Schritt danach beurteilt werden, ob dadurch langfristig-nachhaltige Anreizstrukturen geschaffen werden und/ oder zur Erreichung ökonomischer, ökologischer und sozialer Nachhaltigkeitsziele beigetragen wird.

Mit Blick auf eine nachhaltige Unternehmensentwicklung kann festgestellt werden, dass durch alle der sechs vorgestellten **Optionen zur nachhaltigkeitsorientierten Gestaltung von Anreizsystemen i. e. S.** langfristige Denk- und Verhaltensweisen gefördert werden.[598] Folglich können prinzipiell alle dieser Gestaltungsoptionen herangezogen werden, um langfristig-nachhaltige Anreizstrukturen zu schaffen bzw. den Aspekt der Langfristigkeit im Rahmen von Anreizsystemen zu stärken. Jedoch ist von einer parallelen Anwendung aller Gestaltungsoptionen im Hinblick auf damit verbundene Komplexitäts- bzw. Transparenz-

[596] Vgl. Epstein, M. J./Roy, M.-J. (2001), S. 594.
[597] Vgl. Bansal, P. (2005), S. 199.
[598] Vgl. hierzu Abschnitt 3.4 dieser Arbeit.

probleme abzuraten. So weisen bspw. *Lange/Walth (2011)* und *Wilke/Schmid (2012)* darauf hin, dass sich die Verständlichkeit (externe Transparenz) der Anreiz- und Vergütungssysteme in der Unternehmenspraxis im Zuge der gleichzeitigen Einführung mehrerer Gestaltungsoptionen verschlechtert hat.[599] Zudem sollten Anreizsysteme im Sinne ihrer Effektivität bewusst einfach gestaltet sein, damit diese auch durch die Mitarbeiter verstanden werden (interne Transparenz).[600] Eine parallele Anwendung aller Gestaltungsoptionen dürfte dem im Wege stehen. Zusammenfassend kann festgehalten werden, dass durch Optionen zur nachhaltigkeitsorientierten Gestaltung von Anreizsystemen i. e. S. langfristig-nachhaltige Anreizstrukturen geschaffen werden und hierdurch zu einer nachhaltigen Unternehmensentwicklung beigetragen wird. Die gleichzeitige Anwendung aller Gestaltungsoptionen verringert jedoch die Transparenz des Anreizsystems. Daher wird ein selektiver Einsatz der Gestaltungsoptionen empfohlen.

Durch die Aufnahme **ökologischer und sozialer Anreize** in unternehmerische Anreizsysteme wird zunächst kein direkter Beitrag zur nachhaltigen Unternehmensentwicklung geleistet, da hierdurch weder langfristig-nachhaltige Anreizstrukturen geschaffen werden noch zur Erreichung von Nachhaltigkeitszielen beigetragen wird. In Kombination mit ökologischen und sozialen Bemessungsgrundlagen ist jedoch eine indirekte Förderung sozialer und ökologischer Nachhaltigkeitsziele möglich. Davon ist insbesondere auszugehen, da in der Literatur vielfach angeführt wird, dass für die Erreichung von Nachhaltigkeitszielen monetäre Anreize oftmals unzweckmäßig sind und stattdessen auf ökologische und/oder soziale Anreize zurückgegriffen werden sollte.[601] Weil ökologische und soziale Anreize einen indirekten Beitrag zur Umsetzung unternehmerischer Nachhaltigkeit leisten können, ist deren Anwendung aus dieser Perspektive unter dem Vorbehalt zu empfehlen, dass zudem ökologische und soziale Bemessungsgrundlagen in das Anreizsystem integriert werden. Da Mitarbeiter i. d. R. über sehr heterogene Bedürfnisstrukturen verfügen, sollten ökologische und soziale Anreize zudem nur auf individueller Ebene im Rahmen von Cafeteria-Modellen angeboten werden.[602]

---

599 Vgl. Lange, R./Walth, A. (2011), S. 35; Wilke, P./Schmid, K. (2012), S. 40 f.
600 Vgl. Schanz, G. (1991), S. 25; Wolff, B./Lucas, S. (2004), Sp. 36.
601 Vgl. Gade, C. (2007), S. 172; Berrone, P./Gomez-Mejia, L. R. (2009a), S. 964.
602 Vgl. Schanz, G. (1991), S. 22 f.; Winter, S. (1997), S. 623 f.

Die Integration **ökologischer und sozialer Bemessungsgrundlagen** in unternehmerische Anreizsysteme trägt maßgeblich dazu bei, dem Ziel einer nachhaltigen Unternehmensentwicklung gerecht zu werden.[603] Nur wenn die Nachhaltigkeitsziele über entsprechende Beurteilungsgrößen auch in die Anreizsysteme der einzelnen Mitarbeiter eingehen, kann von einer umfassenden Unterstützung durch die Mitarbeiter ausgegangen werden.[604] Somit liefert diese Gestaltungsoption einen wichtigen Beitrag zur Umsetzung unternehmerischer Nachhaltigkeit.

**Erfüllung regulatorischer und sonstiger Anforderungen**

Die Auswahl aus den verfügbaren Optionen zur nachhaltigkeitsorientierten Gestaltung von Anreizsystemen sollte durch Unternehmen auch daran festgemacht werden, inwieweit regulatorische Rahmenbedingungen und sonstige Anforderungen eine Umsetzung nahelegen. Aus dieser Perspektive sind diejenigen Gestaltungsoptionen bevorzugt zu ergreifen, auf die durch das Aktiengesetz, den DCGK oder sonstige einflussreiche Interessengruppen bzw. Institutionen hingewiesen wird.

Vor diesem Hintergrund ergibt sich für die sechs **Optionen zur nachhaltigkeitsorientierten Gestaltung von Anreizsystemen i. e. S.** folgendes Bild: Zunächst findet die Mehrjährigkeit der Leistungsbeurteilung sowohl in § 87 Abs. 1 Satz 3 AktG als auch in Textziffer 4.2.3 des DCGK Erwähnung. Ebenso wird auf eine Höchstgrenze für die variable Vergütung (Cap) in § 87 Abs. 1 Satz 3 AktG und Textziffer 4.2.3 des DCGK hingewiesen. Darüber hinaus regt der DCGK in Textziffer 4.2.3 die Verwendung von Bonus-Malus-Regelungen an. Für Unternehmen, die unter die Regelungen des Aktiengesetzes fallen und Aktienoptionen einsetzen, wird zudem die Gestaltungsoption verzögerte Anreizverfügbarkeit über den § 193 Abs. 2 Nr. 4 AktG relevant. Folglich sind aus dieser Perspektive – unter Beachtung der im DCGK kodifizierten Standards guter und verantwortungsvoller Unternehmensführung – die Gestaltungsoptionen Mehrjährigkeit der Leistungsbeurteilung, Höchstgrenze für die variable Vergütung (Cap) und Bonus-Malus-Regelung zu priorisieren. Bei Einschlägigkeit des Aktiengesetzes ist ggf. auch die Gestaltungsoption verzögerte Anreizverfügbarkeit heranzuziehen.

---

[603] Vgl. Weber, J. et al. (2012), S. 242.
[604] Vgl. Berrone, P./Gomez-Mejia, L. R. (2009a), S. 960; von Hülsen, H.-C./Weisel, T. (2011), S. 127 f.

Im Allgemeinen sind Unternehmen frei in ihrer Entscheidung, ob im Rahmen der variablen Leistungsvergütung neben ökonomischen auch **ökologische und soziale Anreize** in Aussicht gestellt werden. Folglich ergibt sich vor dem Hintergrund regulatorischer und sonstiger Anforderungen keine Empfehlung, ökologische und soziale Anreize bspw. im Rahmen von Cafeteria-Modellen anzubieten.

Die Integration **ökologischer und sozialer Bemessungsgrundlagen** in unternehmerische Anreizsysteme wird durch Textziffer 8 des Deutschen Nachhaltigkeitskodex (DNK) sowie durch die Berichtsindikatoren 4.5 und 4.10 der Global Reporting Initiative (GRI) nahegelegt. Weiterhin wird diese Gestaltungsoption von einflussreichen Interessengruppen (z. B. Eurosif/EIRIS, WBCSD) angeregt bzw. gefordert.[605] Vor diesem Hintergrund ist der Einsatz ökologischer und sozialer Bemessungsgrundlagen auch aus der Perspektive regulatorischer und sonstiger Anforderungen zu empfehlen.

**Einfluss auf die Funktionen von Anreizsystemen**

Zuletzt können die Optionen zur nachhaltigkeitsorientierten Gestaltung von Anreizsystemen danach beurteilt werden, welcher Einfluss von diesen auf die Wirksamkeit von Anreizsystemen ausgeht. Aus Sicht gut funktionierender Anreizsysteme sollten diejenigen Gestaltungsoptionen bevorzugt zur Anwendung kommen, die sich positiv auf die Funktionen von Anreizsystemen[606] auswirken, bzw. keine negativen Effekte hervorrufen.

Im Allgemeinen ist zu erwarten, dass sich **Optionen zur nachhaltigkeitsorientierten Gestaltung von Anreizsystemen i. e. S.** tendenziell negativ auf die Mitarbeiterattraktion und -motivation auswirken. Dies ist dadurch begründet, dass infolge der Anwendung der einzelnen Gestaltungsoptionen Anreize nach oben begrenzt, verzögert und/oder mit zusätzlicher Unsicherheit behaftet werden, wodurch eine geringere Anreizwirkung für aktuelle und potenzielle Mitarbeiter resultieren könnte. So kann bspw. eine verzögerte Anreizverfügbarkeit zu einer geringeren Wirkung des Anreizes führen, da die direkte Kausalität zwischen den eigenen Aktivitäten und der daraus resultierenden Konsequenz weniger klar erkennbar ist.[607] Gleichwohl wirkt sich die Aussicht auf eine Höchstgrenze für die variable Vergütung negativ

---

[605] Vgl. Eurosif/EIRIS (2010), S. 4; World Business Council for Sustainable Development (2010), S. 4.

[606] Anreizsystemen werden im Allgemeinen eine Attraktions-, Kooperations-, Motivations- und Retentionsfunktion zugesprochen, vgl. Winter, S. (1997), S. 617 und Abschnitt 2.1.4 dieser Arbeit.

[607] Vgl. Riegler, C. (2000a), S. 153; Hohenstatt, K.-S./Kuhnke, M. (2009), S. 1987.

auf die Mitarbeiterattraktion und -motivation aus, da bei Erreichung der Begrenzung kein weiteres Anreizpotenzial besteht.[608] Andererseits ist jedoch denkbar, dass durch Bonus-Malus-Regelungen, Rückzahlungsverpflichtungen und Eigeninvestments zusätzliche Motivation geschaffen wird, da Mitarbeiter versuchen werden, negative Kontostände auszugleichen, Rückzahlungen zu vermeiden und den Unternehmenswert zu steigern.

Weiterhin können sich infolge der Anwendung der Optionen zur nachhaltigkeitsorientierten Gestaltung von Anreizsystemen i. e. S. positive Folgen hinsichtlich der Mitarbeiterretention ergeben. Sehen Bonus-Malus-Regelungen bspw. vor, dass ein persönliches Konto bei Verlassen des Unternehmens verfällt, wird hierdurch ein Bleibeanreiz geschaffen („golden handcuffs“).[609] Ob im Einzelfall Bleibeanreize bestehen, hängt jedoch von den konkreten Vereinbarungen ab, also ob und in welcher Höhe Mitarbeiteransprüche bei einem vorzeitigem Ausscheiden entfallen.

Mit Blick auf die Kooperationsbereitschaft von Mitarbeitern sind dagegen keine wesentlichen Implikationen zu erwarten, da die Gestaltungsoptionen vor allem die individuelle Situation einer Person betreffen (z. B. verzögerte Ausschüttung von Bonuszahlungen, Rückzahlungsverpflichtung). Hieraus erwächst i. d. R. keine Notwendigkeit, einen intensiveren Austausch mit anderen Kollegen oder eine engere Zusammenarbeit mit anderen Bereichen anzustreben. Eine Ausnahme hiervon könnte sich möglicherweise für die Gestaltungsoption Eigeninvestment ergeben. Nachdem ein Mitarbeiter durch ein Eigeninvestment in Unternehmensaktien an einer Steigerung des Aktienkurses und somit des Unternehmenswertes interessiert ist, zu dem jedoch alle Bereiche und Mitarbeiter direkt oder indirekt beitragen, könnte diese Gestaltungsoption als Gruppenanreiz stimulierend auf den Grad der wechselseitigen Abstimmung und Kooperation zwischen Bereichen und Mitarbeitern wirken.

Für die Gestaltungsoption **ökologische und soziale Anreize** kann bezüglich der Wirksamkeit von Anreizsystemen keine eindeutige Aussage getroffen werden. Dies ist darauf zurückzuführen, dass die Wirkung ökologischer und sozialer Anreize in einem sehr hohen Maße von den individuellen Bedürfnissen der Mitarbeiter abhängt.[610] Dennoch kann festgestellt werden, dass sich menschliche Bedürfnisse im Laufe der Zeit immer weiter ausdifferenzieren

---

[608] Vgl. Günther, T./Plaschke, F. J. (2004), S. 1216; Anthony, R. N./Govindarajan, V. (2007), S. 525.
[609] Vgl. Anthony, R. N./Govindarajan, V. (2007), S. 517.
[610] Vgl. Schanz, G. (1991), S. 22 ff.; Gade, C. (2007), S. 170 f.

und zunehmend nicht-finanzielle Bereiche betreffen.[611] Zudem wird in der Literatur von positiven Anreizwirkungen ökologischer und sozialer Anreize berichtet[612] sowie deren Anwendung nahegelegt.[613] Vor diesem Hintergrund besteht bei dieser Gestaltungsoption das Potenzial, zur Stärkung der Mitarbeiterattraktion, -kooperation, -motivation und -retention beizutragen. Der Einsatz ökologischer und sozialer Anreize ist somit als Ergänzung zu ökonomischen Anreizen im Rahmen von Cafeteria-Modellen zu empfehlen.

Für die Gestaltungsoption **ökologische und soziale Bemessungsgrundlagen** kann ebenfalls keine allgemeine Aussage in Bezug auf die Funktionserfüllung abgeleitet werden. Einerseits wird durch empirische Studien verdeutlicht, dass sowohl unternehmerisches Nachhaltigkeitsengagement als auch eine direkte Mitarbeiterbeteiligung in Nachhaltigkeitsprojekten einen positiven Einfluss auf das Mitarbeiterverhalten (Attraktion, Kooperation, Motivation, Retention) haben können.[614] Andererseits wird jedoch oftmals auf die Bedeutung hingewiesen, die der Art des Nachhaltigkeitsengagements[615] und der persönlichen Nachhaltigkeitseinstellung[616] für diesen Zusammenhang zukommt. Auf Basis dieser Erkenntnisse lässt sich somit lediglich folgern, dass ökologischen und sozialen Bemessungsgrundlagen das Potenzial zur Stärkung der Mitarbeiterattraktion, -kooperation, -motivation und -retention zukommt.

Tabelle 7 fasst die wesentlichen Ergebnisse der Diskussion zusammen.

| Gestaltungsoption | Umsetzung unternehmerischer Nachhaltigkeit | Erfüllung regulatorischer und sonstiger Anforderungen | Einfluss auf die Funktionen von Anreizsystemen |
|---|---|---|---|
| Optionen zur nachhaltigkeitsorientierten Gestaltung von Anreizsystemen i. e. S. | Schaffung langfristig-nachhaltiger Anreizstrukturen<br>(Langfristigkeit) | Beachtung von:<br>§ 87 Abs. 1 Satz 3 AktG<br>§ 193 Abs. 2 Nr. 4 AktG<br>Tz. 4.2.3 DCGK | Tendenziell negativer Einfluss auf Mitarbeiter-attraktion und -motivation<br>Tendenziell positiver Einfluss auf Mitarbeiter-kooperation und -retention |

611 Vgl. Fay, C. H./Thompson, M. A. (2001), S. 224; Towers Perrin (2006), S. 19.

612 Vgl. Govindarajulu, N./Daily, B. F. (2004), S. 368 f.; Berrone, P./Gomez-Mejia, L. R. (2009a), S. 964.

613 Vgl. Steinle, C. et al. (1997), S. 274; Dyckhoff, H./Souren, R. (2008), S. 150 f.

614 Vgl. bspw. Greening, D. W./Turban, D. B. (2000), S. 271; Bartel, C. A. (2001), S. 402 f.; Peterson, D. K. (2004), S. 308; Bhattacharya, C. B. et al. (2008), S. 40 f.; Evans, W. R./Davis, W. D. (2011), S. 465; Mozes, M. et al. (2011), S. 316; Stites, J. P./Michael, J. H. (2011), S. 61.

615 Vgl. Bhattacharya, C. B. et al. (2008), S. 42.

616 Vgl. Peterson, D. K. (2004), S. 302; Berens, G. et al. (2007), S. 237.

| Gestaltungsoption | Umsetzung unternehmerischer Nachhaltigkeit | Erfüllung regulatorischer und sonstiger Anforderungen | Einfluss auf die Funktionen von Anreizsystemen |
|---|---|---|---|
| Ökologische und soziale Anreize | Ggf. indirekter Beitrag zur Erreichung von Nachhaltigkeitszielen (Triple Bottom Line) | n. a. | Potenzial zur Stärkung der Mitarbeiter-attraktion, -motivation, -kooperation und -retention |
| Ökologische und soziale Bemessungsgrundlagen | Direkter Beitrag zur Erreichung von Nachhaltigkeitszielen (Triple Bottom Line) | Beachtung von: Tz. 8 DNK GRI-Berichtsindikatoren 4.5 und 4.10 | Potenzial zur Stärkung der Mitarbeiter-attraktion, -motivation, -kooperation und -retention |

Tab. 7: Beurteilung der Optionen zur nachhaltigkeitsorientierten Gestaltung von Anreizsystemen

Auf Basis der vorangegangen Diskussion zeigt sich, dass Unternehmen zur Umsetzung unternehmerischer Nachhaltigkeit neben ökonomischen auch ökologische und soziale Bemessungsgrundlagen in ihre Anreizsysteme integrieren sollten. Weiterhin wird dadurch der Empfehlung aus Textziffer 8 des DNK sowie den GRI-Berichtsindikatoren 4.5 und 4.10 entsprochen. Infolge der Integration ökologischer und sozialer Bemessungsgrundlagen können zudem positive Effekte auf das Mitarbeiterverhalten ausgehen. Ergänzend hierzu sollten Unternehmen zur weiteren Stärkung der unternehmerischen Nachhaltigkeit, ökologische und soziale Anreize als Wahlmöglichkeiten in ihre Anreizsysteme integrieren. Auch durch diese Gestaltungsoption können positive Effekte auf das Mitarbeiterverhalten resultieren. Zur Förderung einer nachhaltigen Unternehmensentwicklung sollten Unternehmen zudem ausgewählte Optionen zur nachhaltigkeitsorientierten Gestaltung von Anreizsystemen i. e. S. einsetzen, um langfristig-nachhaltige Anreizstrukturen zu schaffen. Aufgrund entsprechender Regelungen im Aktiengesetz und/oder DCGK sind hierbei insbesondere die Gestaltungsoptionen Mehrjährigkeit der Leistungsbeurteilung (§ 87 Abs. 1 Satz 3 AktG; Tz. 4.2.3 DCGK), Höchstgrenze für die variable Vergütung (Cap; § 87 Abs. 1 Satz 3 AktG; Tz. 4.2.3 DCGK), Bonus-Malus-Regelung (Tz. 4.2.3 DCGK) und ggf. eine verzögerte Anreizverfügbarkeit (§ 193 Abs. 2 Nr. 4 AktG) relevant. Bei Anwendung dieser Gestaltungsoptionen sind jedoch mögliche negative Effekte bezüglich der Attraktion und Motivation von Mitarbeitern zu beachten.

## 3.6 Zwischenfazit

Kapitel 3 hat sich umfassend mit den Optionen zur Gestaltung nachhaltigkeitsorientierter Anreizsysteme befasst. Eine tiefergehende Auseinandersetzung mit dieser Thematik war insbesondere nach Verabschiedung des VorstAG im Jahr 2009 geboten, da sich das Erfordernis der Nachhaltigkeitsorientierung von Anreizsystemen seit diesem Zeitpunkt in den Vorschriften des Aktiengesetzes und des DCGK wiederfindet.[617] Wie Anreizsysteme nun jedoch verstärkt auf den Aspekt der Nachhaltigkeit hin ausgerichtet werden können, ist nicht nur auslegungsbedürftig, sondern bislang weitestgehend unklar.[618] Vor diesem Hintergrund bestand die Zielsetzung von Kapitel 3 darin, einen umfassenden konzeptionellen Überblick zu erarbeiten, wie das Konzept der Nachhaltigkeit mit Anreiz- und Vergütungssystemen zusammengeführt werden kann.

Im Zuge der Analyse der einschlägigen Literatur konnten verschiedene Optionen zur nachhaltigkeitsorientierten Gestaltung von Anreizsystemen identifiziert werden. In Abhängigkeit des zugrundeliegenden Nachhaltigkeitsverständnisses (Nachhaltigkeit i. e. S. vs. Nachhaltigkeit i. w. S.) lassen sich dabei zwei unterschiedliche Herangehensweisen unterscheiden, die jeweils über spezifische Gestaltungsoptionen verfügen.

In einer ersten Begriffsauslegung wird Nachhaltigkeit im Wesentlichen mit dem Begriff „Langfristigkeit" gleichgesetzt **(Nachhaltigkeit i. e. S.)**.[619] Vor dem Hintergrund einer angestrebten langfristig-nachhaltigen Wertschaffung wird nun das Ziel verfolgt, auch die Anreiz- und Vergütungssysteme langfristig-nachhaltig zu gestalten. Angelehnt an die Regelungen des Aktiengesetzes und des DCGK werden in der Literatur verschiedene Optionen genannt, mit denen Anreiz- und Vergütungssysteme stärker langfristig-nachhaltig gestaltet werden können. Dies sind im Einzelnen: 1) Mehrjährigkeit der Leistungsbeurteilung, 2) verzögerte Anreizverfügbarkeit (verzögerte Ausschüttung variabler Vergütungsbestandteile und/oder Haltefristen und Wartezeiten bei Aktien und Aktienoptionen), 3) Bonus-Malus-Regelungen, 4) Höchstgrenzen der variablen Vergütung (Caps), 5) Rückzahlungsverpflichtungen (Claw-Back-Klauseln) und 6) Vereinbarungen zu Eigeninvestments in Aktien.

---

[617] Vgl. hierzu bspw. Hohenstatt, K.-S./Kuhnke, M. (2009); Wilsing, H.-U./Paul, C. A. (2010); Kocher, D./Bednarz, L. (2011).

[618] Vgl. Raible, K.-F./Schmidt, W. (2009b), S. 249; von Werder, A. (2011), S. 55.

[619] Vgl. bspw. Friedl, G./Döscher, T. (2009), S. 36 ff.

In einer zweiten Begriffsauslegung wird Nachhaltigkeit umfassender, zumeist im Sinne der Triple Bottom Line und damit dreidimensional, verstanden **(Nachhaltigkeit i. w. S.)**. Bei der Gestaltung nachhaltigkeitsorientierter Anreizsysteme i. w. S. kann einerseits an den Anreizen oder andererseits an den Bemessungsgrundlagen des Anreizsystems angesetzt werden. Ersteres bedeutet, dass auch ökologie- und sozial-geprägte Anreize in die Anreizstrukturen einbezogen werden. Zweiteres verlangt eine Verlagerung der bislang ökonomisch-dominierten Leistungsbeurteilung hin zu einer dreidimensionalen Leistungsbeurteilung, indem Bemessungsgrundlagen aus allen Nachhaltigkeitsdimensionen berücksichtigt werden.

Ein Blick auf den **Umsetzungsstand in der Unternehmenspraxis** hat gezeigt, dass die DAX-Unternehmen ihre Anreizsysteme bereits weitestgehend auf die Nachhaltigkeit i. e. S. angepasst haben.[620] Dagegen kommt die Anpassung der Anreizsysteme auf die Nachhaltigkeit i. w. S. bei den DAX-Unternehmen nur sehr langsam voran.[621] Im Jahr 2011 hatten lediglich acht von 30 DAX-Unternehmen die Leistungsbeurteilung im Sinne der Triple Bottom Line auf ökologische und/oder soziale Aspekte ausgeweitet.[622] Dieser Eindruck wird auch durch eine Studie von *von Hülsen/Weisel (2011)* zum Stand des Nachhaltigkeitsmanagements deutscher Konzerne bestätigt.[623] Auch für den internationalen Bereich wird festgestellt, dass Nachhaltigkeitskennzahlen im Sinne der Triple Bottom Line bisher nur selten Eingang in die Anreiz- und Vergütungssysteme finden.[624]

Auf Basis der Erkenntnisse aus der Unternehmenspraxis lässt sich **Nachholbedarf im Hinblick auf die Gestaltung nachhaltigkeitsorientierter Anreizsysteme i. w. S.** konstatieren. Dies gilt insbesondere, da Nachhaltigkeit mehr als nur Langfristigkeit bedeutet und damit über die Auslegung i. e. S. hinausgeht.[625] So kann eine rein auf Finanzkennzahlen basierende Vergütung – auch bei Beachtung der Mehrjährigkeit der Leistungsbeurteilung – das Kriterium der Nachhaltigkeit verletzen.[626] Nachhaltigkeit bedeutet vielmehr, dass sowohl der Langfristigkeits- als auch der Triple Bottom Line-Facette der Nachhaltigkeit Rechnung getragen wird.[627]

---

620 Vgl. Lange, R./Walth, A. (2011), S. 35.
621 Vgl. Wilke, P./Schmid, K. (2012), S. 45.
622 Vgl. Wilke, P./Schmid, K. (2012), S. 37.
623 Vgl. von Hülsen, H.-C./Weisel, T. (2011), S. 127.
624 Vgl. Hol, H. et al. (2010), S. 7; World Business Council for Sustainable Development (2010), S. 4.
625 Vgl. bspw. Evers, H. et al. (2010), S. 38 f.; Ringleb, H.-M. et al. (2010), Rn. 722a; von Werder, A. (2011), S. 55 f.
626 Vgl. Raible, K.-F./Schmidt, W. (2009b), S. 250.
627 Vgl. Dyllick, T./Hockerts, K. (2002), S. 132 und Abschnitt 2.2.2 dieser Arbeit.

Folglich sollte ein nachhaltigkeitsorientiertes Anreizsystem zum einen langfristig-nachhaltige Denkweisen fördern (Langfristigkeit; Nachhaltigkeit i. e. S.) und zum anderen auf die drei Nachhaltigkeitsdimensionen (Triple Bottom Line; Nachhaltigkeit i. w. S.) ausgerichtet sein.[628]

Vor diesem Hintergrund tragen die vorgestellten Gestaltungsoptionen auf unterschiedliche Art zur Schaffung nachhaltigkeitsorientierter Anreizsysteme bei. Zunächst sollten Unternehmen mit Hilfe der Optionen zur nachhaltigkeitsorientierten Gestaltung von Anreizsystemen i. e. S. **langfristig-nachhaltige Anreizstrukturen** schaffen. Da durch die parallele Anwendung aller verfügbaren Gestaltungsoptionen die Transparenz von Anreizsystemen negativ beeinflusst wird, sollten jedoch nur einzelne Gestaltungsoptionen zur Anwendung kommen. Um darüber hinaus dem **Triple Bottom Line-Aspekt der Nachhaltigkeit** Rechnung zu tragen, sind weiterhin ökologische und soziale Bemessungsgrundlagen in die Anreizsysteme zu integrieren. Schließlich sollten auch ökologische und soziale Anreize punktuell im Rahmen von Cafeteria-Systemen eingesetzt werden, da durch deren Implementierung ein indirekter Beitrag zur Erreichung von Nachhaltigkeitszielen geleistet werden kann.

Die Auseinandersetzung mit nachhaltigkeitsorientierten Anreizsystemen ist für Unternehmen besonders wichtig, da aufgrund verschiedener Einschätzungen und Entwicklungen auf eine **weiter steigende Bedeutung nachhaltigkeitsorientierter Anreizsysteme** geschlossen werden kann. Vor dem Hintergrund der Zunahme nachhaltiger Geschäftsmodelle wird zunächst eine effektive Steuerung der Nachhaltigkeit erforderlich. Wesentlich dabei sind insbesondere die Überführung von ökonomischen, ökologischen und sozialen Nachhaltigkeitszielen in Kenngrößen und deren Integration in Anreizsysteme.[629] Nachdem davon ausgegangen wird, dass Mitarbeiter immer diejenigen Kenngrößen optimieren, nach denen sie beurteilt werden („what you measure is what you'll get"),[630] sind im Rahmen nachhaltiger Geschäftsmodelle auch nachhaltigkeitsorientierte Bemessungsgrundlagen erforderlich.[631] Aus einer unternehmenspraktischen Perspektive heraus betrachtet sollte die Umstellung auf nachhaltigkeitsorientierte Anreizsysteme im Allgemeinen wenig Probleme verursachen, da zahlreiche ökologische und soziale Kenngrößen in den meisten Unternehmen ohnehin erhoben werden, wenn auch diese bisher nur selten in die Berechnung der

[628] Vgl. Eurosif/EIRIS (2010), S. 5.
[629] Vgl. Weber, J. et al. (2012), S. 242.
[630] Vgl. Suchan, S./Winter, S. (2009), S. 2532.
[631] Vgl. Ariely, D. (2010), S. 38; Lacy, P. et al. (2010), S. 52.

variablen Vergütung einfließen.[632] Des Weiteren legen die Ergebnisse einer auf globaler Ebene durchgeführten Umfrage unter Führungskräften nahe, dass die große Mehrheit die Integration von Nachhaltigkeitszielen in die Anreizsysteme befürwortet.[633] Im Einklang mit dieser Argumentation stehen medienwirksame Verlautbarungen bedeutender Unternehmen, in denen die Verankerung ökologischer und sozialer Beurteilungsgrößen in den Anreizsystemen angekündigt wird.[634]

Auch Einschätzungen von Seiten der Investoren deuten auf eine weitere Bedeutungszunahme nachhaltigkeitsorientierter Anreizsysteme hin. Bspw. wird von der holländischen Investorenvereinigung für nachhaltige Entwicklung (Dutch Association of Investors for Sustainable Development; VBDO[635]) die konkrete Empfehlung ausgesprochen, nicht nur mindestens 60 % der variablen Vergütung langfristig auszurichten, sondern darüber hinaus mehr als 30 % der gesamten variablen Vergütung auf Basis von Triple Bottom Line-Kriterien zu berechnen.[636] Nicht zuletzt wird durch die Verknüpfung von Anreizsystemen und Nachhaltigkeit ein starkes Signal nach innen und außen gesendet, dass ein Unternehmen Nachhaltigkeitsziele mit Nachdruck verfolgt und konsequent in die Geschäftsprozesse integriert.[637] Dieses Signal kann Unternehmen als Quelle der Differenzierung dienen, wodurch sich Vorteile im Hinblick auf unterschiedliche Stakeholderbeziehungen ergeben können.[638]

Bezüglich der bisher zumeist fehlenden Triple Bottom Line-Facette der Nachhaltigkeit in Anreizsystemen, existieren für Unternehmen verschiedene **Hilfestellungen** und **Orientie-**

[632] Vgl. Evers, H. et al. (2010), S. 61. Bspw. geht aus dem Geschäftsbericht der Henkel Gruppe hervor, dass u. a. die Nachhaltigkeitskennzahlen Arbeitsunfälle, Abfallaufkommen, Energieverbrauch und Wasserverbrauch jährlich erhoben werden. Aus dem Vergütungsbericht ist jedoch nicht ersichtlich, dass diese auch zur Ermittlung der variablen Vergütung herangezogen werden, vgl. Henkel AG & Co. KGaA (2013), S. 33-41 u. S. 73.

[633] Vgl. Lacy, P. et al. (2010), S. 35 f.; World Business Council for Sustainable Development (2010), S. 4.

[634] So hatte bspw. die Deutsche Bahn Anfang 2012 verkündet, dass zukünftig nun auch bei ihr Nachhaltigkeitskriterien für die Berechnung der Managergehälter herangezogen werden. Konkret sollen ab dem Geschäftsjahr 2012 erstmalig die Mitarbeiter- und Kundenzufriedenheit sowie Umweltziele als Kriterien in die Vergütungssysteme der Konzernvorstände eingehen, vgl. Deutsche Bahn AG (2012); Kuhr, D. (2012a); Kuhr, D. (2012b).

[635] Das Ziel der Dutch Association of Investors for Sustainable Development (VBDO) besteht darin, einen auf Nachhaltigkeit ausgerichteten Kapitalmarkt zu schaffen, der neben finanziellen auch nicht-finanzielle, ökologische und soziale Kriterien berücksichtigt. Hierfür versucht die VBDO das Bewusstsein für Nachhaltigkeit sowohl bei Unternehmen als auch bei Investoren stetig zu erhöhen, vgl. VBDO (2013).

[636] Vgl. Hol, H. et al. (2010), S. 38.

[637] Vgl. Berrone, P./Gomez-Mejia, L. R. (2009a), S. 967; World Business Council for Sustainable Development (2010), S. 4.

[638] Vgl. Lacy, P. et al. (2010), S. 52.

**rungspunkte** für die Gestaltung nachhaltigkeitsorientierter Anreizsysteme. Zunächst können sich Unternehmen an den vielfältigen in der Literatur diskutierten Bemessungsgrundlagen aus den Bereichen Ökologie und Soziales orientieren, die in Abschnitt 3.2.2 zusammengestellt sind. Eine weitere Hilfestellung ergibt sich aus den bisherigen Umsetzungsbeispielen der Unternehmenspraxis. So werden in Abschnitt 3.3.2 konkrete Unternehmensbeispiele aus dem DAX, MDAX sowie dem internationalen Bereich genannt, in denen bereits eine Integration nachhaltigkeitsorientierter Bemessungsgrundlagen in Anreiz- und Vergütungssysteme erfolgte. Darüber hinausgehende Hilfestellung bei der Identifikation nachhaltiger Bemessungsgrundlagen bestehen insbesondere in Standards und Leitfäden aus dem Bereich der Nachhaltigkeitsberichterstattung[639] und Wissensbilanzierung[640], den Anforderungskatalogen zur Bewertung der Nachhaltigkeitsleistung (CSR-Rating-Agenturen)[641] sowie in wissenschaftlichen Beiträgen, die sich mit Nachhaltigkeitskennzahlen[642] oder der Messung der Nachhaltigkeitsleistung[643] von Unternehmen befassen. Alle der in diesen Quellen genannten

[639] Die Sustainability Reporting Guidelines der Global Reporting Initiative (GRI) stellen den bekanntesten Leitfaden im Bereich der Nachhaltigkeitsberichterstattung dar und gelten international als anerkanntes und branchenübergreifendes Referenzdokument, vgl. Braun, S. et al. (2007), S. 10. Der Leitfaden beinhaltet zahlreiche Leistungsindikatoren aus den Bereichen Ökonomie, Ökologie und Soziales, vgl. hierzu weiterführend GRI (2011). Ein weiterer vielbeachteter Kriterienkatalog wurde von der Deutschen Vereinigung für Finanzanalyse und Asset Management (DVFA) gemeinsam mit der European Federation of Financial Analysts Societies (EFFAS) veröffentlicht. Der Kriterienkatalog gibt einen umfassenden Überblick zu Leistungsindikatoren aus den Bereichen Umwelt, Soziales und Unternehmensführung, vgl. hierzu weiterführend DVFA/EFFAS (2010). Ein weiteres bedeutsames Kriterienset zu Anforderungen an die Nachhaltigkeitsberichterstattung von Unternehmen geht auf eine gemeinsame Initiative des Instituts für ökologische Wirtschaftsforschung (IÖW) und der Unternehmerinitiative future e.V. – verantwortung unternehmen (future) zurück. Darin werden zahlreiche soziale, ökologische, management- und kommunikationsbezogene Kriterien aufgeführt, die zugleich die Grundlage für die Bewertung der gesellschaftsbezogenen Berichterstattung im Rahmen des IÖW/future-Rankings darstellen, vgl. hierzu weiterführend IÖW/future (2009); IÖW/future (2012). Eine gute Orientierungshilfe geben zudem die sogenannten Sustainable Development Key Performance Indicators (SD-KPIs), die im Auftrag des Bundesumweltministeriums entwickelt wurden. In der aktuellen Version (SD-KPI Standard 2010-2014) werden für zehn unterschiedliche Branchen die jeweils drei relevantesten Nachhaltigkeitsindikatoren dargestellt, vgl. hierzu weiterführend Hesse, A. (2010).

[640] Bspw. enthält der vom Bundesministerium für Wirtschaft und Technologie herausgegebene Leitfaden zur Erstellung einer Wissensbilanz zahlreiche Indikatoren zu sozialen Themenbereichen, wie bspw. Mitarbeitermotivation oder Kundenbeziehungen, vgl. hierzu weiterführend Bundesministerium für Wirtschaft und Technologie (2008).

[641] Im deutschsprachigen Raum ist die oekom research AG eine der bedeutsamsten Agenturen in der Bewertung der Nachhaltigkeitsleistung von Unternehmen, vgl. weiterführend zu den Bewertungskriterien oekom research AG (2013). Die Sustainalytics GmbH ist eine weitere relevante Rating-Agentur, die regelmäßig die Nachhaltigkeitsleistungen deutscher Großunternehmen bewertet, vgl. hierzu auch Sustainalytics GmbH (2012). Vgl. weiterführend zu CSR-Rating-Agenturen Scalet, S./Kelly, T. F. (2010).

[642] Vgl. bspw. Pape, J. et al. (2009).

[643] Vgl. bspw. Ilinitch, A. Y. et al. (1998); Székely, F./Knirsch, M. (2005); Hubbard, G. (2009).

Kenngrößen und Indikatoren dienen zunächst als Orientierungspunkt für mögliche Bemessungsgrundlagen und sind immer unternehmensspezifisch auszuwählen und anzupassen.[644]

[644] Vgl. Evers, H. et al. (2010), S. 63.

# 4 Verhaltenswirkungen nachhaltigkeitsorientierter Anreizsysteme

## 4.1 Untersuchungsgegenstand und Forschungsbedarf

Wie in Kapitel 3 verdeutlicht, werden in der Unternehmenspraxis zunehmend nachhaltigkeitsorientierte Anreizsysteme[645] eingeführt.[646] Obwohl deren Verbreitung derzeit noch vergleichsweise gering ist, sprechen verschiedene Gründe dafür, dass es zu einer weiteren **Bedeutungszunahme nachhaltigkeitsorientierter Anreizsysteme** kommen wird.[647] Insbesondere wird angenommen, dass eine nachhaltige Unternehmensführung bzw. nachhaltige Geschäftsmodelle für Unternehmen aufgrund verschiedener Erfolgspotenziale immer bedeutsamer werden.[648] Damit verbunden ist eine Erweiterung des traditionell ökonomischen hin zu einem nachhaltigen Erfolgsverständnis, welches gleichermaßen Ziele aus der ökonomischen, ökologischen und sozialen Dimension der Nachhaltigkeit berücksichtigt (Triple Bottom Line).[649] Infolge des erweiterten dreidimensionalen Erfolgsverständnisses wird auch die Anpassung der Anreiz- und Vergütungssysteme erforderlich.[650] Durch entsprechend gestaltete Anreizsysteme können Manager dazu angeregt werden, ökonomische, ökologische und soziale Zielsetzungen gleichermaßen zu verfolgen.[651]

Im Allgemeinen existieren bislang nur **wenige empirische Forschungsarbeiten**, die sich mit unternehmerischer Nachhaltigkeit im Kontext von Anreizsystemen befassen.[652] Die bisherigen Studien fokussieren im Wesentlichen auf einen möglichen Zusammenhang zwischen einzelnen Elementen bzw. der Struktur von Anreizsystemen und der Nachhaltigkeitsleistung

---

645 Als nachhaltigkeitsorientierte Anreizsysteme werden im Rahmen von Kapitel 4 Anreizsysteme bezeichnet, bei deren Gestaltung neben ökonomischen auch ökologische und soziale Aspekte Berücksichtigung finden (Triple Bottom Line). Kapitel 4 befasst sich folglich ausschließlich mit nachhaltigkeitsorientierten Anreizsystemen im weiteren Sinne (i. w. S.). Zur Abgrenzung zu den auf Langfristigkeit ausgelegten Anreizsystemen, den sog. nachhaltigkeitsorientierten Anreizsystemen im engeren Sinne (i. e. S.), vgl. Abschnitt 3.2 dieser Arbeit.

646 Vgl. Berrone, P./Gomez-Mejia, L. R. (2009a), S. 961; Hol, H. et al. (2010), S. 39 ff.; Wilke, P./Schmid, K. (2012), S. 37 ff.

647 Vgl. hierzu Abschnitt 3.6 dieser Arbeit.

648 Vgl. Merriman, K. K./Sen, S. (2012), S. 851. Vgl. zu den Erfolgspotenzialen einer nachhaltigen Unternehmensführung auch Abschnitt 2.2.4 dieser Arbeit.

649 Vgl. Dyllick, T./Hockerts, K. (2002), S. 132; Kurz, R. (2005), S. 83; Colbert, B. A./Kurucz, E. C. (2007), S. 21 f.; Hubbard, G. (2009), S. 180.

650 Vgl. Epstein, M. J./Roy, M.-J. (2001), S. 594; Lacy, P. et al. (2010), S. 52; von Hülsen, H.-C./Weisel, T. (2011), S. 131; Merriman, K. K./Sen, S. (2012), S. 867.

651 Vgl. McGuire, J. et al. (2003), S. 343.

652 Vgl. Berrone, P./Gomez-Mejia, L. R. (2008), S. 210; Cordeiro, J. J./Sarkis, J. (2008), S. 307.

von Unternehmen.[653] Daneben wird in einigen Studien untersucht, inwieweit sich die Nachhaltigkeitsleistung von Unternehmen auf die Höhe der Managementvergütung auswirkt.[654] Nur in wenigen Fällen wird in der bisherigen Forschung explizit berücksichtigt, ob Aspekte der unternehmerischen Nachhaltigkeit in die Gestaltung der Anreizsysteme eingehen.[655] Zudem sind die Forschungsarbeiten i. d. R. auf die Nachhaltigkeitsleistung des Unternehmens gerichtet und gehen dabei kaum auf **verhaltensbezogene Effekte** auf der Mitarbeiterebene ein.

Hinsichtlich der Funktionen und Ziele von Anreizsystemen erscheint jedoch gerade bedeutsam, inwieweit diese bei Anwendung nachhaltigkeitsorientierter Anreizsysteme erfüllt werden.[656] Nach bestem Wissen des Verfassers existiert bislang keine Studie, die sich gezielt mit den Auswirkungen nachhaltigkeitsorientierter Anreizsysteme auf das Verhalten von Mitarbeitern auseinandersetzt. Folglich ist bislang unklar, ob und wie sich das Mitarbeiterverhalten infolge der Implementierung nachhaltigkeitsorientierter Anreizsysteme verändert.

Mit Blick auf die Verhaltensebene existieren verschiedene empirische Erkenntnisse, die – ohne Bezug zu unternehmerischen Anreizsystemen – einen **positiven Zusammenhang** zwischen der unternehmerischen Nachhaltigkeitsleistung und gewünschtem Mitarbeiterverhalten aufzeigen.[657] Hiervon ausgehend kann vermutet werden, dass sich auch infolge der Implementierung nachhaltigkeitsorientierter Anreizsysteme positive Effekte auf das Mitarbeiterverhalten ergeben. Die Verhaltenswirkungen, die aus der Implementierung nachhaltigkeitsorientierter Anreizsysteme resultieren, sind dabei nicht nur aus wissenschaftlicher Sicht von Interesse, sondern auch für die Unternehmenspraxis relevant. So tragen erste empirische Erkenntnisse einerseits zu einem besseren wissenschaftlichen Verständnis über die verhaltensbezogenen Folgen der Implementierung nachhaltigkeitsorientierter Anreizsysteme bei. Andererseits ergeben sich daraus Implikationen für die weitere Einführung bzw. Verbreitung nachhaltigkeitsorientierter Anreizsysteme in der Unternehmenspraxis.

---

653 Vgl. bspw. McGuire, J. et al. (2003); Mahoney, L. S./Thorne, L. (2005); Russo, M. V./Harrison, N. S. (2005); Deckop, J. R. et al. (2006).

654 Vgl. bspw. Stanwick, P. A./Stanwick, S. D. (2001); Coombs, J. E./Gilley, K. M. (2005); Berrone, P./Gomez-Mejia, L. R. (2009b); Cai, Y. et al. (2011).

655 Vgl. bspw. Lenox, M./King, A. (2004); Russo, M. V./Harrison, N. S. (2005); Cordeiro, J. J./Sarkis, J. (2008).

656 Vgl. zu den Funktionen und Zielen von Anreizsystemen bspw. Winter, S. (1996), S. 40 und Abschnitt 2.1.4 dieser Arbeit.

657 Vgl. bspw. Bauer, T. N./Aiman-Smith, L. (1996); Greening, D. W./Turban, D. B. (2000); Turker, D. (2009); Stites, J. P./Michael, J. H. (2011).

Vor dem Hintergrund der Implementierung sowie der erwarteten weiteren Bedeutungszunahme nachhaltigkeitsorientierter Anreizsysteme wird daher im Laufe dieses Kapitels der Forschungsfrage nachgegangen, welche **Verhaltenswirkungen** durch die Implementierung nachhaltigkeitsorientierter Anreizsysteme resultieren. Hierfür erfolgt zunächst eine Bestandsaufnahme der relevanten Literatur. Darauf folgend werden theoriegestützt Forschungshypothesen zu den Verhaltenswirkungen nachhaltigkeitsorientierter Anreizsysteme abgeleitet.

## 4.2 Bestandsaufnahme der bisherigen wissenschaftlichen Erkenntnisse zur Verknüpfung von Anreizsystemen, Nachhaltigkeit und den Wirkungen auf das Mitarbeiterverhalten

Erst in den letzten Jahren hat sich die wissenschaftliche Literatur stärker mit Berührungspunkten zwischen den beiden Themenkomplexen „Anreizsysteme" und „unternehmerische Nachhaltigkeit" auseinandergesetzt.[658] Um der in dieser Arbeit verfolgten Forschungsfrage nach den Verhaltenswirkungen nachhaltigkeitsorientierter Anreizsysteme näher zu kommen, wird zunächst ein Überblick zum Stand der Forschung aus den hierfür relevanten Forschungsfeldern gegeben. Hierzu können zunächst Forschungsbeiträge gezählt werden, die sich mit unternehmerischer Nachhaltigkeit im Kontext von Anreizsystemen befassen. Des Weiteren soll auf wissenschaftliche Studien eingegangen werden, die Facetten des Mitarbeiterverhaltens im Bereich von Anreizsystemen untersuchen. Schließlich können Erkenntnisse aus Studien zum Einfluss unternehmerischer Nachhaltigkeit auf das Verhalten von Mitarbeitern Relevanz für die weitere Behandlung der Forschungsfrage aufweisen. Im Folgenden werden daher die zentralen Erkenntnisse aus den beschriebenen Forschungsfeldern dargestellt.

### 4.2.1 Empirische Studien zum Zusammenspiel von unternehmerischer Nachhaltigkeit und Anreizsystemen

Obwohl für die empirische Forschung im Überschneidungsbereich zwischen Anreizsystemen und unternehmerischer Nachhaltigkeit ein erheblicher wissenschaftlicher Nachholbedarf konstatiert wird,[659] haben sich in den letzten Jahren dennoch einige empirische Forschungsarbeiten dem Zusammenspiel von unternehmerischer Nachhaltigkeit und Anreizsystemen

[658] Vgl. bspw. Berrone, P./Gomez-Mejia, L. R. (2009a); Merriman, K. K./Sen, S. (2012).
[659] Vgl. Berrone, P./Gomez-Mejia, L. R. (2009a), S. 961.

gewidmet.[660] Ein Teil der Studien untersucht, wie sich unterschiedliche Anreizelemente und -strukturen (insbes. Anreizarten und die zeitliche Struktur der Vergütung) auf die Nachhaltigkeitsleistung von Unternehmen auswirken.[661] Bspw. gehen *Deckop et al. (2006)* in ihrer Studie der Frage nach, ob ein Zusammenhang zwischen der zeitlichen Orientierung der Vergütung (Anteil kurzfristiger Vergütungsbestandteile an der Gesamtvergütung) und der unternehmerischen Nachhaltigkeitsleistung (Corporate Social Performance) besteht.[662] In engem Zusammenhang hierzu stehen Forschungsarbeiten, die den Einfluss der Nachhaltigkeitsleistung von Unternehmen auf die Höhe der Managementvergütung untersuchen.[663] Bspw. prüfen *Berrone/Gomez-Mejia (2009b)*, ob sich eine gute Umweltleistung (Corporate Environmental Performance) positiv auf die Höhe der Managementvergütung auswirkt.[664]

Es existieren somit empirische Forschungsarbeiten, die sich im Kontext von Anreizsystemen mit Fragen der unternehmerischen Nachhaltigkeit beschäftigen. Die bestehenden Studien fokussieren insbesondere den Zusammenhang zwischen verschiedenen Elementen von Anreizsystemen und der unternehmerischen Nachhaltigkeitsleistung sowie den Zusammenhang zwischen der unternehmerischen Nachhaltigkeitsleistung und der Managementvergütung. Dabei beziehen sich die Studien jedoch i. d. R. nicht auf **mitarbeiterbezogene Verhaltenswirkungen**, also wie individuelles Mitarbeiterverhalten infolge der Verstärkung der Nachaltigkeitsorientierung im Kontext von Anreizsystemen beeinflusst wird. Vor dem Hintergrund der Implementierung nachhaltigkeitsorientierter Anreizsysteme sowie der daraus abgeleiteten Forschungsfrage sind jedoch genau diese verhaltensbezogenen Folgen von Interesse. Daher werden im weiteren Verlauf bisherige wissenschaftliche Erkenntnisse zu den Einflüssen von Anreizsystemen sowie unternehmerischer Nachhaltigkeit auf das Mitarbeiterverhalten dargestellt.

---

[660] Vgl. bspw. Russo, M. V./Harrison, N. S. (2005); Cordeiro, J. J./Sarkis, J. (2008); Callan, S. J./Thomas, J. M. (2012); Merriman, K. K./Sen, S. (2012).

[661] Vgl. bspw. McGuire, J. et al. (2003); Lenox, M./King, A. (2004); Mahoney, L. S./Thorne, L. (2005); Russo, M. V./Harrison, N. S. (2005); Deckop, J. R. et al. (2006); Mahoney, L. S./Thorne, L. (2006); Berrone, P./Gomez-Mejia, L. R. (2009b); Merriman, K. K./Sen, S. (2012); Walls, J. L. et al. (2012); Fabrizi, M. et al. (2013).

[662] Vgl. Deckop, J. R. et al. (2006).

[663] Vgl. bspw. Riahi-Belkaoui, A. (1992); Stanwick, P. A./Stanwick, S. D. (2001); Coombs, J. E./Gilley, K. M. (2005); Cordeiro, J. J./Sarkis, J. (2008); Berrone, P./Gomez-Mejia, L. R. (2009b); Cai, Y. et al. (2011); Callan, S. J./Thomas, J. M. (2012).

[664] Vgl. Berrone, P./Gomez-Mejia, L. R. (2009b).

### 4.2.2 Empirische Studien zum Einfluss von Anreizsystemen auf das Mitarbeiterverhalten

In der wissenschaftlichen Literatur werden bezüglich der Anwendung unternehmerischer Anreizsysteme verschiedene Zielsetzungen genannt.[665] Aus einer personalpolitischen Perspektive sollte ein Anreizsystem zunächst dazu beitragen, leistungsstarke Mitarbeiter auf das Unternehmen aufmerksam zu machen und für das Unternehmen zu gewinnen (Personalattraktionsfunktion).[666] Des Weiteren kommt Anreizsystemen die Aufgabe zu, leistungsstarke Mitarbeiter an das Unternehmen zu binden (Personalretentionsfunktion).[667] Aus einer leistungsorientierten Sicht haben Anreizsysteme zum Ziel, das Arbeitsengagement der Mitarbeiter zu steigern (Motivationsfunktion) sowie deren Bereitschaft zur Kooperation positiv zu beeinflussen (Kooperationsfunktion).[668]

Vor diesem Hintergrund wird in zahlreichen Studien untersucht, wie sich unterschiedliche Charakteristika von Anreizsystemen auf verhaltensbezogene Variablen, wie Mitarbeiterattraktion, -motivation oder -kooperation auswirken.[669] Bspw. untersuchen *Cable/Judge (1994)* und *Tetrick et al. (2010)*, ob die Mitarbeiterattraktion von unterschiedlichen Vergütungsmodalitäten, wie z. B. der Höhe des Einstiegsgehalts, beeinflusst wird.[670] In einer weiteren Studie gehen *Hannan et al. (2008)* der Frage nach, inwieweit sich die Art der Leistungsbeurteilung (individuell vs. wettbewerbsorientiert) sowie die Qualität der Leistungsbeurteilung (Feedbackintensität) auf die individuelle Leistungsbereitschaft auswirken.[671] Des Weiteren wird in einer Studie von *Kelly (2010)* geprüft, wie unterschiedliche Vergütungsmodelle den Austausch von Informationen bzw. die individuelle Kooperationsbereitschaft beeinflussen.[672]

Auf Basis der Studienergebnisse kann festgehalten werden, dass das Mitarbeiterverhalten von verschiedensten **Eigenschaften des Anreizsystems** beeinflusst werden kann (z. B.

[665] Vgl. Winter, S. (1996), S. 40; Fay, C. H./Thompson, M. A. (2001), S. 213; Becker, F. G./Kramarsch, M. (2006), S. 11. Vgl. zu den Zielen und Funktionen von Anreizsystemen auch Abschnitt 2.1.4 dieser Arbeit.

[666] Vgl. Winter, S. (1996), S. 66; Plaschke, F. J. (2003), S. 101; Becker, F. G./Kramarsch, M. (2004), Sp. 1952.

[667] Vgl. Guthof, P. (1995), S. 34; Gillenkirch, R. M. (2008), S. 7.

[668] Vgl. Schanz, G. (1991), S. 12 ff.; Winter, S. (1997), S. 617 ff.; Hill, C. W. (2005), S. 459 f.; Becker, F. G./Kramarsch, M. (2006), S. 11.

[669] Vgl. bspw. Turban, D. B./Keon, T. L. (1993); Cable, D. M./Judge, T. A. (1994); Aiman-Smith, L. et al. (2001); Kuhn, K. M./Yockey, M. D. (2003); Hannan, R. L. (2005); Weibel, A. et al. (2007); Hannan, R. L. et al. (2008); Wolfe, C./Loraas, T. (2008); Kelly, K. (2010); Monsen, E. et al. (2010); Tetrick, L. E. et al. (2010); Weibel, A. et al. (2010).

[670] Vgl. Cable, D. M./Judge, T. A. (1994); Tetrick, L. E. et al. (2010).

[671] Vgl. Hannan, R. L. et al. (2008).

[672] Vgl. Kelly, K. (2010).

Berechnungsgrundlage der leistungsabhängigen Vergütung[673], Feedbackintensität[674], Höhe des Einstiegsgehalts[675] etc.). Vor diesem Hintergrund kann angenommen werden, dass das Mitarbeiterverhalten auch durch den Faktor Nachhaltigkeit beeinflusst wird, da infolge veränderter Bedürfnisstrukturen nachhaltigkeitsbezogene Anreize und Arbeitsinhalte verstärkt an Bedeutung gewinnen.[676] Wie zuvor im Rahmen von Kapitel 3 veranschaulicht wurde, kommen in der Unternehmenspraxis bereits Anreizsysteme zum Einsatz, die über nachhaltigkeitsorientierte Bemessungsgrundlagen mit dem Konzept der Nachhaltigkeit verknüpft werden.[677] Bisher wurde allerdings in keiner empirischen Studie untersucht, ob die **Nachhaltigkeitsorientierung von Anreizsystemen** einen Einfluss auf das Mitarbeiterverhalten hat. Um einen möglichen Einfluss abschätzen zu können, werden daher im Folgenden Studien zum Einfluss der unternehmerischen Nachhaltigkeit im Kontext der Mitarbeitersteuerung vorgestellt.

### 4.2.3 Empirische Studien zum Einfluss unternehmerischer Nachhaltigkeit auf das Mitarbeiterverhalten

Durch zahlreiche empirische Studien wird nahegelegt, dass sich eine verstärkte Nachhaltigkeitsorientierung von Unternehmen positiv auf aktuelle und künftige Mitarbeiter auswirken kann.[678] Dabei wird in einer Vielzahl von Studien untersucht, inwieweit sich die Nachhaltigkeitsleistung eines Unternehmens positiv auf die **Mitarbeiterattraktion** auswirkt.[679] Die Ergebnisse deuten darauf hin, dass Unternehmen mit einer guten Nachhaltigkeitsleistung eher Mitarbeiter für sich gewinnen können als Unternehmen mit einer schlechten Nachhaltigkeitsleistung.[680] Erkenntnisse von *Albinger/Freeman (2000)* legen zudem nahe, dass Unternehmen mit einer guten Nachhaltigkeitsleistung die am besten qualifizierten Mitarbeiter für sich gewinnen können.[681] Daneben konnte in mehreren Studien ein positiver

---

[673] Vgl. Turban, D. B./Keon, T. L. (1993), S. 188.
[674] Vgl. Hannan, R. L. et al. (2008), S. 903 ff.
[675] Vgl. Cable, D. M./Judge, T. A. (1994), S. 337; Tetrick, L. E. et al. (2010), S. 202.
[676] Vgl. Wandel, P. (1990), S. 24; Bhattacharya, C. B. et al. (2008), S. 39 f.
[677] Vgl. hierzu insbes. Abschnitt 3.3.2 dieser Arbeit.
[678] Vgl. bspw. Maignan, I. et al. (1999); Sen, S. et al. (2006); Brammer, S. et al. (2007); Stites, J. P./Michael, J. H. (2011).
[679] Vgl. bspw. Bauer, T. N./Aiman-Smith, L. (1996); Turban, D. B./Greening, D. W. (1997); Albinger, H. S./Freeman, S. J. (2000); Greening, D. W./Turban, D. B. (2000); Aiman-Smith, L. et al. (2001); Backhaus, K. B. et al. (2002); Sen, S. et al. (2006); Berens, G. et al. (2007); Behrend, T. S. et al. (2009); Evans, W. R./Davis, W. D. (2011); Lin, C.-P. et al. (2012).
[680] Vgl. bspw. Greening, D. W./Turban, D. B. (2000), S. 271; Evans, W. R./Davis, W. D. (2011), S. 465; Lin, C.-P. et al. (2012), S. 88 f.
[681] Vgl. Albinger, H. S./Freeman, S. J. (2000), S. 250.

Zusammenhang zwischen der von Mitarbeitern wahrgenommenen Nachhaltigkeitsleistung ihres Unternehmens und dem **Commitment der Mitarbeiter** zu ihrem Unternehmen gezeigt werden.[682] Des Weiteren geht aus Studien von *Bartel (2001)* und *Mozes et al. (2011)* hervor, dass eine direkte Beteiligung der Mitarbeiter in Nachhaltigkeitsprojekten die **Leistungsmotivation** sowie die **Kooperationsbereitschaft** der Mitarbeiter verbessern kann.[683]

Basierend auf den Ergebnissen dieser Studien kann gefolgert werden, dass eine verstärkte Nachhaltigkeitsorientierung von Unternehmen dazu beitragen kann (hochqualifizierte) Mitarbeiter zu gewinnen, diese an das Unternehmen zu binden sowie deren Leistungsmotivation und Kooperationsbereitschaft zu steigern.[684] Folglich könnte ein starkes und gleichzeitig sichtbares, d. h. nach innen und außen kommuniziertes Nachhaltigkeitsengagement dazu beitragen, dass Unternehmen verschiedene Vorteile im Bereich der Mitarbeitersteuerung erzielen.

## 4.3 Theoriebasierte Entwicklung von Hypothesen zu den Verhaltenswirkungen nachhaltigkeitsorientierter Anreizsysteme

Die in Abschnitt 4.2 dargestellten wissenschaftlichen Erkenntnisse legen nahe, dass sich eine nachhaltige Unternehmensführung bzw. eine gute Nachhaltigkeitsleistung positiv auf aktuelle und zukünftige Mitarbeiter auswirkt. Bislang wurde jedoch noch nicht im Rahmen einer wissenschaftlichen Studie untersucht, ob sich positive mitarbeiterbezogene Effekte auch im Kontext von Anreizsystemen, d. h. bei einer Verknüpfung variabler Vergütungsbestandteile mit nachhaltigkeitsbezogenen Beurteilungskriterien, ergeben. Im Folgenden sollen daher, theoriegestützt sowie auf Basis relevanter Forschungsarbeiten, Hypothesen zu den Verhaltensimplikationen abgeleitet werden, die sich aus der Implementierung nachhaltigkeitsorientierter Anreizsysteme ergeben. Hierfür wird zunächst auf den theoretischen Bezugsrahmen eingegangen.

### 4.3.1 Theoretischer Bezugsrahmen

Den theoretischen Bezugsrahmen für die Ableitung der Forschungshypothesen bilden die Signaling Theory und die Social Identity Theory in Verbindung mit einer Person-Organization

[682] Vgl. Maignan, I. et al. (1999), S. 463 f.; Peterson, D. K. (2004), S. 308; Brammer, S. et al. (2007), S. 1713; Turker, D. (2009), S. 196 ff.; Stites, J. P./Michael, J. H. (2011), S. 61.
[683] Vgl. Bartel, C. A. (2001), S. 402 f.; Mozes, M. et al. (2011), S. 316.
[684] Vgl. Maignan, I. et al. (1999), S. 464 f.; Bhattacharya, C. B. et al. (2008), S. 37 f.

Fit (PO-Fit) Perspektive. Diese theoretische Fundierung wurde in der einschlägigen Literatur bereits vielfach für die Erklärung von Zusammenhängen zwischen unternehmerischer Nachhaltigkeit und mitarbeiterbezogenen Verhaltensweisen herangezogen.[685] Im Folgenden werden die theoretischen Grundlagen jeweils näher erläutert.

**Signaling Theory**

Die **Signaling Theory** befasst sich im Allgemeinen mit der Reduzierung von Informationsasymmetrien zwischen verschiedenen Parteien.[686] Im Kontext von Mitarbeiterbeziehungen wird u. a. angenommen, dass zukünftige Mitarbeiter nur über eingeschränkte Informationen hinsichtlich potenzieller Arbeitgeber verfügen.[687] Bspw. besitzen zukünftige Mitarbeiter i. d. R. keine umfassenden Informationen über die genauen Arbeitsbedingungen und -abläufe oder die Wertvorstellungen des Unternehmens. Jede weitergehende Information, die einem Bewerber über das Unternehmen zukommt, kann als „Signal" interpretiert werden, das dem Bewerber Auskunft über bislang unbekannte Eigenschaften des Unternehmens gibt.[688]

Im Einklang mit der Signaling Theory wird angenommen, dass **Informationen über die Anreizsysteme** eines Unternehmens für Bewerber wichtige Signale bezüglich der Normen, Werte und Ziele eines Unternehmens darstellen.[689] Durch die Gestaltung und Anwendung von Anreizsystemen werden Erwartungshaltungen und Wertvorstellungen des Unternehmens kommuniziert.[690] So enthalten Anreizsysteme als ein zentrales Gestaltungselement Bemessungsgrundlagen,[691] auf deren Basis die Leistungsbeurteilung sowie die Festsetzung der variablen Vergütung erfolgen.[692] Durch die Kommunikation der Bemessungsgrundlagen an aktuelle und künftige Mitarbeiter erhöht sich auch die Transparenz, welche Schwerpunkte und Ziele ein Unternehmen verfolgt.[693] Demzufolge können Informationen über

---

685 Vgl. bspw. Turban, D. B./Greening, D. W. (1997); Backhaus, K. B. et al. (2002); Behrend, T. S. et al. (2009); Turker, D. (2009).

686 Vgl. Connelly, B. L. et al. (2011), S. 41 ff.

687 Vgl. Spence, M. (1973), S. 356; Backhaus, K. B. et al. (2002), S. 295; Behrend, T. S. et al. (2009), S. 343.

688 Vgl. Rynes, S. L. et al. (1991), S. 514; Turban, D. B./Greening, D. W. (1997), S. 659 f.; Backhaus, K. B. et al. (2002), S. 297; Behrend, T. S. et al. (2009), S. 343; Celani, A./Singh, P. (2011), S. 226.

689 Vgl. Becker, F. G./Kramarsch, M. (2004), Sp. 1952.

690 Vgl. Fay, C. H./Thompson, M. A. (2001), S. 223.

691 Vgl. zu den Gestaltungselementen von Anreizsystemen Abschnitt 2.1.3 dieser Arbeit.

692 Vgl. Küpper, H.-U. (2008), S. 268; Hungenberg, H. (2011), S. 362.

693 Vgl. Becker, F. G./Kramarsch, M. (2006), S. 11.

unternehmerische Anreizsysteme wichtige Signale darstellen, die u. a. Auskunft über die Wertvorstellungen und Ziele eines Unternehmens geben.

Des Weiteren wird vielfach davon ausgegangen, dass von **Informationen über die Nachhaltigkeitsleistung** bzw. das gesellschaftliche Engagement eines Unternehmens eine wichtige Signalwirkung ausgeht.[694] Bspw. nehmen *Judge/Bretz (1992)* an, dass die von (künftigen) Mitarbeitern wahrgenommenen Werte eines Unternehmens durch die Umweltpolitik bzw. den Einsatz eines Unternehmens für die Umwelt beeinflusst werden könnten.[695] Auch *Greening/Turban (2000)* vermuten in der Nachhaltigkeitsleistung eine wichtige Quelle, aus der (künftige) Mitarbeiter Informationen über die Werte und Normen eines Unternehmens ableiten können.[696] Folglich kann die Kommunikation der Nachhaltigkeitsleistung als ein Signal an potenzielle Mitarbeiter betrachtet werden, das ihnen Aufschluss über ansonsten nicht direkt offensichtliche Eigenschaften (Werte, Ziele, etc.) des Unternehmens gibt.[697]

Zusammenfassend ist zu erwarten, dass auch von **nachhaltigkeitsorientierten Anreizsystemen** eine wichtige Signalwirkung bezüglich der Werte und Ziele eines Unternehmens ausgeht. So signalisiert ein Unternehmen seinen internen und externen Stakeholdern durch den Einsatz nachhaltigkeitsorientierter Anreizsysteme, dass Nachhaltigkeitsziele mit Nachdruck verfolgt und entsprechende Ressourcen dafür aufgewendet werden.[698]

**Social Identity Theory**

Die **Social Identity Theory** geht davon aus, dass sich die soziale Identität bzw. das Selbstbild/ Selbstverständnis einer Person aus der Zugehörigkeit zu sozialen Gruppen ableitet.[699] Gemäß der Social Identity Theory ordnen sich Menschen verschiedenen sozialen Gruppen zu, die sich wiederum auf das Selbstbild bzw. Selbstverständnis der Personen auswirken.[700] Das Selbstbild wird positiv beeinflusst, wenn der Vergleich mit anderen Personen oder sozialen

---

[694] Vgl. bspw. Turban, D. B./Greening, D. W. (1997), S. 660 f.; Albinger, H. S./Freeman, S. J. (2000), S. 245; Backhaus, K. B. et al. (2002), S. 295 ff.; Aguilera, R. V. et al. (2007), S. 840.

[695] Vgl. Judge, T. A./Bretz, R. D. (1992), S. 270.

[696] Vgl. Greening, D. W./Turban, D. B. (2000), S. 259.

[697] Vgl. Turban, D. B./Greening, D. W. (1997), S. 660; Greening, D. W./Turban, D. B. (2000), S. 259; Backhaus, K. B. et al. (2002), S. 299; Bhattacharya, C. B. et al. (2008), S. 37.

[698] Vgl. Berrone, P./Gomez-Mejia, L. R. (2009a), S. 967; World Business Council for Sustainable Development (2010), S. 2.

[699] Vgl. van Knippenberg, D. (2000), S. 362; Tyler, T. R./Blader, S. L. (2003), S. 353.

[700] Vgl. Ashforth, B. E./Mael, F. (1989), S. 20 f.; Albinger, H. S./Freeman, S. J. (2000), S. 245; Tyler, T. R./Blader, S. L. (2003), S. 353 f.; Peterson, D. K. (2004), S. 298 f.; Turker, D. (2009), S. 190.

Gruppen positiv ausfällt.[701] Insbesondere der Arbeitgeber gilt als eine besonders wichtige soziale Gruppe, von der positive Wirkungen auf das Selbstbild einer Person ausgehen können.[702] In diesem Zusammenhang sind die Reputation und die Werte aber auch der Erfolg eines Unternehmens besonders entscheidend dafür, wie Personen die Organisation wahrnehmen.[703] Erachten Mitarbeiter die Eigenschaften und Handlungen ihres Unternehmens als besonders erstrebenswert oder wichtig, so kann dies zu einer Verbesserung des Selbstbilds beitragen.[704]

Im Kontext der **unternehmerischen Nachhaltigkeit** wird unter Bezugnahme auf die Social Identity Theory vielfach davon ausgegangen, dass sich das Selbstbild von Mitarbeitern durch die Assoziation mit nachhaltig engagierten Unternehmen verbessert.[705] Dies wird i. d. R. darauf zurückgeführt, dass durch Nachhaltigkeitsaktivitäten positive Werte signalisiert werden, mit denen sich die Mitarbeiter identifizieren können.[706] Eine stärkere Identifikation mit positiven Unternehmenswerten resultiert nicht nur in einer positiven Beeinflussung des Selbstbilds, sondern kann schließlich auch zu einer Verbesserung hinsichtlich verschiedener mitarbeiterbezogener Variablen führen.[707] Letztlich wird mit Bezug auf die Social Identity Theory davon ausgegangen, dass eine gute Nachhaltigkeitsleistung einen positiven Beitrag hinsichtlich unterschiedlicher mitarbeiterbezogener Verhaltensweisen, wie z. B. Mitarbeiterattraktion, -retention und -motivation haben kann.[708]

**Person-Organization Fit Perspektive**

**Person-Organization Fit** (PO-Fit) kann als Übereinstimmung zwischen den Werten und Normen des Unternehmens mit den Werten und Normen des Mitarbeiters verstanden werden.[709] Einem guten PO-Fit wird eine hohe Bedeutung zugesprochen, da ein positiver

---

[701] Vgl. Dutton, J. E. et al. (1994), S. 246; Stets, J. E./Burke, P. J. (2000), S. 225; Peterson, D. K. (2004), S. 299; Brammer, S. et al. (2007), S. 1704.

[702] Vgl. Dutton, J. E. et al. (1994), S. 239 ff.; Bergami, M./Bagozzi, R. P. (2000), S. 555.

[703] Vgl. Ashforth, B. E./Mael, F. (1989), S. 24; Greening, D. W./Turban, D. B. (2000), S. 258; Peterson, D. K. (2004), S. 299.

[704] Vgl. Peterson, D. K. (2004), S. 313; Turker, D. (2009), S. 191.

[705] Vgl. Turban, D. B./Greening, D. W. (1997), S. 660; Albinger, H. S./Freeman, S. J. (2000), S. 245; Greening, D. W./Turban, D. B. (2000), S. 258; Backhaus, K. B. et al. (2002), S. 313; Turker, D. (2009), S. 190 f.

[706] Vgl. Maignan, I./Ferrell, O. C. (2001), S. 475 f.; Bhattacharya, C. B. et al. (2008), S. 40 f.

[707] Vgl. Dutton, J. E. et al. (1994), S. 240; Peterson, D. K. (2004), S. 313; Brammer, S. et al. (2007), S. 1702; Bhattacharya, C. B. et al. (2008), S. 40 f.; Turker, D. (2009), S. 190.

[708] Vgl. Brammer, S. et al. (2007), S. 1702.

[709] Vgl. Chatman, J. A. (1989), S. 339; Cable, D. M./Judge, T. A. (1996), S. 299; Sen, S./Bhattacharya, C. B. (2001), S. 228; Cable, D. M./DeRue, D. S. (2002), S. 879.

Zusammenhang zu mehreren wichtigen mitarbeiterbezogenen Variablen (Mitarbeitercommitment, Leistungsbereitschaft, Mitarbeiterfluktuation) vermutet[710] bzw. gezeigt[711] werden konnte. So geht bspw. aus einer Studie von *O'Reilly/Chatman (1986)* hervor, dass ein positiver Zusammenhang zwischen dem wahrgenommenen PO-Fit und der Leistungsbereitschaft von Mitarbeitern (Übernahme freiwilliger Zusatzaufgaben) besteht.[712] Weiterhin wurde in einer Untersuchung von *Cable/Judge (1996)* gezeigt, dass der wahrgenommene PO-Fit die Bewerbungsabsichten künftiger Mitarbeiter positiv beeinflusst.[713] Im Allgemeinen bevorzugen Personen Unternehmen, bei denen sie annehmen, dass deren Eigenschaften und Werte mit den eigenen Vorstellungen weitestgehend übereinstimmen (= Fit).[714]

Im Kontext der **unternehmerischen Nachhaltigkeit** ist zu erwarten, dass der Einstellung der Mitarbeiter zu diesem Themenkomplex, d. h. der individuellen Nachhaltigkeitseinstellung, eine besondere Bedeutung für den wahrgenommenen PO-Fit zukommt.[715] Daher wird in empirischen Forschungsarbeiten vielfach davon ausgegangen, dass der Einfluss unternehmerischer Nachhaltigkeit auf das Mitarbeiterverhalten von der Nachhaltigkeitseinstellung der (künftigen) Mitarbeiter beeinflusst wird.[716] So konnte bspw. in einer Studie von *Peterson (2004)* gezeigt werden, dass der positive Einfluss der wahrgenommenen Nachhaltigkeitsleistung eines Unternehmens auf das Mitarbeitercommitment verstärkt wurde, wenn die Mitarbeiter die gesellschaftliche Verantwortung von Unternehmen als besonders wichtig erachteten.[717]

### 4.3.2 Ableitung der Hypothesen

Auf Basis der im vorherigen Abschnitt dargestellten theoretischen Grundlagen werden im Folgenden Hypothesen zu den Verhaltenswirkungen nachhaltigkeitsorientierter Anreizsysteme abgeleitet. Zunächst wird vermutet, dass von der Nachhaltigkeitsorientierung des

---

[710] Vgl. bspw. Chatman, J. A. (1989), S. 343; Bauer, T. N./Aiman-Smith, L. (1996), S. 448; Yaniv, E./Farkas, F. (2005), S. 450.

[711] Vgl. bspw. Posner, B. Z. et al. (1985), S. 297 f.; Posner, B. Z. (1992), S. 353; Kristof, A. L. (1996), S. 26 ff.; Cable, D. M./DeRue, D. S. (2002), S. 880 f.; Hoffman, B. J./Woehr, D. J. (2006), S. 393 ff.; Kim, T.-Y. et al. (2013), S. 8 ff.

[712] Vgl. O'Reilly, C./Chatman, J. (1986), S. 494 ff.

[713] Vgl. Cable, D. M./Judge, T. A. (1996), S. 301 ff.

[714] Vgl. Judge, T. A./Bretz, R. D. (1992), S. 268 f.; Kristof, A. L. (1996), S. 21 f.; Greening, D. W./Turban, D. B. (2000), S. 260; Renwick, D. W. et al. (2013), S. 2.

[715] Vgl. Greening, D. W./Turban, D. B. (2000), S. 261; Turker, D. (2009), S. 192.

[716] Vgl. bspw. Peterson, D. K. (2004), S. 302; Berens, G. et al. (2007), S. 237; Turker, D. (2009), S. 192.

[717] Vgl. Peterson, D. K. (2004), S. 308.

Anreizsystems positive Verhaltenswirkungen in Bezug auf die Variablen Mitarbeiterattraktion, -motivation und -kooperation ausgehen. Darauf aufbauend wird angenommen, dass der Effekt der Nachhaltigkeitsorientierung des Anreizsystems auf die Variablen des Mitarbeiterverhaltens durch die persönliche Nachhaltigkeitseinstellung der Mitarbeiter moderiert wird. Des Weiteren wird vermutet, dass der PO-Fit den gemeinsamen Effekt der Nachhaltigkeitsorientierung des Anreizsystems und der persönlichen Nachhaltigkeitseinstellung auf die Variablen des Mitarbeiterverhaltens mediiert.

#### *4.3.2.1 Der Effekt nachhaltigkeitsorientierter Anreizsysteme auf das Mitarbeiterverhalten*

Die folgenden Forschungshypothesen werden unter Bezugnahme auf die Signaling Theory und die Social Identity Theory abgeleitet. Mit Blick auf die Signaling Theory wird angenommen, dass durch nachhaltigkeitsorientierte Anreizsysteme Informationen über die Normen, Wertvorstellungen und Ziele des Unternehmens an künftige Mitarbeiter signalisiert werden. Auf Basis der Social Identity Theory wird zudem vermutet, dass nachhaltigkeitsorientierte Anreizsysteme zur Verbesserung des persönlichen Selbstbilds infolge einer stärkeren Identifikation mit den Werten und Zielen des Unternehmens beitragen können.

Im Folgenden werden sukzessive Forschungshypothesen zu den im Rahmen von Anreizsystemen intendierten Aspekten des Mitarbeiterverhaltens abgeleitet. Neben der Mitarbeiterattraktion[718] sollen durch Anreizsysteme insbesondere die Motivation[719] sowie die Kooperationsbereitschaft[720] der Mitarbeiter gesteigert werden.[721]

**Mitarbeiterattraktion**

In der Literatur existieren zahlreiche Studien, die einen positiven Zusammenhang zwischen der Nachhaltigkeitsleistung von Unternehmen und der Mitarbeiterattraktion nahelegen.[722] Bspw. zeigen *Backhaus et al. (2002)*, dass der Nachhaltigkeitsleistung eines Unternehmens eine sehr große Bedeutung im Rahmen der Gewinnung von Mitarbeitern zukommt.[723] Die Autoren vermuten mit Bezug auf die Social Identity Theory, dass sich ein positiver Effekt auf

---

718 Vgl. bspw. Winter, S. (1997), S. 617; Lindert, K. (2001), S. 102; Wolff, B./Lucas, S. (2004), Sp. 22.

719 Vgl. bspw. Schanz, G. (1991), S. 1; Winter, S. (1997), S. 617; Anthony, R. N./Govindarajan, V. (2007), S. 513.

720 Vgl. bspw. Salter, M. S. (1973), S. 95; Winter, S. (1997), S. 617; Hill, C. W. (2005), S. 460.

721 Vgl. zu den Zielen und Funktionen von Anreizsystemen auch Abschnitt 2.1.4 dieser Arbeit.

722 Vgl. bspw. Turban, D. B./Greening, D. W. (1997); Greening, D. W./Turban, D. B. (2000); Sen, S. et al. (2006); Evans, W. R./Davis, W. D. (2011).

723 Vgl. Backhaus, K. B. et al. (2002), S. 303.

das Selbstbild von Mitarbeitern ergibt, wenn diese für ein sozial verantwortliches Unternehmen arbeiten.[724] Auch aus einer Studie von *Greening/Turban (2000)* geht hervor, dass Unternehmen mit einer höheren Nachhaltigkeitsleistung von Bewerbern als attraktiver eingestuft werden als Unternehmen mit einer niedrigeren Nachhaltigkeitsleistung.[725] Diese Beobachtung wird u. a. dadurch begründet, dass durch das Nachhaltigkeitsengagement bestimmte Werte und Normen eines Unternehmens an potenzielle Mitarbeiter signalisiert werden, wodurch die Einschätzungen der potenziellen Mitarbeiter über die Arbeitsbedingungen beeinflusst werden, die sich letztlich wiederum auf die Einschätzung der Arbeitgeberattraktivität auswirken.[726] In Summe lässt sich die Steigerung der Mitarbeiterattraktion infolge einer positiven Nachhaltigkeitsleistung dadurch erklären, dass zukünftige Mitarbeiter durch die Unternehmenszugehörigkeit einen zusätzlichen Nutzen bzw. positive Folgen für sich erwarten, die insbesondere in einer Verbesserung des Selbstbilds bzw. in einer stärkeren Identifikation mit positiven Unternehmenswerten bestehen können.[727]

Vor diesem Hintergrund wird in der Literatur vielfach darauf hingewiesen, dass das Thema Nachhaltigkeit in der Kommunikation mit Mitarbeitern und dabei speziell für die Gewinnung neuer Mitarbeiter sehr bedeutsam ist.[728] In diesem Zusammenhang können glaubhafte Signale zum Nachhaltigkeitsengagement eines Unternehmens dazu beitragen, dass sich Unternehmen im Vergleich zu Wettbewerbern als attraktive Arbeitgeber empfehlen.[729] Insbesondere die **Verankerung von Nachhaltigkeitszielen in Anreizsystemen** und deren Kommunikation schafft Glaubwürdigkeit nach innen und außen, dass ein Unternehmen Nachhaltigkeit in das Kerngeschäft integriert hat und nicht nur als Modethema versteht.[730]

---

724 Vgl. Backhaus, K. B. et al. (2002), S. 313.

725 Vgl. Greening, D. W./Turban, D. B. (2000), S. 271.

726 Vgl. Greening, D. W./Turban, D. B. (2000), S. 259.

727 Vgl. Turban, D. B./Greening, D. W. (1997), S. 660; Bhattacharya, C. B. et al. (2008), S. 39 f.; Behrend, T. S. et al. (2009), S. 344. Für einen zusätzlichen Nutzen durch die Zugehörigkeit zu einem Unternehmen mit einer positiven Nachhaltigkeitsleistung sprechen auch aktuelle Studienergebnisse von *Spittler/Botta (2012)*. Aus einer Umfrage unter 133 Studierenden ging hervor, dass knapp 50 % der Befragten eine mittlere oder hohe Bereitschaft zu Gehaltseinbußen aufweisen, wenn der künftige Arbeitgeber über eine starke Leistung im Bereich der sozialen Nachhaltigkeit verfügt, vgl. Spittler, S./Botta, J. (2012), S. 258 f. Ähnliche Befunde finden sich bei Barbian, J. (2001), S. 50 ff. und Montgomery, D. B./Ramus, C. A. (2007), S. 15 ff.

728 Vgl. Bhattacharya, C. B. et al. (2008), S. 37; Kiron, D. et al. (2012), S. 71; Spittler, S./Botta, J. (2012), S. 255 ff. Vgl. zur Bedeutung einer stärkeren Umweltorientierung für die Gewinnung qualifizierter Nachwuchskräfte auch Horst, P. (1990), S. 21 f.

729 Vgl. Colbert, B. A./Kurucz, E. C. (2007), S. 27 f.; Schwerk, A. (2012), S. 340 f.

730 Vgl. World Business Council for Sustainable Development (2010), S. 2; von Hülsen, H.-C./Weisel, T. (2011), S. 128.

Folglich wird – mit Bezug auf die Signaling Theory – angenommen, dass auch durch nachhaltigkeitsorientierte Anreizsysteme (positive) Wertvorstellungen des Unternehmens an (potenzielle) Mitarbeiter kommuniziert werden. Des Weiteren wird vor dem Hintergrund der Social Identity Theory erwartet, dass die Assoziation bzw. Zugehörigkeit zu einem Unternehmen mit nachhaltigkeitsorientierten Anreizsystemen das Selbstbild aktueller und potenzieller Mitarbeiter verbessert. Daher wird vermutet, dass sich die Attraktivität eines Unternehmens bei Anwendung nachhaltigkeitsorientierter Anreizsysteme im Vergleich zur Anwendung traditioneller Anreizsysteme erhöht. Hieraus leitet sich folgende Hypothese ab:

*Hypothese 1a: Die Nachhaltigkeitsorientierung des Anreizsystems hat einen positiven Einfluss auf die Mitarbeiterattraktion.*

**Mitarbeitermotivation**

Neben personalpolitischen Effekten sind auch leistungsbezogene Effekte bei der Gestaltung von Anreizsystemen von Interesse.[731] Insbesondere stellt die Steigerung der Mitarbeitermotivation eine der zentralen Zielsetzungen in der Anwendung von (nachhaltigkeitsorientierten) Anreizsystemen dar.[732] Im Allgemeinen wird angenommen, dass Nachhaltigkeitsaspekte, wie bspw. die von einer Unternehmung verfolgte Umweltschutzstrategie, für die Mitarbeiteridentifikation und -motivation bedeutsam sind.[733] Damit im Einklang deuten verschiedene wissenschaftliche Studien auf einen positiven Zusammenhang zwischen nachhaltigkeitsbezogenen Unternehmensaktivitäten und dem Engagement sowie der Motivation von Mitarbeitern hin.[734] In einer Studie von *Bartel (2001)* wurde bspw. gezeigt, dass durch gemeinnütziges Engagement (z. B. ehrenamtliche Unterstützung benachteiligter Kinder) die Identifikation von Mitarbeitern mit ihrem Arbeitgeber gestärkt wird, wodurch sich schließlich auch die Mitarbeitermotivation verbessert.[735] Zudem geht aus einer Studie von *Mozes et al. (2011)* hervor, dass Mitarbeiter, die regelmäßig an nachhaltigkeitsbezogenen Projekten (z. B. ehrenamtliches Engagement in Krankenhäusern) teilnehmen, ein höheres Motivations-

---

[731] Vgl. Winter, S. (1996), S. 40.
[732] Vgl. bspw. Dyckhoff, H./Souren, R. (2008), S. 150.
[733] Vgl. Wandel, P. (1990), S. 24; Steinle, C. et al. (1994), S. 436; Freimann, J. (2005), S. 113; Bhattacharya, C. B. et al. (2008), S. 40 f.; Dyckhoff, H./Souren, R. (2008), S. 144; Glavas, A./Godwin, L. N. (2013), S. 15.
[734] Vgl. Glavas, A./Piderit, S. K. (2009), S. 62; Sutter, G. S. (2012), S. 400.
[735] Vgl. Bartel, C. A. (2001), S. 402 f.

level aufweisen als Mitarbeiter, die nicht in nachhaltigkeitsbezogene Projekte eingebunden waren.[736]

Die Befunde können darauf zurückzuführen sein, dass nachhaltigkeitsbezogene Tätigkeiten den Sinn der Aufgabenverrichtung erhöhen sowie die Identifikation mit den Arbeitsinhalten und dem Unternehmen stärken, wodurch zu einem verbesserten Selbstbild der Mitarbeiter beigetragen wird.[737] So wurde auch in Studien von *Kim et al. (2010)* und *Mozes et al. (2011)* gezeigt, dass ein positiver Zusammenhang zwischen der Teilnahme von Mitarbeitern an nachhaltigkeitsbezogenen Unternehmensaktivitäten und deren Identifikation mit dem Unternehmen besteht.[738] Weiterhin wird in der Literatur darauf hingewiesen, dass die direkte **Beteiligung in nachhaltigkeitsbezogenen Projekten** Mitarbeitern ggf. einen Mehrwert stiftet, wenn hierdurch Bedürfnisse (bspw. persönliches Wachstum, Selbstverwirklichung) befriedigt werden.[739] So könnten Nachhaltigkeitsziele Mitarbeiter möglicherweise stärker intrinsisch motivieren, so dass diese bereit sind, ein höheres Engagement und zusätzliche Anstrengungen zu erbringen.[740]

Zusammengefasst wird erwartet, dass – mit Bezug auf die Signaling Theory – ein nachhaltigkeitsorientiertes Anreizsystem (potenziellen) Mitarbeitern signalisiert, dass auch nachhaltigkeitsbezogene Tätigkeiten vergütungsrelevant sind und somit im Fokus des unternehmerischen Handelns stehen. Mit Blick auf die Social Identity Theory und die bestehende Literatur wird weiterhin angenommen, dass (potenzielle) Mitarbeiter nachhaltigkeitsbezogene Aufgabeninhalte für sich mit positiven Folgen, im Sinne eines verbesserten Selbstbilds oder gesteigerten Chancen zur Selbstverwirklichung, assoziieren. Daher wird vermutet, dass sich die Mitarbeitermotivation bei Anwendung nachhaltigkeitsorientierter Anreizsysteme im Vergleich zu traditionellen Anreizsystemen erhöht. Hieraus resultiert folgende Hypothese:

*Hypothese 1b: Die Nachhaltigkeitsorientierung des Anreizsystems hat einen positiven Einfluss auf die Mitarbeitermotivation.*

---

736 Vgl. Mozes, M. et al. (2011), S. 316.

737 Vgl. Wandel, P. (1990), S. 24; Steinle, C. et al. (1994), S. 423 f.; Bhattacharya, C. B. et al. (2008), S. 40 f.; Sutter, G. S. (2012), S. 401.

738 Vgl. Kim, H.-R. et al. (2010), S. 564; Mozes, M. et al. (2011), S. 316.

739 Vgl. Aguilera, R. V. et al. (2007), S. 856; Bhattacharya, C. B. et al. (2008), S. 39 f.; Kim, H.-R. et al. (2010), S. 565.

740 Vgl. Gade, C. (2007), S. 173.

**Mitarbeiterkooperation**

Mit Blick auf Erfolg und Wirksamkeit von Anreizsystemen ist zudem von Interesse, inwieweit Mitarbeiter durch das Anreizsystem zu kooperativen Verhaltensweisen angeregt werden.[741] Im Allgemeinen lassen Erkenntnisse aus der Unternehmenspraxis darauf schließen, dass sich die Verstärkung der Nachhaltigkeitsausrichtung eines Unternehmens positiv auf die interne Zusammenarbeit und Kooperationsbereitschaft auswirken kann.[742] Vor dem Hintergrund der Social Identity Theory kann dieser Zusammenhang über eine verstärkte Mitarbeiteridentifikation erklärt werden.[743] Auf der einen Seite wird durch verschiedene Studien belegt, dass sich (potenzielle) Mitarbeiter stärker mit einem Unternehmen identifizieren, wenn sich das Unternehmen im Bereich der Nachhaltigkeit engagiert bzw. über eine gute Nachhaltigkeitsleistung verfügt,[744] oder die Mitarbeiter selbst in nachhaltigkeitsbezogene Projekte eingebunden sind.[745] So wurde bspw. in einer Studie von *Sen et al. (2006)* gezeigt, dass sich die Kenntnis über eine nachhaltigkeitsbezogene Unternehmensaktivität (gemeinnützige Spende) positiv auf die Identifikation potenzieller Mitarbeiter mit dem Unternehmen auswirkt.[746] Des Weiteren geht aus einer Studie von *Kim et al. (2010)* hervor, dass sich Mitarbeiter stärker mit ihrem Unternehmen identifizieren, wenn diese in nachhaltigkeitsbezogene Projekte eingebunden sind.[747]

Auf der anderen Seite wird die arbeitsbezogene Kooperationsbereitschaft von Personen insbesondere dadurch bestimmt, wie stark sie sich mit einer sozialen Gruppe bzw. einem Unternehmen identifizieren.[748] So konnte in Studien von *O'Reilly/Chatman (1986)* und *van Dick et al. (2006)* ein positiver Zusammenhang zwischen der Mitarbeiteridentifikation und der Bereitschaft zu kooperativen Verhaltensweisen (z. B. Unterstützung von Kollegen mit hoher Arbeitsbelastung) gezeigt werden.[749] Darüber hinaus geht aus einer Studie von *Bartel (2001)* hervor, dass gemeinnütziges Mitarbeiterengagement (z. B. ehrenamtliche Unter-

---

[741] Vgl. Becker, F. G./Kramarsch, M. (2006), S. 11; Dyckhoff, H./Souren, R. (2008), S. 150.

[742] Vgl. Kiron, D. et al. (2012), S. 73.

[743] Vgl. van Knippenberg, D. (2000), S. 361 f.; Sen, S. et al. (2006), S. 160; van Dick, R. et al. (2006), S. 285 f.; Celani, A./Singh, P. (2011), S. 228.

[744] Vgl. bspw. Sen, S. et al. (2006); Bhattacharya, C. B. et al. (2008).

[745] Vgl. bspw. Kim, H.-R. et al. (2010); Mozes, M. et al. (2011).

[746] Vgl. Sen, S. et al. (2006), S. 163.

[747] Vgl. Kim, H.-R. et al. (2010), S. 564.

[748] Vgl. Ashforth, B. E./Mael, F. (1989), S. 26; Dutton, J. E. et al. (1994), S. 254 f.; Bell, S. J./Menguc, B. (2002), S. 139 f.; Tyler, T. R./Blader, S. L. (2003), S. 355; Celani, A./Singh, P. (2011), S. 228.

[749] Vgl. O'Reilly, C./Chatman, J. (1986), S. 494 ff.; van Dick, R. et al. (2006), S. 288 f.

stützung benachteiligter Kinder) nicht nur zu einer gesteigerten Identifikation mit dem Arbeitgeber führt, sondern davon auch ein positiver Einfluss auf die Kooperationsbereitschaft der Mitarbeiter ausgeht.[750]

Analog zur vorhergehenden Hypothese wird angenommen, dass (potenziellen) Mitarbeitern durch nachhaltigkeitsorientierte Anreizsysteme signalisiert wird, dass nachhaltigkeitsbezogene Tätigkeiten vergütungsrelevant sind und somit im Fokus des unternehmerischen Handelns stehen. Darauf aufbauend kann vermutet werden, dass durch Nachhaltigkeitsaktivitäten die Identifikation der Mitarbeiter mit dem Unternehmen gestärkt wird, was sich wiederum positiv auf die Kooperationsbereitschaft der Mitarbeiter auswirkt. Folglich wird erwartet, dass Mitarbeiter, die mit einem nachhaltigkeitsorientierten Anreizsystem incentiviert werden eine höhere Kooperationsbereitschaft aufweisen als Mitarbeiter, die mit einem traditionellen Anreizsystem incentiviert werden. Hieraus leitet sich folgende Hypothese ab:

*Hypothese 1c: Die Nachhaltigkeitsorientierung des Anreizsystems hat einen positiven Einfluss auf die Mitarbeiterkooperation.*

#### 4.3.2.2 Der moderierende Einfluss der persönlichen Nachhaltigkeitseinstellung

Die im vorherigen Abschnitt beschriebenen Haupteffekte (Hypothesen 1a-1c) basieren auf Annahmen der Signaling Theory und der Social Identity Theory. Eine zentrale Annahme besteht darin, dass sich (potenzielle) Mitarbeiter mit (den durch nachhaltigkeitsorientierte Anreizsysteme signalisierten) positiven nachhaltigkeitsbezogenen Werten identifizieren, wodurch sich in der Folge die Identifikation mit dem Unternehmen ebenfalls erhöht.[751] Durch die Assoziation bzw. die Zugehörigkeit zu einer geschätzten sozialen Gruppe ergibt sich für (potenzielle) Mitarbeiter letztlich ein Mehrwert, der im Sinne der Verbesserung des eigenen Selbstbilds bzw. Selbstverständnisses zum Ausdruck kommt.[752]

Vor dem Hintergrund einer PO-Fit Perspektive ist jedoch davon auszugehen, dass der Mehrwert bzw. Nutzen, den eine Person durch die Assoziation bzw. die Zugehörigkeit zu einem Unternehmen mit nachhaltigkeitsorientierten Anreizsystemen erfährt, individuell höchst unterschiedlich ist und von der wahrgenommenen Passung zum Unternehmen, dem

[750] Vgl. Bartel, C. A. (2001), S. 402 f.
[751] Vgl. Sen, S. et al. (2006), S. 160.
[752] Vgl. Greening, D. W./Turban, D. B. (2000), S. 258.

sog. PO-Fit, abhängt.[753] Unter dem PO-Fit wird die von einem (künftigen) Mitarbeiter wahrgenommene Übereinstimmung zwischen den eigenen Wertvorstellungen und den Wertvorstellungen eines Unternehmens verstanden.[754] Nachdem sich Personen hinsichtlich ihrer Werte, Ziele und Einstellungen unterscheiden, identifizieren sie sich auch stärker mit Unternehmen, denen sie die gleichen Ziele und Wertvorstellungen zuschreiben.[755] Daher kann angenommen werden, dass Personen bei Unternehmen mit ähnlichen Wertvorstellungen sowie erstrebenswerten Eigenschaften einen hohen PO-Fit wahrnehmen.[756] In diesem Zusammenhang weisen *Berens et al. (2007)* und *Bhattacharya et al. (2008)* darauf hin, dass dieselbe Nachhaltigkeitsmaßnahme für einen Mitarbeiter sehr wichtig, für einen anderen Mitarbeiter dagegen weitestgehend bedeutungslos sein kann.[757]

So wird auch in empirischen Forschungsarbeiten im Kontext der unternehmerischen Nachhaltigkeit vielfach davon ausgegangen, dass der Einfluss unternehmerischer Nachhaltigkeit auf das Mitarbeiterverhalten von der Nachhaltigkeitseinstellung der (künftigen) Mitarbeiter beeinflusst wird.[758] Bspw. gehen *Bauer/Aiman-Smith (1996)* und *Behrend et al. (2009)* davon aus, dass die persönliche Einstellung zur Umwelt mitentscheidet, ob positive Umweltinformationen die Mitarbeiterattraktion erhöhen.[759] Des Weiteren wird in einer Studie von *Turker (2009)* angenommen, dass der Zusammenhang zwischen der von Mitarbeitern wahrgenommenen Nachhaltigkeitsleistung eines Unternehmens und dem Mitarbeitercommitment durch die persönliche Nachhaltigkeitseinstellung verstärkt wird.[760] Auch wenn die bisherigen Ergebnisse kein einheitliches Bild zur Bedeutung des Einflusses der Nachhaltigkeitseinstellung auf das Mitarbeiterverhalten ergeben, ist davon auszugehen, dass die persönliche Nachhaltigkeitseinstellung für die im Rahmen dieser Arbeit verfolgte Forschungsfrage relevant ist.

---

[753] Vgl. Greening, D. W./Turban, D. B. (2000), S. 260; Sen, S./Bhattacharya, C. B. (2001), S. 228 f.; Bhattacharya, C. B. et al. (2008), S. 42; Behrend, T. S. et al. (2009), S. 343.

[754] Vgl. Chatman, J. A. (1989), S. 339; Cable, D. M./Judge, T. A. (1996), S. 299; Cable, D. M./DeRue, D. S. (2002), S. 879.

[755] Vgl. Kristof, A. L. (1996), S. 21 f.; Glavas, A./Godwin, L. N. (2013), S. 19.

[756] Vgl. Chatman, J. A. (1989), S. 343 f.; Judge, T. A./Bretz, R. D. (1992), S. 268 f.

[757] Vgl. Berens, G. et al. (2007), S. 237; Bhattacharya, C. B. et al. (2008), S. 42.

[758] Vgl. bspw. Peterson, D. K. (2004), S. 302; Berens, G. et al. (2007), S. 237; Turker, D. (2009), S. 192.

[759] Vgl. Bauer, T. N./Aiman-Smith, L. (1996), S. 450; Behrend, T. S. et al. (2009), S. 343.

[760] Vgl. Turker, D. (2009), S. 192 f.

Folglich ist unter Berücksichtigung der bisherigen Erkenntnisse und mit Blick auf die Forschungsfrage dieser Arbeit von Interesse, inwieweit die **persönliche Nachhaltigkeitseinstellung** den Zusammenhang zwischen der Nachhaltigkeitsorientierung des Anreizsystems und den verhaltensbezogenen Variablen beeinflusst bzw. moderiert. Mit Bezug auf die Social Identity Theory in Verbindung mit einer PO-Fit Perspektive kann angenommen werden, dass sich (künftige) Mitarbeiter mit einer hohen Nachhaltigkeitseinstellung – im Vergleich zu (künftigen) Mitarbeitern mit einer niedrigen Nachhaltigkeitseinstellung – stärker mit Unternehmen identifizieren, die über nachhaltigkeitsorientierte Anreizsysteme verfügen. Letztlich kann also davon ausgegangen werden, dass Unterschiede in der individuellen Einstellung zur Nachhaltigkeit auch zu Unterschieden in Bezug auf die Identifikation mit Unternehmen bzw. den wahrgenommenen PO-Fit führen, so dass hiervon ein Einfluss auf die Haupteffekte (Hypothesen 1a-1c) resultieren könnte. Aus diesem Grund wird die „persönliche Nachhaltigkeitseinstellung" im Folgenden als moderierende Variable in das Forschungsmodell integriert.[761]

**Mitarbeiterattraktion**

Generell suchen Menschen nach Unternehmen, deren Werte mit den eigenen Werten gut übereinstimmen.[762] Dabei können die von Unternehmen durch eine gute Nachhaltigkeitsleistung ausgesendeten Signale einerseits mit den Werten von Bewerbern bzw. künftigen Mitarbeitern übereinstimmen und zur Wertkongruenz führen, oder aber andererseits ohne größere Bedeutung für diese sein.[763] Mit Blick auf die Mitarbeiterattraktion ist somit zu erwarten, dass auch die Wirkung nachhaltigkeitsbezogener Anreizsysteme bzw. die Wirkung der dadurch signalisierten nachhaltigkeitsbezogenen Werte von der Bedeutung abhängig sein wird, die ein Bewerber diesen Signalen beimisst.

Ist die Nachhaltigkeitseinstellung bei einer Person hoch, so ist anzunehmen, dass sich durch die Zugehörigkeit zu einem Unternehmen, welches über positive nachhaltigkeitsbezogene Werte verfügt, der wahrgenommene PO-Fit verbessert.[764] Dies würde bedeuten, dass

---

[761] Eine moderierende Variable kann nach *BARON/KENNY (1986)* wie folgt definiert werden: „In general terms, a moderator is a qualitative or quantitative variable that affects the direction and/or strength of the relation between an independent or predictor variable and a dependent or criterion variable." (Baron, R. M./Kenny, D. A. (1986), S. 1174). Vgl. zur Bedeutung von Moderatoreffekten weiterführend auch Müller, D. (2009).

[762] Vgl. Judge, T. A./Bretz, R. D. (1992), S. 268; Kristof, A. L. (1996), S. 22; Sutter, G. S. (2012), S. 401.

[763] Vgl. Albinger, H. S./Freeman, S. J. (2000), S. 245; Berens, G. et al. (2007), S. 237.

[764] Vgl. Peterson, D. K. (2004), S. 302; Behrend, T. S. et al. (2009), S. 342 f.

Personen mit einer hohen Nachhaltigkeitseinstellung stärker von Unternehmen angezogen werden, die nachhaltigkeitsorientierte Anreizsysteme einsetzen als Personen mit einer niedrigen Nachhaltigkeitseinstellung. Hieraus leitet sich folgende Hypothese ab:

*Hypothese 2a: Die Nachhaltigkeitsorientierung des Anreizsystems hat bei Personen mit einer hohen Nachhaltigkeitseinstellung einen stärker positiven Effekt auf die Mitarbeiterattraktion als bei Personen mit einer niedrigen Nachhaltigkeitseinstellung.*

**Mitarbeitermotivation**

Wissenschaftliche Befunde legen nahe, dass nachhaltigkeitsbezogene Tätigkeiten zu einer Steigerung der Mitarbeitermotivation führen können.[765] Mögliche Erklärungen bestehen darin, dass Personen einer auf Nachhaltigkeitsziele gerichteten Arbeit mehr Sinn beimessen oder nachhaltigkeitsbezogenes Arbeiten zur Befriedigung bestimmter Mitarbeiterbedürfnisse (bspw. persönliches Wachstum, Selbstverwirklichung) beiträgt.[766] Eine Verbesserung der Mitarbeitermotivation kann zudem auch als Folge einer stärkeren Identifikation mit nachhaltig verantwortlichen Unternehmen bzw. deren Werten resultieren.[767]

Da sich Menschen hinsichtlich ihrer Einstellungen und Werte unterscheiden, kann analog zur vorherigen Hypothese angenommen werden, dass sich der wahrgenommene Sinn, die Bedürfnisbefriedigung sowie die Identifikation, die durch nachhaltigkeitsbezogene Tätigkeiten ausgelöst werden, in Abhängigkeit der persönlichen Nachhaltigkeitseinstellung jeweils individuell verändern.[768] Je nachdem wie erstrebenswert letztlich die Zielerreichung (hier: Nachhaltigkeitsziele) für ein Individuum ist, so wird sich auch das Leistungsverhalten bzw. die Motivation entwickeln.[769]

So dürften insbesondere Mitarbeiter mit einer hohen persönlichen Nachhaltigkeitseinstellung bei nachhaltigkeitsorientierten Anreizsystemen und den damit verbundenen nachhaltigkeitsbezogenen Tätigkeiten für sich eine gute Passung bzw. einen Mehrwert erkennen und eine höhere Arbeitsmotivation anzeigen (hoher PO-Fit). Folglich ist anzunehmen, dass

[765] Vgl. Bartel, C. A. (2001), S. 402 f.; Mozes, M. et al. (2011), S. 316.
[766] Vgl. Bhattacharya, C. B. et al. (2008), S. 39; Kim, H.-R. et al. (2010), S. 565; Mozes, M. et al. (2011), S. 319.
[767] Vgl. Sen, S. et al. (2006), S. 163; Bhattacharya, C. B. et al. (2008), S. 39 f.; Kim, H.-R. et al. (2010), S. 564 f.
[768] Vgl. Peterson, D. K. (2004), S. 302.
[769] Vgl. Anthony, R. N./Govindarajan, V. (2007), S. 514.

Mitarbeiter mit einer hohen persönlichen Nachhaltigkeitseinstellung bei nachhaltigkeitsorientierten Anreizsystemen eine höhere Motivation aufweisen als Mitarbeiter mit einer niedrigen persönlichen Nachhaltigkeitseinstellung.[770] Daraus resultiert folgende Hypothese:

*Hypothese 2b: Die Nachhaltigkeitsorientierung des Anreizsystems hat bei Personen mit einer hohen Nachhaltigkeitseinstellung einen stärker positiven Effekt auf die Mitarbeitermotivation als bei Personen mit einer niedrigen Nachhaltigkeitseinstellung.*

**Mitarbeiterkooperation**

Empirische Befunde verdeutlichen, dass die Beteiligung in nachhaltigkeitsbezogenen Projekten zur Befriedigung von Mitarbeiterbedürfnissen beitragen und die Identifikation der Mitarbeiter mit dem Unternehmen stärken kann.[771] Des Weiteren wurde ein positiver Zusammenhang zwischen der Identifikation von Mitarbeitern und deren individueller Kooperationsbereitschaft gezeigt.[772] Analog zur vorhergehenden Hypothese kann angenommen werden, dass auch die durch eine verstärkte Mitarbeiteridentifikation induzierte Kooperationsbereitschaft von der Konsistenz zwischen der persönlichen Nachhaltigkeitseinstellung des Mitarbeiters und der Nachhaltigkeitsorientierung des Unternehmens bzw. des Anreizsystems beeinflusst wird.

Dies bedeutet, dass nachhaltigkeitsorientierte Anreizsysteme und die damit signalisierten nachhaltigkeitsbezogenen Tätigkeiten die Identifikation und folglich auch die Kooperationsbereitschaft von Personen mit einer hohen Nachhaltigkeitseinstellung stärker positiv beeinflussen sollten als dies bei Personen mit einer niedrigen Nachhaltigkeitseinstellung der Fall ist. Hieraus leitet sich folgende Hypothese ab:

*Hypothese 2c: Die Nachhaltigkeitsorientierung des Anreizsystems hat bei Personen mit einer hohen Nachhaltigkeitseinstellung einen stärker positiven Effekt auf die Mitarbeiterkooperation als bei Personen mit einer niedrigen Nachhaltigkeitseinstellung.*

---

[770] Unterschiedliche Verhaltensweisen von Mitarbeitern lassen sich auch dadurch erklären, dass diese danach streben, Konsistenz zwischen ihren Einstellungen und ihrem Verhalten herzustellen, vgl. Weinert, A. B. (2004), S. 176.

[771] Vgl. Sen, S. et al. (2006), S. 163; Bhattacharya, C. B. et al. (2008), S. 39 f.; Kim, H.-R. et al. (2010), S. 564 f.

[772] Vgl. O'Reilly, C./Chatman, J. (1986), S. 494 ff.; Bartel, C. A. (2001), S. 402 f.; Bell, S. J./Menguc, B. (2002), S. 139 f.; van Dick, R. et al. (2006), S. 288 f.

#### 4.3.2.3 *Der mediierende Einfluss des Person-Organization Fit*

Die bisher abgeleiteten Hypothesen stützen sich jeweils auf Annahmen der Signaling Theory und der Social Identity Theory in Verbindung mit einer PO-Fit Perspektive. Auf Basis dieser theoretischen Fundierung – und dabei insbesondere mit Bezug auf die PO-Fit Perspektive – lassen sich die Moderationseffekte (Hypothesen 2a-2c) dadurch begründen, dass (künftige) Mitarbeiter mit einer hohen Nachhaltigkeitseinstellung bei nachhaltigkeitsorientierten Anreizsystemen einen höheren PO-Fit wahrnehmen als (künftige) Mitarbeiter mit einer niedrigen Nachhaltigkeitseinstellung. Den Theorien folgend kann somit vermutet werden, dass die Identifikation mit einem Unternehmen und mit dessen Werten – also der **wahrgenommene PO-Fit** – ursächlich für die vermuteten Effekte ist.[773]

Diese Vermutung wird bspw. durch eine Studie von *CABLE/JUDGE (1996)* gestützt, durch die nahegelegt wird, dass der wahrgenommene PO-Fit nicht nur für die Wahl des Arbeitgebers entscheidend ist, sondern auch einen Einfluss auf weitere Aspekte des Mitarbeiterverhaltens (z. B. Mitarbeitercommitment, Mitarbeiterzufriedenheit) aufweist.[774] Zudem zeigen Ergebnisse aus einer Studie von *POSNER (1992)* einen positiven Zusammenhang zwischen dem PO-Fit und der Motivation, dem Commitment sowie der Kooperation von Mitarbeitern.[775]

Weiterhin konnte in verschiedenen Forschungsarbeiten ein positiver Zusammenhang zwischen nachhaltigkeitsbezogenen Unternehmensaktivitäten und Variablen des Mitarbeiterverhaltens gezeigt werden.[776] Auch die Befunde dieser Studien werden zumeist über die Signaling Theory und die Social Identity Theory in Verbindung mit einer PO-Fit Perspektive begründet.[777] Obwohl z. T. vermutet,[778] wird in den Studien jedoch i. d. R. nicht

---

[773] In diesem Zusammenhang wird oftmals auf die große Bedeutung hingewiesen, die insbesondere junge Arbeitnehmer der Identifikation mit dem Arbeitgeber beimessen, vgl. hierzu bspw. Heckel, M. (2013), S. 42.

[774] Vgl. Cable, D. M./Judge, T. A. (1996), S. 301.

[775] Vgl. Posner, B. Z. (1992), S. 355 ff.

[776] Vgl. bspw. Turban, D. B./Greening, D. W. (1997); Albinger, H. S./Freeman, S. J. (2000); Turker, D. (2009); Evans, W. R./Davis, W. D. (2011).

[777] Vgl. bspw. Behrend, T. S. et al. (2009).

[778] Bspw. gehen *STEINLE ET AL. (1994)* davon aus, dass sich die Mitarbeiteridentifikation durch ein fortschrittliches ökologisches Auftreten eines Unternehmens verbessern kann, wodurch wiederum positive Effekte bezüglich der Mitarbeitergewinnung und -retention sowie der Leistungsbereitschaft (Produktivität) zu erwarten sind, vgl. Steinle, C. et al. (1994), S. 436. Im umgekehrten Fall, d. h. wenn sich ein Unternehmen dagegen nicht verantwortlich gegenüber Umweltthemen zeigt, ist von einer Verschlechterung der Mitarbeiteridentifikation auszugehen. In der Folge eines negativen Umwelt-Images wird auch das Ansehen der Mitarbeiter in ihrem sozialen Umfeld negativ beeinträchtigt, woraus sich Loyalitätskonflikte ergeben können, vgl. Horst, P. (1990), S. 21.

geprüft, ob die beobachteten Effekte auch tatsächlich über den wahrgenommenen PO-Fit hervorgerufen werden.[779]

Zusammengefasst wird sowohl durch die Theorie als auch durch bestehende wissenschaftliche Erkenntnisse impliziert, dass die beobachteten bzw. vermuteten Effekte unternehmerischer Nachhaltigkeit über die Variable PO-Fit teilweise oder ganz auf abhängige Variablen (Mitarbeiterattraktion, -commitment, -motivation etc.) vermittelt werden (= Mediation). Eine **Mediation** kann dabei als ein innerer, zusätzlicher Verarbeitungsprozess verstanden werden.[780] Indem Mediatoren unmittelbar in ein Forschungsmodell einbezogen werden können diese helfen, zu einem besseren Verständnis beizutragen, wie und warum bestimmte Effekte auftreten.[781]

Auf Basis dieser Überlegungen wird im Folgenden der PO-Fit als mögliche mediierende Variable in das Forschungsmodell integriert, um ein besseres Verständnis über die den Hypothesen zugrundeliegenden theoretischen Wirkungsmechanismen zu erlangen. Getestet wird somit, ob der aus der Theorie abgeleiteten Annahme zugestimmt werden kann, dass der gemeinsame Effekt der Nachhaltigkeitsorientierung des Anreizsystems und der persönlichen Nachhaltigkeitseinstellung zunächst den wahrgenommenen PO-Fit erhöht, wodurch sich schließlich auch positive Effekte auf die abhängigen Variablen ergeben (mediierte Moderation). Daraus resultieren folgende Hypothesen:

*Hypothese 3a: Der gemeinsame Effekt der Nachhaltigkeitsorientierung des Anreizsystems und der persönlichen Nachhaltigkeitseinstellung auf die Mitarbeiterattraktion wird durch den wahrgenommenen PO-Fit mediiert.*

*Hypothese 3b: Der gemeinsame Effekt der Nachhaltigkeitsorientierung des Anreizsystems und der persönlichen Nachhaltigkeitseinstellung auf die Mitarbeitermotivation wird durch den wahrgenommenen PO-Fit mediiert.*

---

779 Vgl. bspw. Bauer, T. N./Aiman-Smith, L. (1996); Greening, D. W./Turban, D. B. (2000); Backhaus, K. B. et al. (2002). In diesem Kontext betonen *Glavas/Godwin (2013)* explizit die große Bedeutung für Wissenschaft und Unternehmenspraxis, die einem besseren Verständnis über die Wirkungszusammenhänge zwischen unternehmerischer Nachhaltigkeit und dem Mitarbeiterverhalten zukommt, vgl. Glavas, A./Godwin, L. N. (2013), S. 16.

780 Vgl. Baron, R. M./Kenny, D. A. (1986), S. 1176; Müller, D. (2009), S. 245 f.

781 Vgl. Baron, R. M./Kenny, D. A. (1986), S. 1176; Müller, D. (2009), S. 245 f.

*Hypothese 3c: Der gemeinsame Effekt der Nachhaltigkeitsorientierung des Anreizsystems und der persönlichen Nachhaltigkeitseinstellung auf die Mitarbeiterkooperation wird durch den wahrgenommenen PO-Fit mediiert.*

## 4.4 Zwischenfazit

Vor dem Hintergrund der Implementierung sowie einer erwarteten weiteren Bedeutungszunahme nachhaltigkeitsorientierter Anreizsysteme hat sich Kapitel 4 umfassend mit den daraus resultierenden Wirkungen auf das Mitarbeiterverhalten beschäftigt. Unter Bezugnahme auf bestehende Forschungsarbeiten wurden theoriegestützt Forschungshypothesen zu den Verhaltenswirkungen nachhaltigkeitsorientierter Anreizsysteme abgeleitet. Aus den vorangegangenen Überlegungen resultiert das folgende Forschungsmodell (vgl. Abbildung 10).

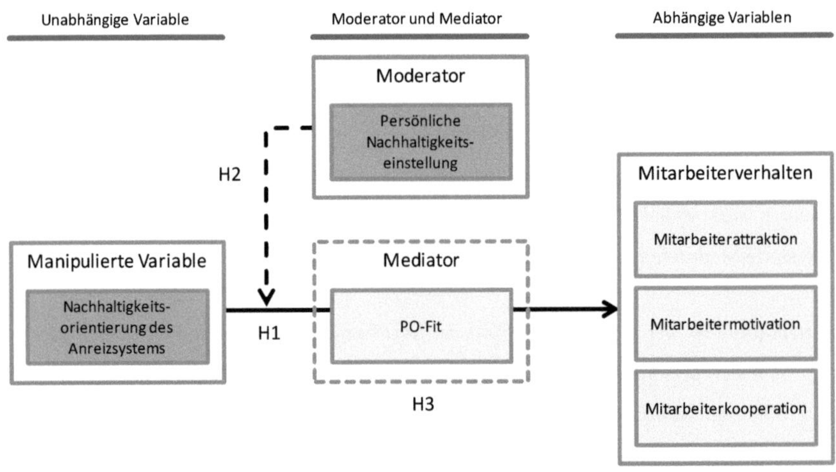


Abb. 10: Forschungsmodell der empirischen Untersuchung

Das Forschungsmodell besteht aus der zu manipulierenden unabhängigen Variable (Nachhaltigkeitsorientierung des Anreizsystems), der Moderator-Variable (persönliche Nachhaltigkeitseinstellung), der Mediator-Variable (PO-Fit) sowie den drei verhaltensbezogenen abhängigen Variablen (Mitarbeiterattraktion, -motivation und -kooperation). Zunächst wird untersucht, ob von der Nachhaltigkeitsorientierung des Anreizsystems positive Effekte auf das von Anreizsystemen im Allgemeinen intendierte Mitarbeiterverhalten (Mitarbeiterattraktion, -motivation und -kooperation) ausgehen (Haupteffekte; Hypothesen 1a-1c). Darauf aufbauend wird in einem nächsten Schritt geprüft, inwieweit die Effekte der Nachhaltigkeitsorientierung des Anreizsystems auf die abhängigen Variablen durch die persönliche Nachhaltigkeitseinstellung der Mitarbeiter moderiert werden (Interaktionseffekte; Hypothesen 2a-2c). Zuletzt wird getestet, ob die gemeinsamen Effekte der Nachhaltigkeitsorientierung des Anreizsystems und der persönlichen Nachhaltigkeitseinstellung auf die abhängigen Variablen jeweils durch den wahrgenommenen PO-Fit mediiert werden (mediierte Moderation; Hypothesen 3a-3c).

# 5 Empirische Untersuchung der Verhaltenswirkungen nachhaltigkeitsorientierter Anreizsysteme

## 5.1 Zielsetzung

Die zentrale Zielsetzung der empirischen Untersuchung besteht darin, die durch die Implementierung nachhaltigkeitsorientierter Anreizsysteme resultierenden Effekte auf das Mitarbeiterverhalten zu analysieren. Grundlage der Untersuchung sind die in Kapitel 4 abgeleiteten Hypothesen sowie das daraus entwickelte Forschungsmodell (vgl. Abbildung 10). Dabei wird zunächst getestet, ob sich durch nachhaltigkeitsorientierte Anreizsysteme im Vergleich zu traditionellen Anreizsystemen positive Effekte in Bezug auf die Mitarbeiterattraktion, -motivation sowie -kooperation zeigen (Hypothesen 1a-1c). Zweitens wird geprüft, ob die Effekte der Nachhaltigkeitsorientierung des Anreizsystems auf die verhaltensbezogenen Variablen durch die persönliche Nachhaltigkeitseinstellung moderiert werden (Hypothesen 2a-2c). Schließlich wird untersucht, ob die gemeinsamen Effekte der Nachhaltigkeitsorientierung des Anreizsystems und der persönlichen Nachhaltigkeitseinstellung auf die verhaltensbezogenen Variablen durch den wahrgenommenen Person-Organization Fit (PO-Fit) mediiert werden (Hypothesen 3a-3c).

## 5.2 Methodische Vorgehensweise

### 5.2.1 Untersuchungsmethode

Die Hypothesenprüfung erfolgte im Rahmen einer **experimentellen Befragung**. Der zentrale Vorteil einer experimentellen Untersuchung besteht darin, gezielt die Ausprägung unabhängiger Variablen manipulieren zu können.[782] Weiterhin können Störgrößen in experimentellen Versuchsanordnungen weitestgehend ausgeschaltet oder kontrolliert werden.[783] So ermöglicht die Forschungsmethode einerseits die Überprüfung von Konzepten, die in der Unternehmenspraxis noch nicht ausreichend erprobt bzw. umgesetzt sind.[784] Andererseits gilt das Experiment als zuverlässige Methode, um aus der Theorie abgeleitete Kausalzusammenhänge bzw. Ursache-Wirkungs-Beziehungen zu untersuchen.[785] Mit Blick auf die Zielsetzung dieser Arbeit ermöglicht eine experimentelle Befragung also zunächst eine

---

[782] Vgl. Eschweiler, M. et al. (2007), S. 546; Rack, O./Christophersen, T. (2009), S. 19 f. Vgl. zu den Spezifika, Stärken und Schwächen experimenteller Forschung weiterführend auch Hirsch, B. (2009).

[783] Vgl. Christensen, L. B. (2007), S. 84; Eschweiler, M. et al. (2009), S. 366; Rack, O./Christophersen, T. (2009), S. 19 f.

[784] Vgl. Kachelmeier, S. J./King, R. R. (2002), S. 219 ff.

[785] Vgl. Christensen, L. B. (2007), S. 83; Gillenkirch, R. M./Arnold, M. C. (2008), S. 130; Kaya, M. (2009), S. 57.

systematische Manipulation und Untersuchung nachhaltigkeitsorientierter Anreizsysteme und damit die Überprüfung von einem in der Unternehmenspraxis noch nicht umfassend umgesetzten Konzept. Zudem können unter Berücksichtigung und Ausschaltung von Störvariablen die in den Hypothesen 1a-3c vermuteten Kausalzusammenhänge getestet werden.

Aufgrund der genannten Eigenschaften und Vorteile kommt die Untersuchungsmethode der experimentellen Befragung in einer Vielzahl an Studien zur Anwendung, die den Einfluss unternehmerischer Nachhaltigkeit auf Verhaltensabsichten potenzieller Mitarbeiter untersuchen.[786] Bspw. prüfen *Behrend et al. (2009)* im Rahmen einer experimentellen Befragung, ob sich umweltspezifische Unternehmensinformationen positiv auf die Bewerbungsabsichten potenzieller Mitarbeiter auswirken.[787] Auch *Evans/Davis (2011)* untersuchen mit Hilfe einer experimentellen Befragung, ob ein positiver Zusammenhang zwischen der wahrgenommenen gesellschaftlichen Verantwortung eines Unternehmens und dessen Attraktivität als Arbeitgeber besteht.[788] Schließlich betonen *Kolk/Perego (2013)* sogar explizit, dass eine experimentelle Untersuchung besonders geeignet ist, um die Effekte nachhaltigkeitsorientierter Anreizsysteme auf das Mitarbeiterverhalten zu analysieren.[789]

### 5.2.2 Untersuchungsdesign

Für die experimentelle Untersuchung wurde ein **2 x 2 Between-Subjects Design** herangezogen. Ein zweifaktorielles Design liegt vor, da zum einen der Einfluss der Nachhaltigkeitsorientierung des Anreizsystems und zum anderen der Einfluss der persönlichen Nachhaltigkeitseinstellung auf die abhängigen Variablen getestet werden. Dabei weist der erste Faktor „Nachhaltigkeitsorientierung des Anreizsystems“ (A) die beiden Faktorstufen „traditionell“ (= nicht-nachhaltigkeitsorientiert) (A1) und „nachhaltigkeitsorientiert“ (A2) auf. Der zweite Faktor „persönliche Nachhaltigkeitseinstellung“ (B) resultiert aus der Abfrage der individuellen Nachhaltigkeitseinstellung der Probanden. Um Unterschiede hinsichtlich der persönlichen Nachhaltigkeitseinstellung zu erfassen, wurde die Grundgesamtheit der Teil-

---

786 Vgl. bspw. Bauer, T. N./Aiman-Smith, L. (1996); Greening, D. W./Turban, D. B. (2000); Behrend, T. S. et al. (2009); Evans, W. R./Davis, W. D. (2011). Experimentelle Befragungen werden daneben auch zur Abfrage von Verhaltensabsichten in anderen Situationen, wie bspw. bei Investitionsentscheidungen oder Produktpräferenzen, eingesetzt, vgl. bspw. Sen, S. et al. (2006); Rikhardsson, P./Holm, C. (2008); Sterzel, J. (2011).

787 Vgl. Behrend, T. S. et al. (2009).

788 Vgl. Evans, W. R./Davis, W. D. (2011).

789 Vgl. Kolk, A./Perego, P. (2013), S. 13.

nehmer mithilfe eines **Median-Splits** in zwei Gruppen unterteilt.[790] Probanden mit einer Nachhaltigkeitseinstellung unterhalb des Medians gehören dabei zur Gruppe „niedrige Nachhaltigkeitseinstellung" (B1). Alle Teilnehmer, deren Nachhaltigkeitseinstellung auf oder oberhalb des Medians liegt, bilden die Gruppe „hohe Nachhaltigkeitseinstellung" (B2). **Between-Subjects** bedeutet schließlich, dass ein Proband nur mit einer der beiden experimentellen Bedingungen, d. h. mit einem traditionellen Anreizsystem (A1) oder mit einem nachhaltigkeitsorientierten Anreizsystem (A2) konfrontiert wurde. Hieraus ergibt sich der Vorteil, dass die Probanden nicht auf den Untersuchungszweck schließen können.[791] Das Untersuchungsdesign wird in Abbildung 11 dargestellt.

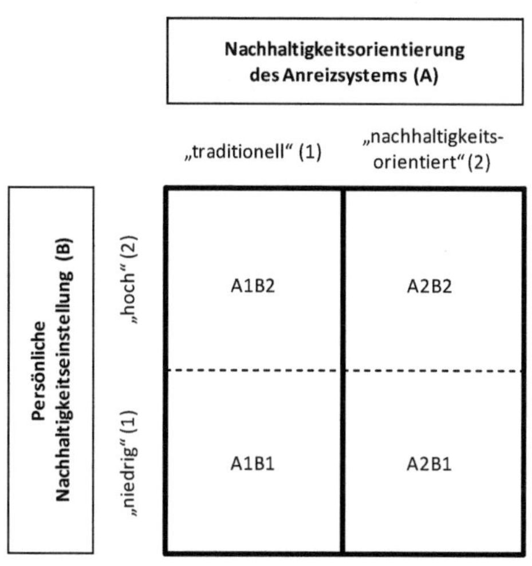


Abb. 11: Design der empirischen Untersuchung

### 5.2.3 Fragebogendesign

Die Fragebögen wurden entsprechend des dargestellten Untersuchungsdesigns entwickelt. Um die Verständlichkeit des Fragebogens sicherzustellen, wurde im Vorfeld der Untersuchung ein Pretest durchgeführt. Aus den Hinweisen der Teilnehmer ergaben sich kleinere Anpassungen im Ausgangsszenario sowie in der Abfrage der personenbezogenen Informa-

[790] Durch einen Median-Split wird eine Variable am Median (künstlich) dichotomisiert, wodurch der Datensatz in zwei in etwa gleich große Gruppen aufgeteilt wird. Vgl. zur Anwendung des Median-Splits in Forschungsarbeiten bspw. Ward, C./Rana-Deuba, A. (1999), S. 431 f.; Sen, S./Bhattacharya, C. B. (2001), S. 229; Sen, S. et al. (2006), S. 163.

[791] Vgl. Christensen, L. B. (2007), S. 323.

tionen. Zunächst wird der Aufbau der Fragebögen erläutert, bevor genauer auf die Umsetzung der experimentellen Manipulation eingegangen wird.

**Aufbau des Fragebogens**

Der Fragebogen besteht aus elf nummerierten Seiten. Nach dem Deckblatt folgt eine kurze allgemeine **Einführung** in die Untersuchung, um insbesondere auf die Anonymität der Auswertung hinzuweisen. Im Anschluss wird die **Ausgangssituation** dargestellt. Die Teilnehmer sollen sich zunächst in die Rolle eines Studierenden versetzen, welcher sich im letzten Abschnitt des Studiums befindet und sich daher mit der Suche nach einer passenden beruflichen Einstiegsmöglichkeit befasst.[792] Den Teilnehmern liegt zudem eine Stellenausschreibung eines fiktiven Unternehmens, der Entrance Bayern GmbH, vor.[793] Darin wird zunächst grob auf das Unternehmen, die jobbezogenen Anforderungen sowie die Arbeitsinhalte eingegangen. Weiterhin werden den Probanden Informationen über das für die ausgeschriebene Stelle maßgebliche Anreizsystem zur Verfügung gestellt. Insbesondere wird darin auf die Gesamtvergütung, die zu erwartende variable Vergütung und die dafür zugrundeliegenden Bemessungsgrundlagen hingewiesen. Im Anschluss an die Ausgangssituation werden die Teilnehmer um **Einschätzungen bezüglich aller zu messenden Variablen** (abhängige Variablen, Mediator-Variable und Moderator-Variable) gebeten. Außerdem sollen die Teilnehmer Einschätzungen zum Aufbau und der Struktur des Anreizsystems abgeben. Zu beurteilen ist bspw., ob das Anreizsystem klar verständlich und dessen Funktionsweise gut nachvollziehbar ist. Zum Ende des Fragebogens werden die folgenden **persönlichen Informationen** der Teilnehmer erhoben: Geschlecht, Alter, Arbeitserfahrung, Studiengang und Semesterzahl.

---

792 Da die teilnehmenden Studierenden zum Zeitpunkt der Untersuchung i. d. R. kurz vor dem Abschluss des Bachelorstudiums standen, handelt es sich um eine besonders realitätsnahe Situation.

793 In der experimentellen Forschung kommen häufig fiktive jedoch gleichzeitig realitätsnahe Szenarien zur Anwendung, um bspw. zu untersuchen, wie sich bestimmte Charakteristika einer Organisation auf die Mitarbeiterattraktion auswirken. Im Kontext unternehmerischer Nachhaltigkeit wurde u. a. experimentell getestet, welchen Einfluss umweltbezogene Informationen oder die Nachhaltigkeitsleistung eines Unternehmens auf die Mitarbeiterattraktion haben, vgl. bspw. Strand, R. et al. (1981); Bauer, T. N./Aiman-Smith, L. (1996); Greening, D. W./Turban, D. B. (2000); Aiman-Smith, L. et al. (2001); Berens, G. et al. (2007); Behrend, T. S. et al. (2009); Evans, W. R./Davis, W. D. (2011).

**Umsetzung der experimentellen Manipulation**

Entsprechend des Untersuchungsdesigns sind **zwei experimentelle Bedingungen** (traditionelles vs. nachhaltigkeitsorientiertes Anreizsystem) zu unterscheiden, die aus der planmäßigen Manipulation der unabhängigen Variable „Nachhaltigkeitsorientierung des Anreizsystems" resultieren. Daraus ergibt sich, dass grundsätzlich zwei unterschiedliche Fragebögen zum Einsatz kommen. In einem ersten Szenario (Fragebogen 1) wird in der Stellenausschreibung ein traditionelles Anreizsystem beschrieben, wohingegen in einem zweiten Szenario (Fragebogen 2) ein nachhaltigkeitsorientiertes Anreizsystem enthalten ist.[794] Die beiden Fragebögen unterscheiden sich somit lediglich bezüglich der Nachhaltigkeitsorientierung des Anreizsystems.

Um möglicherweise auftretende **Reihenfolgeeffekte** zu verhindern, wurde in der Hälfte aller Fragebögen die Abfolge der Konstruktmessung variiert, so dass es sowohl von Fragebogen 1 als auch von Fragebogen 2 zwei verschiedene Versionen gab.[795] In Summe kamen zur Datenerhebung somit vier verschiedene Fragebögen zum Einsatz, die den Teilnehmern vollkommen zufällig zugeteilt wurden.[796] Außer der experimentellen Manipulation und der beschriebenen bewussten Variation der Reihenfolge waren alle Fragebögen bezüglich Inhalt und Format absolut identisch.

### 5.2.4 Operationalisierung der Variablen

Wie in Abschnitt 5.2.1 bereits erläutert, erfolgt die Erfassung der Konstrukte im Rahmen einer experimentellen Befragung (hypothetisches Szenario). Da durch diese Versuchsanordnung nicht das tatsächliche Verhalten erfasst werden kann, werden die Teilnehmer stattdessen gebeten, ihre Verhaltensabsichten bezüglich der interessierenden abhängigen Variablen anzugeben. Dieses Vorgehen stützt sich auf Annahmen der **Theory of Planned Behavior** bzw. Theory of Reasoned Action und ist darüber hinaus Grundlage zahlreicher empirischer

[794] Die genaue Operationalisierung traditioneller bzw. nachhaltigkeitsorientierter Anreizsysteme ist dem nachfolgenden Abschnitt 5.2.4 zu entnehmen.

[795] Mit dem sog. *Ausbalancieren* wird versucht, mögliche Störeffekte, die infolge einer bestimmten Reihenfolge der Konstruktabfrage resultieren, auszuschalten, vgl. Rack, O./Christophersen, T. (2009), S. 29 f.

[796] Durch diese sog. *Randomisierung* (zufällige Zuweisung der Teilnehmer auf die Experimentalbedingungen) wird erreicht, dass potenzielle bzw. unbekannte Störvariablen in allen Gruppen gleich stark ausgeprägt sein sollten, vgl. Gillenkirch, R. M./Arnold, M. C. (2008), S. 130; Rack, O./Christophersen, T. (2009), S. 29; Schnell, R. et al. (2011), 215 f.

Forschungsarbeiten.[797] Im Rahmen der Theorien wird argumentiert, dass Verhaltensabsichten die unmittelbare Vorstufe des tatsächlichen Verhaltens darstellen.[798] Im Einklang mit der Theorie sowie bestehenden Forschungsarbeiten wird daher auch für die vorliegende Untersuchung angenommen, dass Verhaltensabsichten verlässliche Prädiktoren für nicht beobachtbares Verhalten darstellen.

**Manipulierte Variable**

Gegenstand der Manipulation war die Nachhaltigkeitsorientierung des Anreizsystems in den jeweiligen Szenarien. Folglich wurden auf Basis einschlägiger Quellen ein traditionelles Anreizsystem für Szenario 1 sowie ein nachhaltigkeitsorientiertes Anreizsystem für Szenario 2 entworfen.

Wie aus Kapitel 3 (Gestaltung nachhaltigkeitsorientierter Anreizsysteme) hervorgeht, sind **nachhaltigkeitsorientierte Anreizsysteme** dadurch gekennzeichnet, dass neben ökonomischen auch ökologische und soziale Aspekte berücksichtigt werden (Triple Bottom Line). Konkret bedeutet dies, dass zur Leistungsbeurteilung neben ökonomischen Kenngrößen zusätzlich auch ökologische und soziale Kenngrößen einbezogen werden.[799] Hierbei sind insbesondere umwelt- und mitarbeiterbezogene Themen von Interesse.[800] In Abgrenzung dazu fokussieren **traditionelle Anreizsysteme** in der Regel rein wirtschaftliche Aspekte bzw. Erfolgsfaktoren.[801] Vor diesem Hintergrund können beide Arten von Anreizsystemen über die Wahl entsprechender Bemessungsgrundlagen abgegrenzt bzw. spezifiziert werden. Die entsprechenden Bemessungsgrundlagen für beide Szenarien wurden dabei auf Basis verschiedener Quellen ausgewählt. Dazu gehören im Allgemeinen die einschlägige Literatur zu Anreiz- und Vergütungssystemen[802] sowie real existierende Anreizsysteme der Unternehmenspraxis[803]. Speziell für nachhaltigkeitsorientierte Bemessungsgrundlagen ergeben sich wertvolle Hinweise aus Standards und Leitfäden aus dem Bereich der Nachhaltigkeits-

---

[797] Vgl. bspw. Bauer, T. N./Aiman-Smith, L. (1996); Greening, D. W./Turban, D. B. (2000); Sen, S. et al. (2006); Behrend, T. S. et al. (2009); Evans, W. R./Davis, W. D. (2011).

[798] Vgl. Ajzen, I. (1985), S. 12; Ajzen, I./Madden, T. J. (1986), S. 454; Rossmann, C. (2011), S. 27.

[799] Vgl. von Eckardstein, D./Konlechner, S. (2008), S. 49 f.

[800] Vgl. Braun, S./Loew, T. (2008), S. 5.

[801] Vgl. von Eckardstein, D./Konlechner, S. (2008), S. 58 f.; Kolk, A./Perego, P. (2013), S. 2.

[802] Vgl. bspw. Bassen, A. et al. (2000); Becker, F. G./Kramarsch, M. (2006); Rapp, M. S./Wolff, M. (2010).

[803] Vgl. bspw. Wilke, P./Schmid, K. (2012), S. 51 ff.

berichterstattung[804], den Anforderungskatalogen zur Bewertung der Nachhaltigkeitsleistung (CSR-Rating-Agenturen)[805] sowie aus wissenschaftlichen Beiträgen, die sich mit Nachhaltigkeitskennzahlen[806] oder der Messung der Nachhaltigkeitsleistung[807] von Unternehmen befassen.

Für Szenario 1 (traditionelles Anreizsystem) wurde die Bemessungsgrundlage **Earnings before interest and taxes (EBIT)** gewählt. Dies ist dadurch begründet, dass die Kenngröße EBIT in der Literatur vielfach als typische Beurteilungsgröße des ökonomischen Erfolges genannt wird.[808] Auch aus empirischen Erhebungen geht hervor, dass Unternehmen zur Leistungsbeurteilung zumeist traditionelle Größen des Rechnungswesens und dabei insbesondere die Kenngröße EBIT verwenden.[809]

Als nachhaltigkeitsorientierte Bemessungsgrundlagen wurden für Szenario 2 (nachhaltigkeitsorientiertes Anreizsystem) die folgenden Beurteilungsgrößen identifiziert: a) Earnings before interest and taxes (EBIT) (3-jähriger Durchschnitt), b) Energieeffizienz und c) Mitarbeiterzufriedenheit. Die Kenngröße **EBIT** bezieht sich auf die ökonomische Dimension der Nachhaltigkeit. Durch die mehrjährige Berechnung (3-jähriger Durchschnitt) wird zudem der dem Nachhaltigkeitskonzept inhärente Aspekt der Langfristigkeit betont.[810] Die Kenngröße **Energieeffizienz** repräsentiert die ökologische Dimension der Nachhaltigkeit. Diese Kenngröße wird in der Literatur übergreifend als eine der bedeutendsten ökologischen Kenngrößen bezeichnet.[811] Auch aus Unternehmensbefragungen geht hervor, dass ein effizienter

---

804 Vgl. insbesondere IÖW/future (2009); DVFA/EFFAS (2010); Hesse, A. (2010); GRI (2011).

805 Vgl. bspw. Sustainalytics GmbH (2012); oekom research AG (2013).

806 Vgl. bspw. Clausen, J. (1998); Pape, J. et al. (2009).

807 Vgl. bspw. Ilinitch, A. Y. et al. (1998); Hubbard, G. (2009).

808 Vgl. Evers, H. et al. (2010), S. 56; Rapp, M. S./Wolff, M. (2010), S. 1078; von Hülsen, H.-C./Weisel, T. (2011), S. 130.

809 Vgl. Riegler, C. (2000a), S. 157 f.; Wilsing, H.-U./Paul, C. A. (2010), S. 364; Wilke, P./Schmid, K. (2012), S. 37.

810 Vgl. hierzu Abschnitt 2.2.2 dieser Arbeit.

811 Vgl. Dyckhoff, H./Souren, R. (2008), S. 150; Hubbard, G. (2009), S. 187. In Bezug auf ökologische Effizienzkennzahlen gilt es zu beachten, dass eine Verbesserung der Kennzahl nicht automatisch eine ökologische Verbesserung im Sinne einer Entlastung der Umwelt zur Folge hat. Dies kann anhand des sog. Rebound-Effekts (auch Bumerang-Effekt) bspw. für Energiedienstleistungen verdeutlicht werden. Der Effekt beschreibt den Fall, dass eine erhöhte Energieeffizienz bei einer Energiedienstleistung zur Verbilligung dieser Energiedienstleistung führt, wodurch schließlich die Nachfrage nach der Energiedienstleistung steigt. Der infolge der Effizienzsteigerung gesunkene Energieverbrauch kann durch vermehrte Nutzung und Konsum infolge des Preisrückgangs sogar überkompensiert werden, vgl. zum Rebound-Effekt weiterführend Sorrell, S./Dimitropoulos, J. (2008). Nachdem die Energieeffizienz in der Literatur regelmäßig als praktikabler Indikator für die ökologische Dimension der Nachhaltigkeit vorgeschlagen wird, kann davon ausgegangen werden, dass für Unternehmen i. d. R. effizienz- und wachstumsorientierte Nachhaltigkeitsstrategien (Ziel: mehr Output je eingesetzter ökologischer Ressource) angenommen werden. Würden Unternehmen dage-

Energieverbrauch regelmäßig als eines der wichtigsten Handlungsfelder im Bereich „Umwelt" angesehen wird.[812] Nicht zuletzt wird die Energieeffizienz als eine branchenübergreifende und somit für alle Unternehmen relevante Beurteilungsgröße betrachtet.[813] Darüber hinaus wird diese Kenngröße bereits in der Unternehmenspraxis zur Leistungsbeurteilung verwendet.[814] Weiterhin steht die Kenngröße **Mitarbeiterzufriedenheit** für die soziale Dimension der Nachhaltigkeit. Die Mitarbeiterzufriedenheit ist einer der am häufigsten in der Literatur vorgeschlagenen sozialen Nachhaltigkeitsindikatoren.[815] Auch aus Sicht der Unternehmenspraxis zählen mitarbeiterbezogene Themen zu den wichtigsten Aspekten der sozialen Nachhaltigkeit.[816] Die Kenngröße Mitarbeiterzufriedenheit erscheint nicht zuletzt geeignet, da diese zum Teil bereits heute als Bemessungsgrundlage in Vergütungssysteme der Unternehmenspraxis eingeht.[817]

### Abhängige Variablen

Im Rahmen der vorliegenden Untersuchung wird der Effekt der Nachhaltigkeitsorientierung des Anreizsystems auf die Mitarbeiterattraktion, -motivation sowie -kooperation unter Einbezug einer potenziell moderierenden (persönliche Nachhaltigkeitseinstellung) sowie einer potenziell mediierenden Variable (PO-Fit) untersucht. Zur Erfassung dieser Konstrukte wurden entsprechende Messinstrumente aus empirischen Forschungsarbeiten übernommen und teilweise für die Zwecke dieser Untersuchung angepasst. Die Messung der Konstrukte erfolgte jeweils über 7-stufige Likert-Skalen (1 = „stimme gar nicht zu" bis 7 = „stimme voll zu").

Die **Mitarbeiterattraktion** wurde durch vier Indikatoren gemessen. Diese wurden aus den in der Literatur etablierten Skalen von *Turban/Keon (1993)*[818] und *Greening/Turban (2000)*[819] abgeleitet. Indikatoren für die Mitarbeiterattraktion waren bspw. „Ich würde gerne für die

---

gen eine auf Suffizienz gerichtete Nachhaltigkeitsstrategie (Ziel: geringerer absoluter Rohstoff- und Energieverbrauch) verfolgen, wäre eine Effizienzkennzahl weniger zweckmäßig und stattdessen eine Kennzahl der ökologischen Effektivität heranzuziehen (z. B. absoluter Energieverbrauch).

812 Vgl. Schaltegger, S. et al. (2010), S. 42 f.; von Hülsen, H.-C./Weisel, T. (2011), S. 124.

813 Vgl. Hubbard, G. (2009), S. 186; DVFA/EFFAS (2010), S. 18 ff.

814 Vgl. bspw. Royal DSM (2013), S. 127; Royal Dutch Shell (2013), S. 68.

815 Vgl. Hubbard, G. (2009), S. 187; von Hülsen, H.-C./Weisel, T. (2011), S. 124.

816 Vgl. Schaltegger, S. et al. (2010), S. 42 f.; von Hülsen, H.-C./Weisel, T. (2011), S. 124.

817 Vgl. bspw. Deutsche Telekom AG (2013), S. 282; SAP AG (2013), S. 34.

818 Vgl. Turban, D. B./Keon, T. L. (1993), S. 188.

819 Vgl. Greening, D. W./Turban, D. B. (2000), S. 267.

Entrance Bayern GmbH arbeiten" und „Ich würde ein Jobangebot der Entrance Bayern GmbH annehmen". Der Cronbachs Alpha Wert für diese Skala ist α = 0,92.[820]

Das Konstrukt **Mitarbeitermotivation** wurde durch vier Indikatoren erfasst, die aus einer Studie von *Wright (2004)*[821] übernommen wurden. Indikatoren für die Mitarbeitermotivation waren bspw. „Als Mitarbeiter der Entrance Bayern GmbH würde ich zusätzliche Arbeiten erledigen, die eigentlich nicht von mir erwartet werden" und „Als Mitarbeiter der Entrance Bayern GmbH wäre ich bereit, morgens früher mit der Arbeit zu beginnen oder abends länger zu bleiben, um die Arbeit zu erledigen". Der zugehörige Wert für das Cronbachs Alpha dieser Skala ist α = 0,79.

Die **Mitarbeiterkooperation** wurde in Anlehnung an *Rost et al. (2010)*[822] mit acht Indikatoren gemessen. Indikatoren für die Mitarbeiterkooperation waren bspw. „Als Mitarbeiter der Entrance Bayern GmbH würde ich Informationen an meine direkten Kollegen weitergeben" und „Als Mitarbeiter der Entrance Bayern GmbH würde ich direkte Kollegen unterstützen, sofern diese von anderen Kollegen unberechtigt kritisiert werden". Der Cronbachs Alpha Wert für diese Skala ist α = 0,85.

**Mediator-Variable**

Für die Messung des wahrgenommenen **Person-Organization Fit (PO-Fit)** wurde eine aus drei Indikatoren bestehende Skala von *Cable/DeRue (2002)*[823] übernommen. Ein Beispiel-Indikator für den wahrgenommenen PO-Fit war „Meine persönlichen Werte stimmen mit den Werten und der Kultur dieser Organisation weitestgehend überein". Der zugehörige Wert für das Cronbachs Alpha dieser Skala ist α = 0,93.

---

[820] In der Forschung wird insbesondere auf das Cronbachs Alpha zur Bestimmung der internen Konsistenz einer Skala abgestellt, vgl. Bühner, M. (2011), S. 166. Im Allgemeinen wird von einer hohen internen Konsistenz einer Skala ausgegangen, wenn das Cronbachs Alpha den empfohlenen Grenzwert von 0,7 übersteigt, vgl. Nunnally, J. C. (1978), S. 245.

[821] Vgl. Wright, B. E. (2004), S. 74.

[822] Vgl. Rost, K. et al. (2010), S. 130.

[823] Vgl. Cable, D. M./DeRue, D. S. (2002), S. 879.

### Moderator-Variable

Die **persönliche Nachhaltigkeitseinstellung** der Teilnehmer wurde in enger Anlehnung an eine von *Kolodinsky et al. (2010)*[824] verwendete Skala durch insgesamt sechs Indikatoren gemessen.[825] Indikatoren für die Erfassung der persönlichen Nachhaltigkeitseinstellung waren bspw. „Ethisches Handeln und gesellschaftliche Verantwortung sind für den Fortbestand eines Unternehmens von entscheidender Bedeutung" und „Die Übernahme gesellschaftlicher Verantwortung ist eine der bedeutsamsten Unternehmensaufgaben". Der Cronbachs Alpha Wert für diese Skala ist $\alpha = 0{,}83$.

### Kontrollvariablen

Neben den vermuteten Wirkungszusammenhängen können die abhängigen Variablen noch von weiteren Variablen (sog. Störvariablen) beeinflusst werden.[826] Um eine Verzerrung durch Störvariablen zu vermeiden, sind diese im Rahmen des Experiments zu kontrollieren.[827] Als mögliche Störvariablen wurden das Alter und das Geschlecht der Teilnehmer identifiziert und am Ende des Fragebogens erhoben.

Auf Basis empirischer Erkenntnisse wird zunächst angenommen, dass sich das Alter der Teilnehmer auf die abhängigen Variablen auswirken könnte. Altersinduzierte Unterschiede zeigen sich bspw. in Studienergebnissen von *Judge/Bretz (1992)*[828] für die Mitarbeiterattraktion sowie bei *Sommer et al. (1996)*[829] für das Mitarbeitercommitment. Daher wird das **Alter der Teilnehmer**, wie in vergleichbaren Studien üblich,[830] als erste Kontrollvariable aufgenommen.

---

824 Vgl. Kolodinsky, R. W. et al. (2010), S. 173 f.

825 Im Einklang mit weiteren Forschungsarbeiten, wie bspw. von *Turker (2009)* oder *Godos-Díez et al. (2011)*, welche die persönliche Einstellung zur Nachhaltigkeit erfassen, gehen die von *Kolodinsky et al. (2010)* herangezogenen Indikatoren ursprünglich auf ein von *Singhapakdi et al. (1996)* entwickeltes Instrument zur Messung der individuell wahrgenommenen Bedeutung ethischer und gesellschaftlicher Unternehmensverantwortung zurück, vgl. Singhapakdi, A. et al. (1996), S. 1138; Turker, D. (2009), S. 194 f.; Kolodinsky, R. W. et al. (2010), S. 173 f.; Godos-Díez, J.-L. et al. (2011), S. 544.

826 Vgl. Eschweiler, M. et al. (2007), S. 547.

827 Vgl. Christensen, L. B. (2007), S. 84.

828 Vgl. Judge, T. A./Bretz, R. D. (1992), S. 268.

829 Vgl. Sommer, S. M. et al. (1996), S. 985 f.

830 Vgl. bspw. Bauer, T. N./Aiman-Smith, L. (1996); Greening, D. W./Turban, D. B. (2000); Aiman-Smith, L. et al. (2001); Brammer, S. et al. (2007); Stites, J. P./Michael, J. H. (2011).

Des Weiteren können die abhängigen Variablen durch das Geschlecht beeinflusst werden. Zum einen geht aus empirischen Erkenntnissen von *Backhaus et al. (2002)*[831] und *Peterson (2004)*[832] hervor, dass Frauen und Männer die Wichtigkeit nachhaltigkeitsbezogener Themen (z. B. Bedeutung der Diversity) unterschiedlich einschätzen.[833] Zum anderen werden geschlechtsspezifische Unterschiede im Arbeits- und Bewerbungsverhalten durch Studien von *Mottaz (1986)*[834] und *Rynes et al. (1991)*[835] verdeutlicht. Folglich wird auch das **Geschlecht der Teilnehmer**, analog zu vielen Studien des Forschungsfeldes,[836] als weitere Kontrollvariable berücksichtigt.

**Manipulationscheck**

Vor der eigentlichen Untersuchung der Wirkungszusammenhänge muss zunächst geprüft werden, ob die unabhängige Variable in der Stichprobe auch in der vorgesehenen Weise realisiert wurde.[837] Durch einen sogenannten **Manipulationscheck** gilt es somit zu erfassen, ob die Manipulation der Nachhaltigkeitsorientierung des Anreizsystems auch durch die Probanden wahrgenommen wurde. Der Manipulationscheck wurde mithilfe von drei Indikatoren durchgeführt. Die Teilnehmer sollten u. a. ihre Einschätzung zu folgendem Statement abgeben: „Die Gewährung leistungsabhängiger variabler Vergütungsbestandteile bemisst sich anhand nachhaltigkeitsorientierter Bemessungsgrundlagen". Der Cronbachs Alpha Wert für diese Skala ist $\alpha = 0{,}92$.

### 5.2.5 Datenerhebung

Die experimentelle Untersuchung wurde mit **Studierenden** einer führenden deutschen Universität im Vorfeld der Veranstaltung „Controlling" durchgeführt. Dadurch wurde sichergestellt, dass die Teilnehmer mit betriebswirtschaftlichen Grundlagen und vor allem mit der Funktionsweise von Anreizsystemen vertraut waren.

---

831 Vgl. Backhaus, K. B. et al. (2002), S. 305.
832 Vgl. Peterson, D. K. (2004), S. 312 f.
833 Vgl. hierzu auch die Studienergebnisse bei Fukukawa, K. et al. (2007), S. 390 und van der Wal, Z./Huberts, L. (2008), S. 274.
834 Vgl. Mottaz, C. (1986), S. 364 ff.
835 Vgl. Rynes, S. L. et al. (1991), S. 511 f.
836 Vgl. bspw. Bauer, T. N./Aiman-Smith, L. (1996); Turker, D. (2009); Stites, J. P./Michael, J. H. (2011); Lin, C.-P. et al. (2012).
837 Vgl. Perdue, B. C./Summers, J. O. (1986), S. 317 f.; Eschweiler, M. et al. (2009), S. 372.

Im Kontext der Befragung studentischer Probanden werden häufig Bedenken, insbesondere hinsichtlich der Generalisierbarkeit bzw. externen Validität der Ergebnisse, geäußert.[838] Vor dem Hintergrund der verfolgten Forschungsfrage erscheint das Heranziehen studentischer Probanden dennoch aus den folgenden Gründen angemessen: Zunächst werben viele Unternehmen gezielt um Absolventen von Universitäten und versuchen diese für einen Berufseinstieg zu gewinnen. Folglich repräsentieren Studierende eine besonders relevante Gruppe, aus der Unternehmen ihre künftigen Mitarbeiter rekrutieren.[839] Weiterhin befanden sich die befragten Studierenden i. d. R. im letzten Abschnitt ihres Bachelorstudiums.[840] Daher kann angenommen werden, dass sich die Studierenden größtenteils bereits mit beruflichen Einstiegsmöglichkeiten auseinandergesetzt haben und mit Stellenanzeigen von Unternehmen – und somit auch mit dem Kontext der Untersuchung – sehr gut vertraut sind. Zudem hat eine studentische Grundgesamtheit den Vorteil, dass die Untersuchungsergebnisse gut mit den Ergebnissen vorheriger Forschungsarbeiten vergleichbar sind, die i. d. R. ebenfalls auf Studentenbefragungen basieren.[841] Schließlich spricht für eine studentische Befragung, dass Studierende eine relativ homogene Stichprobe darstellen. Eine homogene Stichprobe trägt dazu bei, den negativen Einfluss potenzieller Störvariablen zu verringern.[842]

Die Datenerhebung erfolgte mithilfe der in Abschnitt 5.2.3 beschriebenen Fragebögen. Vor Beginn der Bearbeitung wurden die Teilnehmer durch den Versuchsleiter über die wesentlichen inhaltlichen und organisatorischen Aspekte unterrichtet. Insbesondere wurde betont, dass die Datenauswertung absolut vertraulich erfolgt und keine Rückschlüsse auf einzelne Teilnehmer gezogen werden können.

Um alle Studierenden zur Teilnahme zu motivieren, wurde ein begleitendes Gewinnspiel durchgeführt. Mit einem Los, welches in den Fragebogen geheftet war, nahmen alle Pro-

---

[838] Vgl. bspw. Eschweiler, M. et al. (2009), S. 383.

[839] Vgl. Evans, W. R./Davis, W. D. (2011), S. 473.

[840] Die durchschnittliche Semesterzahl der Untersuchungsteilnehmer betrug 4,5 Fachsemester bei einer Regelstudienzeit von sechs Fachsemestern.

[841] Dies gilt insbesondere für Studien, in denen der Einfluss unternehmerischer Nachhaltigkeit auf die Mitarbeiterattraktion untersucht wurde, vgl. bspw. Bauer, T. N./Aiman-Smith, L. (1996); Turban, D. B./Greening, D. W. (1997); Albinger, H. S./Freeman, S. J. (2000); Greening, D. W./Turban, D. B. (2000); Backhaus, K. B. et al. (2002); Sen, S. et al. (2006); Berens, G. et al. (2007); Behrend, T. S. et al. (2009); Evans, W. R./Davis, W. D. (2011); Lin, C.-P. et al. (2012).

[842] Vgl. Calder, B. J. et al. (1981), S. 199 f.

banden automatisch an der Verlosung zweier MP3-Player teil. Eine darüber hinausgehende leistungsabhängige Vergütung war nicht möglich, da die im Rahmen der Untersuchung abzugebenden Einschätzungen und Verhaltensabsichten nicht als besser oder schlechter klassifiziert werden können.

### 5.2.6 Datenauswertung

Bei der Auswertung experimenteller Daten kommen zumeist **varianzanalytische Verfahren** zur Anwendung.[843] Durch eine Varianzanalyse kann der Einfluss einer oder mehrerer unabhängiger Variablen auf die interessierenden abhängigen Variablen geprüft werden.[844] Weiterhin ist es im Rahmen varianzanalytischer Verfahren möglich, Mittelwerte mehrerer Vergleichsgruppen simultan auf signifikante Unterschiede hin zu untersuchen.[845] Die Signifikanz von Mittelwertunterschieden wird dabei über den F-Wert, der sich als Quotient der Varianz zwischen den Gruppen und der Varianz innerhalb der Gruppen ergibt, bestimmt.[846] Aus den Ergebnissen einer Varianzanalyse wird somit erkennbar, ob die Manipulation der Nachhaltigkeitsorientierung des Anreizsystems zu signifikanten Mittelwertdifferenzen zwischen den Vergleichsgruppen führt. Folglich werden auch im Rahmen der vorliegenden Untersuchung varianzanalytische Auswertungsmethoden herangezogen.

## 5.3 Darstellung und Analyse der Ergebnisse

### 5.3.1 Beschreibung der Stichprobe

An der experimentellen Befragung nahmen insgesamt 182 Studierende teil. 13 Teilnehmer wurden aus der Analyse ausgeschlossen, da diese kein wirtschaftswissenschaftliches Studium absolvierten.[847] Weitere fünf Fragebögen konnten aufgrund unvollständiger Bearbeitung nicht in die Auswertung einbezogen werden. Im Rahmen der Ausreißeranalyse wurden zudem zwei Fragebögen eliminiert, so dass die Auswertung auf einer Grundgesamtheit von **162 Studierenden** basiert. Davon haben 83 Studierende einen Fragebogen mit Szenario 1 (traditionelles Anreizsystem) und 79 Studierende einen Fragebogen mit Szenario 2 (nach-

---

[843] Vgl. Eschweiler, M. et al. (2007), S. 546; Backhaus, K. et al. (2008), S. 152; Schnell, R. et al. (2011), S. 447; Kuß, A. (2012), S. 257.

[844] Vgl. Backhaus, K. et al. (2008), S. 152.

[845] Vgl. Christensen, L. B. (2007), S. 419; Herrmann, A./Landwehr, J. R. (2008), S. 581; Field, A. (2009), S. 349; Raab-Steiner, E./Benesch, M. (2010), S. 152; Rasch, B. et al. (2010), S. 6; Janssen, J./Laatz, W. (2013), S. 335.

[846] Vgl. Christensen, L. B. (2007), S. 423; Herrmann, A./Landwehr, J. R. (2008), S. 583 f.; Rasch, B. et al. (2010), S. 21; Janssen, J./Laatz, W. (2013), S. 339.

[847] Stattdessen waren diese Studierenden in verschiedenen Lehramtsstudiengängen eingeschrieben.

haltigkeitsorientiertes Anreizsystem) bearbeitet. Die Teilnehmer waren in der Mehrzahl weiblich (62,3 %) und durchschnittlich 21,9 Jahre. Die bisherige Studiendauer betrug 4,5 Fachsemester. Zudem wiesen 43,2 % der Teilnehmer keine bzw. eine geringe Arbeitserfahrung (0-3 Monate) auf. Die restlichen Teilnehmer gaben an, bereits über mehr als vier Monate (36,4 %) bzw. mehr als zwölf Monate (20,4 %) Berufserfahrung zu verfügen. Die abgefragten persönlichen Daten der Teilnehmer werden in Tabelle 8 zusammengefasst.

| **Personenbezogene Daten** | ***Gesamt (n=162)*** | ***Szenario 1 (n=83)*** | ***Szenario 2 (n=79)*** |
|---|---|---|---|
| Ø Alter | 21,9 | 22,0 | 21,8 |
| Arbeitserfahrung | | | |
| *keine/gering (0-3 Monate)* | *43,2 %* | *44,6 %* | *41,8 %* |
| *mittel (4-12 Monate)* | *36,4 %* | *36,1 %* | *36,7 %* |
| *viel (> 12 Monate)* | *20,4 %* | *19,3 %* | *21,5 %* |
| Geschlecht | | | |
| *männlich* | 37,7 % | 37,3 % | 38,0 % |
| *weiblich* | 62,3 % | 62,7 % | 62,0 % |
| Ø Semesterzahl | 4,5 | 4,6 | 4,3 |

Tab. 8: Personenbezogene Daten der Untersuchungsteilnehmer

### 5.3.2 Prüfung der Manipulation

Die Manipulation der Nachhaltigkeitsorientierung des Anreizsystems wurde durch eine einfaktorielle Varianzanalyse überprüft. Die unabhängige Variable ist die Nachhaltigkeitsorientierung des Anreizsystems mit den beiden Faktorstufen „traditionell“ und „nachhaltigkeitsorientiert“. Als abhängige Variable fungiert die Messung der wahrgenommenen Nachhaltigkeitsorientierung des Anreizsystems. Die Auswertung des Manipulationschecks ergab, dass die Nachhaltigkeitsorientierung des Anreizsystems im Rahmen der experimentellen Untersuchung erfolgreich manipuliert wurde. So wurde das Anreizsystem in Szenario 1 (traditionelles Anreizsystem) durch die Teilnehmer signifikant weniger nachhaltig wahrgenommen ($M = 3,82$), als dies in Szenario 2 (nachhaltigkeitsorientiertes Anreizsystem) der Fall war ($M = 4,43$; $F(1,160) = 9,07$; $p < 0,01$).

### 5.3.3 Prüfung der Anwendungsprämissen

Im Folgenden werden die zentralen Voraussetzungen für die Anwendung der Varianzanalyse geprüft. Dies sind im Einzelnen:[848]

- Unabhängige Stichproben
- Intervallskalierung der abhängigen Variablen
- Normalverteilung der abhängigen Variablen
- Varianzhomogenität der abhängigen Variablen

**Unabhängige Stichproben**

Die erste Voraussetzung für die Anwendung der Varianzanalyse besteht darin, dass es sich bei den zu vergleichenden Gruppen um unabhängige Zufallsstichproben handelt.[849] Im Rahmen des vorliegenden Experiments erfolgt eine zufällige Zuweisung der Probanden zu den Experimentalbedingungen (Randomisierung). Folglich wird die Voraussetzung unabhängiger Stichproben durch das Untersuchungsdesign **(Between-Subjects)** bereits erfüllt und muss daher nicht weiter geprüft werden.

**Intervallskalierung der abhängigen Variablen**

Bei Anwendung der Varianzanalyse muss das Skalenniveau der abhängigen Variablen mindestens intervallskaliert sein,[850] da ansonsten kein sinnvoller arithmetischer Mittelwert berechnet werden kann.[851] Die Ausprägungen der Variablen „Mitarbeiterattraktion", „Mitarbeitermotivation" und „Mitarbeiterkooperation" wurden jeweils mit Hilfe einer **7-stufigen Likert-Skala** erhoben.[852] In der Literatur wird grundsätzlich angenommen, dass mit Likert-Skalen generierte Daten als intervallskaliert (d. h. metrisch) betrachtet werden können.[853] Dies wird dadurch begründet, dass bei Likert-Skalen üblicherweise nur die beiden Extremwerte (1 = „stimme gar nicht zu"; 7 = „stimme voll zu") konkret benannt werden und eine

---

[848] Vgl. Bortz, J./Schuster, C. (2010), S. 212 ff.; Rasch, B. et al. (2010), S. 48 f.; Janssen, J./Laatz, W. (2013), S. 335.

[849] Vgl. Hair, J. F. et al. (2006), S. 408 f.; Janssen, J./Laatz, W. (2013), S. 335.

[850] Vgl. Backhaus, K. et al. (2008), S. 152; Rasch, B. et al. (2010), S. 48 f.

[851] Vgl. Brosius, F. (2008), S. 486; Herrmann, A./Landwehr, J. R. (2008), S. 581. Für unabhängige Variablen ist dagegen Nominalskalenniveau ausreichend, vgl. Kuß, A. (2012), S. 257; Janssen, J./Laatz, W. (2013), S. 335.

[852] Vgl. Abschnitt 5.2.4 dieser Arbeit.

[853] Vgl. Kuß, A. (2012), S. 94.

Likert-Skala folglich als gleich bleibendes Kontinuum zwischen eben diesen beiden Punkten aufgefasst werden kann.[854]

### Normalverteilung der abhängigen Variablen

Eine weitere Anwendungsvoraussetzung der Varianzanalyse besteht darin, dass alle abhängigen Variablen normalverteilt sind.[855] Die Prüfung auf Normalverteilung erfolgt durch einen zellenweisen **Kolmogorov-Smirnov-Test** (vgl. Tabelle 9).[856] Das Testergebnis wird über die asymptotische Signifikanz ausgegeben.[857] Eine Normalverteilung der Daten wird dann unterstellt, wenn sich der Wert für die asymptotische Signifikanz über dem Signifikanzniveau von 5 % befindet bzw. der Test nicht signifikant ausfällt.[858]

Die zugehörigen Ergebnisse in Tabelle 9 zeigen bis auf eine Ausnahme, dass von einer zellenweisen Normalverteilung der abhängigen Variablen ausgegangen werden kann. Zudem ist eine Verletzung der Annahme der Normalverteilung zu vernachlässigen, sofern die Zellen ausreichend groß[859] und annähernd gleichbesetzt[860] sind.[861] Beides ist in der vorliegenden empirischen Untersuchung gegeben.

### Varianzhomogenität der abhängigen Variablen

Weiterhin wird für die Anwendung der Varianzanalyse vorausgesetzt, dass die Vergleichsgruppen in etwa gleiche Varianzen aufweisen.[862] Dies bedeutet, dass die Varianzen innerhalb der Gruppen nicht signifikant voneinander abweichen sollten.[863]

---

[854] Vgl. Brosius, F. (2008), S. 465.

[855] Vgl. Herrmann, A./Landwehr, J. R. (2008), S. 581; Rasch, B. et al. (2010), S. 49; Schira, J. (2012), S. 528; Janssen, J./Laatz, W. (2013), S. 335.

[856] Vgl. Eschweiler, M. et al. (2007), S. 550.

[857] Vgl. Brosius, F. (2008), S. 856.

[858] Vgl. Field, A. (2009), S. 144.

[859] Eine Besetzung mit 20 Probanden wird allgemein als absolute Mindestgröße einer Zelle angesehen, vgl. Hair, J. F. et al. (2006), S. 402. Diese Anforderung ist in der vorliegenden empirischen Untersuchung mit Zellgrößen von 36 bis 43 Probanden für alle Zellen gegeben.

[860] Die Gleichbesetzung der Zellen wird über das Verhältnis von größter zu kleinster Zelle geprüft. In der vorliegenden empirischen Untersuchung resultiert ein Wert von 1,19, welcher sich deutlich unter dem kritischen Wert von 1,5 befindet, vgl. Hair, J. F. et al. (2006), S. 409. Somit besteht eine annähernde Gleichbesetzung der Zellen.

[861] Vgl. Eschweiler, M. et al. (2007), S. 550; Rasch, B. et al. (2010), S. 49.

[862] Vgl. Herrmann, A./Landwehr, J. R. (2008), S. 584; Schira, J. (2012), S. 528; Janssen, J./Laatz, W. (2013), S. 335.

[863] Vgl. Eschweiler, M. et al. (2007), S. 550.

| ARS | PNE | | | Mitarbeiter-attraktion | Mitarbeiter-motivation | Mitarbeiter-kooperation |
|---|---|---|---|---|---|---|
| 1 | 1 | N | | 41 | 41 | 41 |
| | | Parameter der Normalverteilung | Mittelwert | 4,98 | 5,44 | 5,41 |
| | | | Standardabweichung | 1,33 | 1,00 | 0,81 |
| | | Extremste Differenzen | Absolut | 0,16 | 0,18 | 0,09 |
| | | | Positiv | 0,08 | 0,08 | 0,08 |
| | | | Negativ | -0,16 | -0,18 | -0,09 |
| | | Kolmogorov-Smirnov-Z | | 1,05 | 1,17 | 0,59 |
| | | Asymptotische Signifikanz (2-seitig) | | **0,22** | **0,13** | **0,87** |

| ARS | PNE | | | Mitarbeiter-attraktion | Mitarbeiter-motivation | Mitarbeiter-kooperation |
|---|---|---|---|---|---|---|
| 1 | 2 | N | | 42 | 42 | 42 |
| | | Parameter der Normalverteilung | Mittelwert | 4,63 | 5,10 | 5,40 |
| | | | Standardabweichung | 1,30 | 0,84 | 0,80 |
| | | Extremste Differenzen | Absolut | 0,22 | 0,14 | 0,17 |
| | | | Positiv | 0,08 | 0,07 | 0,09 |
| | | | Negativ | -0,22 | -0,14 | -0,17 |
| | | Kolmogorov-Smirnov-Z | | 1,44 | 0,92 | 1,09 |
| | | Asymptotische Signifikanz (2-seitig) | | **0,03** | **0,36** | **0,18** |

| ARS | PNE | | | Mitarbeiter-attraktion | Mitarbeiter-motivation | Mitarbeiter-kooperation |
|---|---|---|---|---|---|---|
| 2 | 1 | N | | 36 | 36 | 36 |
| | | Parameter der Normalverteilung | Mittelwert | 4,40 | 4,90 | 4,93 |
| | | | Standardabweichung | 1,29 | 1,14 | 1,13 |
| | | Extremste Differenzen | Absolut | 0,16 | 0,17 | 0,17 |
| | | | Positiv | 0,08 | 0,09 | 0,09 |
| | | | Negativ | -0,16 | -0,17 | -0,17 |
| | | Kolmogorov-Smirnov-Z | | 0,98 | 1,01 | 1,04 |
| | | Asymptotische Signifikanz (2-seitig) | | **0,29** | **0,26** | **0,23** |

| ARS | PNE | | | Mitarbeiter-attraktion | Mitarbeiter-motivation | Mitarbeiter-kooperation |
|---|---|---|---|---|---|---|
| 2 | 2 | N | | 43 | 43 | 43 |
| | | Parameter der Normalverteilung | Mittelwert | 5,16 | 5,63 | 5,74 |
| | | | Standardabweichung | 1,02 | 0,98 | 0,67 |
| | | Extremste Differenzen | Absolut | 0,11 | 0,15 | 0,08 |
| | | | Positiv | 0,07 | 0,13 | 0,06 |
| | | | Negativ | -0,11 | -0,15 | -0,08 |
| | | Kolmogorov-Smirnov-Z | | 0,74 | 1,01 | 0,51 |
| | | Asymptotische Signifikanz (2-seitig) | | **0,64** | **0,26** | **0,96** |

Anmerkung:
ARS = Anreizsystem (1 = traditionell; 2 = nachhaltigkeitsorientiert);
PNE = Persönliche Nachhaltigkeitseinstellung (1 = niedrig; 2 = hoch).

Tab. 9: Kolmogorov-Smirnov-Test zur Prüfung auf Normalverteilung der abhängigen Variablen

Das Vorliegen von Varianzhomogenität kann bspw. mit dem **Levene-Test** untersucht werden.[864] Dabei wird die Nullhypothese aufgestellt, dass die Varianzen in den

[864] Vgl. Brosius, F. (2008), S. 394; Janssen, J./Laatz, W. (2013), S. 341.

Vergleichsgruppen gleich groß sind.[865] Bei einem Signifikanzwert < 5 % wird üblicherweise die Annahme der Gleichheit der Varianzen verworfen bzw. das Vorliegen heterogener Varianzen vermutet.[866] Umgekehrt wird bei einem Signifikanzwert > 5 % Varianzgleichheit bzw. Varianzhomogenität angenommen und die Voraussetzung gilt als erfüllt.[867]

| **Abhängige Variablen** | ***F*** | ***df1*** | ***df2*** | ***Signifikanz*** |
|---|---|---|---|---|
| Mitarbeiterattraktion | 1,02 | 3 | 158 | 0,39 |
| Mitarbeitermotivation | 1,20 | 3 | 158 | 0,31 |
| Mitarbeiterkooperation | 3,46 | 3 | 158 | 0,02 |

Tab. 10: Levene-Test zur Prüfung auf Varianzhomogenität der abhängigen Variablen

Wie aus Tabelle 10 hervorgeht, kann für die abhängigen Variablen Mitarbeiterattraktion und -motivation von homogenen Varianzen ausgegangen werden, da die Signifikanzwerte deutlich über 5 % liegen. Für die Variable Mitarbeiterkooperation kann jedoch keine Varianzhomogenität angenommen werden. Analog zur Normalverteilung ist eine Verletzung dieser Annahme jedoch bei ausreichend großen Stichproben und annähernder Gleichbesetzung der Zellen zu vernachlässigen.[868]

Zusammenfassend kann festgestellt werden, dass die Anwendungsvoraussetzungen der Varianzanalyse insgesamt gut erfüllt sind. Folglich ist von einer hohen Robustheit der Ergebnisse auszugehen.

Im Rahmen der vorliegenden empirischen Untersuchung soll der Einfluss der Nachhaltigkeitsorientierung des Anreizsystems sowie der Einfluss der persönlichen Nachhaltigkeitseinstellung unter Einbezug zweier Kontrollvariablen (Alter und Geschlecht) auf die abhängigen Variablen analysiert werden. Durch die Integration einer oder mehrerer Kontrollvariablen wird die Varianzanalyse zu einer sog. **Kovarianzanalyse** erweitert.[869] Neben den Anforderungen an eine klassische Varianzanalyse sind an Kovarianzanalysen

---

[865] Vgl. Brosius, F. (2008), S. 394; Field, A. (2009), S. 436.

[866] Vgl. Field, A. (2009), S. 436.

[867] Vgl. Janssen, J./Laatz, W. (2013), S. 342.

[868] Vgl. Eschweiler, M. et al. (2007), S. 550; Rasch, B. et al. (2010), S. 49.

[869] Vgl. Backhaus, K. et al. (2008), S. 170; Herrmann, A./Landwehr, J. R. (2008), S. 581. Kovarianzanalysen sind dadurch gekennzeichnet, dass der Varianzanalyse eine Regressionsanalyse vorgeschaltet wird. Hierdurch ist es möglich, den Einfluss der Kontrollvariablen auf die abhängigen Variablen herauszurechnen bzw. zu neutralisieren, vgl. Eschweiler, M. et al. (2007), S. 550; Backhaus, K. et al. (2008), S. 170; Bortz, J./Schuster, C. (2010), S. 305.

zusätzliche Anwendungsprämissen zu stellen.[870] Vorausgesetzt wird insbesondere, dass die Kontrollvariablen mit den abhängigen Variablen möglichst hoch (auf einem Signifikanzniveau von 5 %) korreliert sind.[871] Bei der Prüfung dieser Annahme konnten sowohl für das Alter als auch für das Geschlecht keine signifikanten Korrelationen mit den abhängigen Variablen festgestellt werden. Folglich wurde von der ursprünglich intendierten Berücksichtigung beider Kontrollvariablen im Rahmen der Datenanalyse abgesehen.[872]

### 5.3.4 Ergebnisdarstellung der Haupteffekte

Die Hypothesen 1a-1c wurden jeweils durch einfaktorielle Varianzanalysen empirisch überprüft. Die abhängigen Variablen sind die drei interessierenden Variablen des Mitarbeiterverhaltens (Mitarbeiterattraktion, -motivation und -kooperation). Als unabhängige Variable fungiert die Nachhaltigkeitsorientierung des Anreizsystems. Die Mittelwerte der abhängigen Variablen können aus Abbildung 12 entnommen werden.

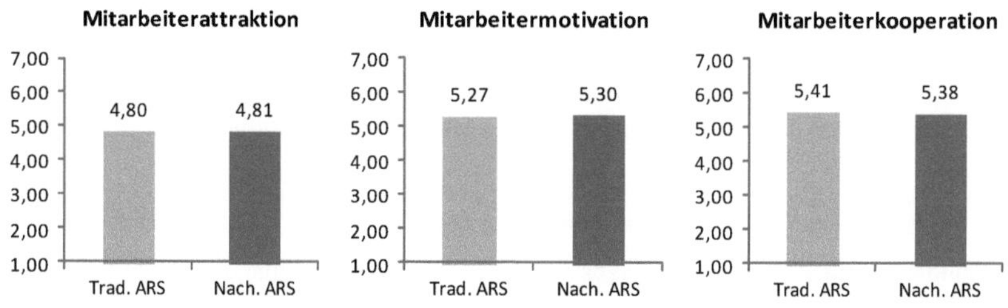


Abb. 12: Mittelwerte der abhängigen Variablen

#### Mitarbeiterattraktion

Aus der Ergebnisübersicht geht hervor, dass für die Variable Mitarbeiterattraktion lediglich ein marginaler Unterschied zwischen den Gruppenmittelwerten besteht. Entgegen der Vermutung aus Hypothese 1a führt ein nachhaltigkeitsorientiertes Anreizsystem (M = 4,81)

---

[870] Vgl. Eschweiler, M. et al. (2007), S. 550.

[871] Vgl. Herrmann, A./Landwehr, J. R. (2008), S. 605.

[872] Kontrollvariablen können aus der Datenanalyse entfernt werden, sofern diese nicht effektiv sind bzw. zu keiner Verbesserung der Testsensibilität führen, vgl. Hair, J. F. et al. (2006), S. 418 f.; Herrmann, A./Landwehr, J. R. (2008), S. 606. Zur Kontrolle wurde die Hypothesenprüfung dennoch einmal mit und einmal ohne Einbezug der Kontrollvariablen durchgeführt. Dabei ergab sich aus der Ergebnisanalyse bei Einbezug der Kontrollvariablen ein identisches Ergebnis zur Ergebnisanalyse ohne Einbezug der Kontrollvariablen.

im Vergleich mit einem traditionellen Anreizsystem (M = 4,80) somit nicht zu einer (signifikant) höheren Mitarbeiterattraktion (F(1,160) = 0,00; p = 0,96). Folglich ist Hypothese 1a abzulehnen.

**Mitarbeitermotivation**

In Hypothese 1b wurde ein positiver Effekt der Nachhaltigkeitsorientierung des Anreizsystems auf die Mitarbeitermotivation vermutet. Auch hier zeigt das Ergebnis in Abbildung 12, dass sich der Mittelwert für die abhängige Variable Mitarbeitermotivation kaum zwischen Szenario 1 (traditionelles Anreizsystem) (M = 5,27) und Szenario 2 (nachhaltigkeitsorientiertes Anreizsystem) unterscheidet (M = 5,30; F(1,160) = 0,04; p = 0,84). Demzufolge ist auch Hypothese 1b abzulehnen.

**Mitarbeiterkooperation**

Weiterhin – und entgegen der Vermutung in Hypothese 1c – konnte für Teilnehmer im nachhaltigkeitsorientierten Anreizsystem (M = 5,38) im Vergleich zu Teilnehmern im traditionellen Anreizsystem (M = 5,41) keine höhere Ausprägung der Variable Mitarbeiterkooperation gezeigt werden (F(1,160) = 0,05; p = 0,83). Folglich ist auch Hypothese 1c abzulehnen.

Eine erste mögliche Ursache für die Ablehnung der Hypothesen H1a-H1c könnte in einer **empfundenen Unsicherheit** und Skepsis der Teilnehmer gegenüber nachhaltigkeitsorientierten Anreizsystemen bestehen. So lässt die Auswertung einer Kontrollfrage zur Verständlichkeit der Anreizsysteme erkennen, dass die Teilnehmer aus der Gruppe mit einem nachhaltigkeitsorientierten Anreizsystem die Verständlichkeit des Anreizsystems geringer einstuften (M = 4,67), als die Teilnehmer in der Gruppe mit traditionellen Anreizsystemen (M = 5,37; t(160) = -2,87; p < 0,05).[873]

[873] Zudem wird dem traditionellen Anreizsystem (M = 4,42) im Vergleich zum nachhaltigkeitsorientierten Anreizsystem (M = 3,95; t(160) = -2,20; p < 0,05) eine höhere Aktualität zugeschrieben, welche sich aus der Einschätzung der Probanden hinsichtlich der Möglichkeit zur zeitnahen Berechnung der variablen Vergütung ableitet. Eine weitere Vermutung, nachdem unter den Probanden Bedenken bezüglich der Beeinflussbarkeit (Controllability) der nachhaltigkeitsorientierten Anreizsysteme bzw. Bemessungsgrundlagen bestehen, hat sich dagegen nicht bestätigt. Zwar wurde die Beeinflussbarkeit der Bemessungsgrundlagen im traditionellen Anreizsystem (M = 4,93) etwas höher wahrgenommen als im nachhaltigkeitsorientierten Anreizsystem (M = 4,57), jedoch ist dieser Unterschied nicht signifikant (t(160) = -1,62; p = 0,11).

Eine zweite mögliche Begründung für das Ausbleiben der vermuteten positiven Effekte kann aus einer **Verdrängung intrinsischer Motivation** als Folge der (extrinsischen) leistungsabhängigen Vergütung resultieren (sog. Crowding-out-Effekt). So wird in der Literatur angenommen, dass die Bereitschaft zu Nachhaltigkeitsaktivitäten oftmals intrinsisch motiviert ist.[874] Werden nachhaltigkeitsbezogene Aktivitäten jedoch finanziell belohnt, so steigt die extrinsische Motivation in Bezug auf diese Tätigkeiten an. Finanzielle Anreize können allerdings gleichzeitig die vorhandene intrinsische Motivation abschwächen,[875] so dass ein gegenläufiger Effekt aus intrinsischer und extrinsischer Motivation resultiert. In diesem Zusammenhang weisen *Berrone/Gomez-Mejia (2009a)* explizit darauf hin, dass bei der Gestaltung nachhaltigkeitsorientierter Anreizsysteme genau darauf zu achten ist, dass es nicht zur Verdrängung intrinsischer Motivation kommt.[876]

Eine dritte mögliche Erklärung für das Ausbleiben der vermuteten positiven Effekte von nachhaltigkeitsorientierten Anreizsystemen auf das Mitarbeiterverhalten könnte aus einer **mangelnden Identifikation** der Teilnehmer mit den in der empirischen Untersuchung angegebenen Nachhaltigkeitszielen (Verbesserung der Energieeffizienz; Verbesserung der Mitarbeiterzufriedenheit) resultieren. In diesem Zusammenhang merken *Berens et al. (2007)* an, dass auch die Art des Nachhaltigkeitsengagements eines Unternehmens entscheidend dafür sein könnte, ob sich Personen mit den Werten eines Unternehmens identifizieren.[877] Folglich ist denkbar, dass andere Nachhaltigkeitsziele (bspw. Senkung der $CO_2$-Emissionen; Erreichung von Weiterbildungszielen) zu einer stärkeren Identifikation der (künftigen) Mitarbeiter mit den Zielen und Werten des Unternehmens führen, wodurch sich annahmegemäß auch positive Effekte auf das Mitarbeiterverhalten ergeben würden.

Nicht zuletzt besteht die Möglichkeit, dass die Nachhaltigkeitsorientierung des Anreizsystems das Mitarbeiterverhalten nur dann positiv beeinflusst, sofern (künftige) Mitarbeiter dem Thema Nachhaltigkeit positiv gegenüberstehen. Dies bedeutet, dass von der Nachhaltigkeitsorientierung des Anreizsystems nur bei Personen mit einer **hohen Nachhaltigkeitseinstellung** ein positiver Einfluss auf das Mitarbeiterverhalten ausgeht, wohingegen bei Personen mit einer niedrigen Nachhaltigkeitseinstellung eventuell sogar ein gegenläufiger,

[874] Vgl. Berrone, P./Gomez-Mejia, L. R. (2009a), S. 964.
[875] Vgl. Dyckhoff, H./Souren, R. (2008), S. 151.
[876] Vgl. Berrone, P./Gomez-Mejia, L. R. (2009a), S. 969.
[877] Vgl. Berens, G. et al. (2007), S. 237.

negativer Einfluss besteht. Entsprechende Interaktionsbeziehungen werden im folgenden Abschnitt untersucht.

### 5.3.5 Ergebnisdarstellung der Interaktionseffekte

Um die angenommenen Interaktionseffekte (Hypothesen 2a-2c) zu testen, wurde die Grundgesamtheit mit Hilfe eines Median-Splits in eine Gruppe mit einer hohen persönlichen Nachhaltigkeitseinstellung und eine Gruppe mit einer niedrigen persönlichen Nachhaltigkeitseinstellung unterteilt. Die Zuteilung in die Gruppe mit einer hohen persönlichen Nachhaltigkeitseinstellung erfolgte dabei, wenn die persönliche Nachhaltigkeitseinstellung der Teilnehmer auf oder über dem Median lag.[878] Die Hypothesen 2a-2c wurden jeweils mit einer 2 x 2 Varianzanalyse überprüft. Analog zu den Haupteffekten (Hypothesen 1a-1c) stellen die Mitarbeiterattraktion, -motivation und -kooperation die abhängigen Variablen dar. Als unabhängige Variable dient die Nachhaltigkeitsorientierung des Anreizsystems. Zudem wird die persönliche Nachhaltigkeitseinstellung als moderierende Variable einbezogen.

**Mitarbeiterattraktion**

Wie in Hypothese 2a vermutet, zeigen die Ergebnisse, dass die persönliche Nachhaltigkeitseinstellung den Effekt der Nachhaltigkeitsorientierung des Anreizsystems auf die Mitarbeiterattraktion moderiert ($F(1,158) = 8{,}22$; $p < 0{,}01$; $\eta^2 = 0{,}05$[879]).[880] Zur genaueren Überprüfung der Gruppenunterschiede wurden weitere follow-up-Tests durchgeführt, durch die der signifikante Interaktionseffekt differenziert werden konnte. Zunächst werden Personen mit einer hohen persönlichen Nachhaltigkeitseinstellung von nachhaltigkeitsorientierten Anreizsystemen ($M = 5{,}16$) deutlich stärker angezogen als von traditionellen Anreizsystemen

---

[878] Analog wurde der Median-Split bspw. in einer Studie von *Ward/Rana-Deuba (1999)* durchgeführt, vgl. Ward, C./Rana-Deuba, A. (1999), S. 440. Die Stabilität aller Ergebnisse wurde zudem durch verschiedene Methoden des Median-Splits getestet.

[879] Mit $\eta^2$ (Eta-Quadrat) wird eine Maßgröße bezeichnet, die im Rahmen varianzanalytischer Auswertungen Auskunft über die Effektstärke gibt. Das Eta-Quadrat zeigt an, wie viel Prozent der Varianz einer abhängigen Variable durch einen bestimmten Faktor erklärt wird, vgl. Eschweiler, M. et al. (2007), S. 551 f.; Herrmann, A./Landwehr, J. R. (2008), S. 590; Field, A. (2009), S. 415 f.; Janssen, J./Laatz, W. (2013), S. 367 f. Den anerkannten Richtwerten von *Cohen (1988)* folgend liegt bei einem $\eta^2$-Wert von 1 % ein kleiner, bei einem $\eta^2$-Wert von 5,9 % ein mittlerer und bei einem $\eta^2$-Wert von 13,8 % ein großer Effekt vor, vgl. Cohen, J. (1988), S. 280 ff. Da durch SPSS nur das partielle Eta-Quadrat ausgeben wird, wurden die entsprechenden $\eta^2$-Werte auf Basis der Abweichungsquadrate berechnet. Die relevanten Formeln finden sich bspw. bei Field, A. (2009), S. 415 f.

[880] Das Ergebnis der Varianzanalyse zeigt zunächst nur, dass mindestens ein signifikanter Mittelwertunterschied zwischen den Vergleichsgruppen vorliegt. Um herauszufinden zwischen welchen Vergleichsgruppen signifikante Mittelwertunterschiede bestehen, sind weitere Gruppenvergleiche durchzuführen, vgl. Rasch, B. et al. (2010), S. 45; Janssen, J./Laatz, W. (2013), S. 335 ff.

($M = 4,63$; $F(1,83) = 4,41$; $p < 0,05$; $\eta^2 = 0,05$). Umgekehrt werden Personen mit einer niedrigen persönlichen Nachhaltigkeitseinstellung von traditionellen Anreizsystemen ($M = 4,98$) stärker angezogen als von nachhaltigkeitsorientierten Anreizsystemen ($M = 4,40$; $F(1,75) = 3,82$; $p < 0,1$; $\eta^2 = 0,05$).[881]

Zusammengefasst geht aus den Ergebnissen hervor, dass die Nachhaltigkeitsorientierung des Anreizsystems bei Personen mit einer hohen Nachhaltigkeitseinstellung einen stärker positiven Effekt auf die Mitarbeiterattraktion aufweist als bei Personen mit einer niedrigen Nachhaltigkeitseinstellung. Folglich konnte Hypothese 2a bestätigt werden. Bei Personen mit einer niedrigen Nachhaltigkeitseinstellung resultiert sogar ein negativer Effekt, so dass eine disordinale Interaktionsbeziehung vorliegt. Abbildung 13 stellt die beschriebenen Ergebnisse grafisch dar.

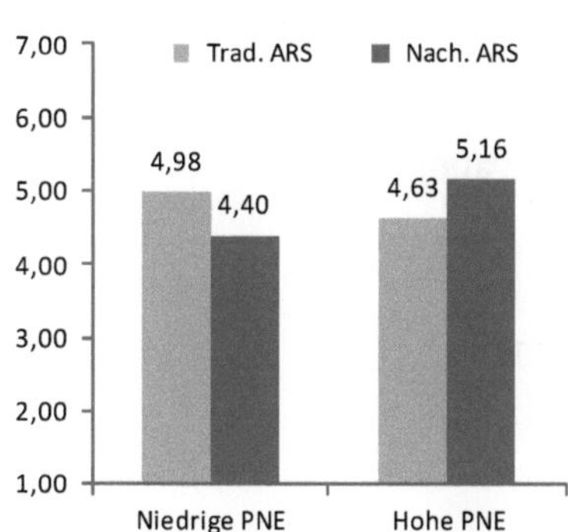


Anmerkung: ARS = Anreizsystem; PNE = Persönliche Nachhaltigkeitseinstellung.

Abb. 13: Interaktionseffekt zwischen der Nachhaltigkeitsorientierung des Anreizsystems und der persönlichen Nachhaltigkeitseinstellung auf die Mitarbeiterattraktion

**Mitarbeitermotivation**

In Hypothese 2b wurde angenommen, dass die persönliche Nachhaltigkeitseinstellung den Effekt der Nachhaltigkeitsorientierung des Anreizsystems auf die Mitarbeitermotivation moderiert. Die Ergebnisse bestätigen diese Annahme ($F(1,158) = 11,72$; $p < 0,01$; $\eta^2 = 0,07$).

---

[881] Dieser Effekt ist mit einem exakten p-Wert von 0,054 nur auf dem 10%-Niveau signifikant.

Zusätzlich durchgeführte follow-up-Tests zeigen, dass Personen mit einer hohen persönlichen Nachhaltigkeitseinstellung im Rahmen von nachhaltigkeitsorientierten Anreizsystemen (M = 5,63) eine höhere Arbeitsmotivation aufweisen als bei traditionellen Anreizsystemen (M = 5,10; $F(1,83) = 7,20$; $p < 0,01$; $\eta^2 = 0,08$). Dagegen ergeben sich für Personen mit einer niedrigen persönlichen Nachhaltigkeitseinstellung bei traditionellen Anreizsystemen (M = 5,44) höhere Werte für die Arbeitsmotivation als bei nachhaltigkeitsorientierten Anreizsystemen (M = 4,90; $F(1,75) = 4,82$; $p < 0,05$; $\eta^2 = 0,06$).

Folglich zeigen die Ergebnisse, dass die Nachhaltigkeitsorientierung des Anreizsystems bei Personen mit einer hohen Nachhaltigkeitseinstellung einen stärker positiven Effekt auf die Mitarbeitermotivation aufweist als bei Personen mit einer niedrigen Nachhaltigkeitseinstellung. Auf Basis dieser Ergebnisse kann Hypothese 2b bestätigt werden. Da sich bei Personen mit einer niedrigen Nachhaltigkeitseinstellung sogar ein negativer Effekt auf die Mitarbeitermotivation zeigt, resultiert in Summe eine disordinale Interaktionsbeziehung. Die beschriebenen Ergebnisse werden in Abbildung 14 dargestellt.

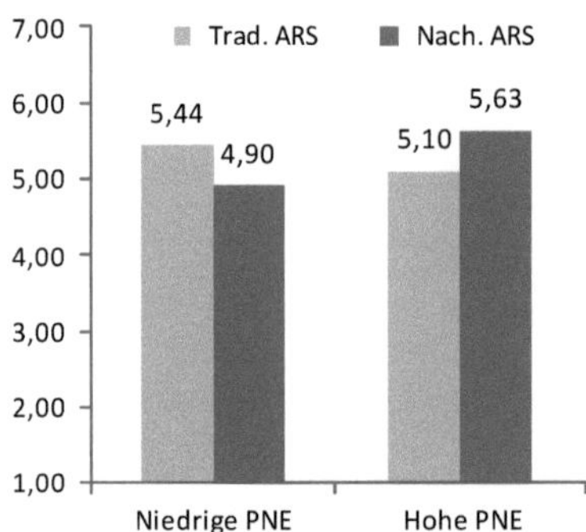


Anmerkung: ARS = Anreizsystem; PNE = Persönliche Nachhaltigkeitseinstellung.

Abb. 14: Interaktionseffekt zwischen der Nachhaltigkeitsorientierung des Anreizsystems und der persönlichen Nachhaltigkeitseinstellung auf die Mitarbeitermotivation

**Mitarbeiterkooperation**

Wie in Hypothese 2c vermutet zeigen die Ergebnisse, dass die persönliche Nachhaltigkeitseinstellung den Effekt der Nachhaltigkeitsorientierung des Anreizsystems auf die Mitarbeiterkooperation moderiert ($F(1,158) = 9{,}19$; $p < 0{,}01$; $\eta^2 = 0{,}05$). Dieser Befund wird durch die zugehörigen follow-up-Tests bestätigt. Zum einen zeigen Personen mit einer hohen persönlichen Nachhaltigkeitseinstellung im Rahmen nachhaltigkeitsorientierter Anreizsysteme ($M = 5{,}74$) eine höhere Kooperationsbereitschaft als bei traditionellen Anreizsystemen ($M = 5{,}40$; $F(1,83) = 4{,}62$; $p < 0{,}05$; $\eta^2 = 0{,}05$). Zum anderen ergeben sich für Personen mit einer niedrigen persönlichen Nachhaltigkeitseinstellung bei traditionellen Anreizsystemen ($M = 5{,}41$) höhere Werte für die Kooperationsbereitschaft als bei nachhaltigkeitsorientierten Anreizsystemen ($M = 4{,}93$; $F(1,75) = 4{,}56$; $p < 0{,}05$; $\eta^2 = 0{,}06$).

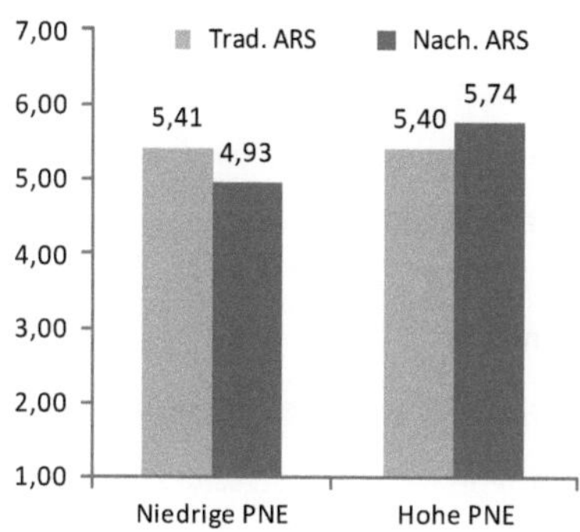


Anmerkung: ARS = Anreizsystem; PNE = Persönliche Nachhaltigkeitseinstellung.

Abb. 15: Interaktionseffekt zwischen der Nachhaltigkeitsorientierung des Anreizsystems und der persönlichen Nachhaltigkeitseinstellung auf die Mitarbeiterkooperation

In Summe zeigen die Ergebnisse, dass die Nachhaltigkeitsorientierung des Anreizsystems bei Personen mit einer hohen Nachhaltigkeitseinstellung einen stärker positiven Effekt auf die Mitarbeiterkooperation aufweist als bei Personen mit einer niedrigen Nachhaltigkeitseinstellung. Folglich kann auch Hypothese 2c bestätigt werden. Da bei Personen mit einer niedrigen Nachhaltigkeitseinstellung sogar ein negativer Effekt resultiert, ergibt sich erneut eine disordinale Interaktionsbeziehung. Die Ergebnisse werden in Abbildung 15 grafisch dargestellt.

Neben dem beschriebenen Interaktionseffekt zeigen die Resultate einen signifikanten Haupteffekt der persönlichen Nachhaltigkeitseinstellung auf die Mitarbeiterkooperation ($F(1,158) = 8,88$; $p < 0,01$; $\eta^2 = 0,05$). Dies deutet darauf hin, dass Personen mit einer hohen Nachhaltigkeitseinstellung im Allgemeinen eine höhere Kooperationsbereitschaft aufweisen als Personen mit einer niedrigen Nachhaltigkeitseinstellung.

Dieses Ergebnis kann dadurch erklärt werden, dass die Kooperationsbereitschaft ganz entscheidend von individuellen Einstellungen und Wertvorstellungen geprägt wird.[882] Vor diesem Hintergrund legen Befunde von *Etheredge (1999)*[883] und *Kolodinsky et al. (2010)*[884] nahe, dass idealistisch veranlagte Menschen dem Thema Nachhaltigkeit positiv gegenüberstehen. Auf der anderen Seite zeichnen sich idealistisch veranlagte Menschen in der Regel dadurch aus, dass sie sich stärker altruistisch verhalten und sich um das Wohlergehen anderer kümmern.[885] Folglich kann vermutet werden, dass Personen mit einer hohen Nachhaltigkeitseinstellung tendenziell idealistisch veranlagt sind und über eine höhere Bereitschaft zu kooperativen Verhaltensweisen verfügen.

### 5.3.6 Ergebnisdarstellung der Mediation

Im Folgenden wird untersucht, ob der wahrgenommene PO-Fit den gemeinsamen Effekt der Nachhaltigkeitsorientierung des Anreizsystems und der persönlichen Nachhaltigkeitseinstellung auf die Mitarbeiterattraktion (Hypothese 3a), die Mitarbeitermotivation (Hypothese 3b) sowie die Mitarbeiterkooperation (Hypothese 3c) mediiert. Hierzu wurden, der Methodik von *Muller et al. (2005)* folgend, jeweils drei Regressionsmodelle geschätzt.[886]

---

[882] Vgl. Tyler, T. R./Blader, S. L. (2003), S. 353.
[883] Vgl. Etheredge, J. M. (1999), S. 58 f.
[884] Vgl. Kolodinsky, R. W. et al. (2010), S. 174 f.
[885] Vgl. Forsyth, D. R. et al. (1988), S. 245 f.; Park, H. (2005), S. 83 f.
[886] Vgl. Muller, D. et al. (2005). Zur Überprüfung der Hypothesen wurde eine Kontrastcodierung verwendet. Traditionelle Anreizsysteme und eine niedrige Nachhaltigkeitseinstellung wurden mit -1 codiert wohingegen nachhaltigkeitsorientierte Anreizsysteme und eine hohe Nachhaltigkeitseinstellung mit +1 codiert wurden.

**Mitarbeiterattraktion**

Zunächst wird getestet, ob der gemeinsame Effekt der Nachhaltigkeitsorientierung des Anreizsystems und der persönlichen Nachhaltigkeitseinstellung auf die Mitarbeiterattraktion durch den wahrgenommenen PO-Fit mediiert wird. Hierzu werden die folgenden drei Regressionsmodelle geschätzt:

1) Mitarbeiterattraktion = $b_{10}$ + $b_{11}$NARS + $b_{12}$PNE + $b_{13}$NARS × PNE + $e_1$.
2) PO-Fit = $b_{20}$ + $b_{21}$NARS + $b_{22}$PNE + $b_{23}$NARS × PNE + $e_2$.
3) Mitarbeiterattraktion = $b_{30}$ + $b_{31}$NARS + $b_{32}$PNE + $b_{33}$NARS × PNE + $b_{34}$PO-Fit + $b_{35}$PO-Fit × PNE + $e_3$.

Im Rahmen der Regressionsmodelle bezeichnet *NARS* die Nachhaltigkeitsorientierung des Anreizsystems. *PNE* steht für die persönliche Nachhaltigkeitseinstellung der Teilnehmer. *PO-Fit* beschreibt den wahrgenommenen Person-Organization Fit. Die erste Voraussetzung für eine mediierte Moderation ist, dass der Effekt der Nachhaltigkeitsorientierung des Anreizsystems auf die Mitarbeiterattraktion von der persönlichen Nachhaltigkeitseinstellung moderiert wird ($b_{13}$) (Modell 1). Eine zweite Voraussetzung besteht darin, dass der Effekt der Nachhaltigkeitsorientierung des Anreizsystems auf die mediierende Variable (PO-Fit) von der persönlichen Nachhaltigkeitseinstellung moderiert wird ($b_{23}$) (Modell 2). Die letzte Voraussetzung ist schließlich, dass ein signifikanter Effekt der Mediator-Variable (PO-Fit) auf die Mitarbeiterattraktion vorliegt ($b_{34}$), der nicht von der persönlichen Nachhaltigkeitseinstellung moderiert wird ($b_{35}$), während der verbleibende gemeinsame Effekt der Nachhaltigkeitsorientierung des Anreizsystems und der persönlichen Nachhaltigkeitseinstellung auf die Mitarbeiterattraktion ($b_{33}$) im Vergleich zum ursprünglichen Effekt ($b_{13}$) ausgeschaltet oder reduziert wird (Modell 3). Das Ergebnis dieser Untersuchung wird in Tabelle 11 wiedergegeben.

Aus den ersten beiden Regressionsmodellen geht hervor, dass die Interaktion zwischen der Nachhaltigkeitsorientierung des Anreizsystems und der persönlichen Nachhaltigkeitseinstellung sowohl die abhängige Variable (Mitarbeiterattraktion) ($b_{13} = 0{,}28$; $p < 0{,}01$) als auch die Mediator-Variable (PO-Fit) ($b_{23} = 0{,}23$; $p < 0{,}01$) signifikant beeinflusst. Das dritte Regressionsmodell zeigt einen signifikanten Effekt des wahrgenommenen PO-Fit auf die Mitarbeiterattraktion ($b_{34} = 0{,}59$; $p < 0{,}01$), der zudem nicht durch die persönliche Nachhaltigkeitseinstellung moderiert wird (d. h. $b_{35}$ ist nicht signifikant). Des Weiteren ist der gemeinsame Effekt der Nachhaltigkeitsorientierung des Anreizsystems und der persönlichen Nachhaltigkeitseinstellung auf die Mitarbeiterattraktion im Vergleich zu Modell 1 reduziert und nicht weiter signifikant ($b_{33} = 0{,}15$; $p = 0{,}09$). Somit sind alle Voraussetzungen einer vollständigen Mediation erfüllt. Zusammengefasst zeigt das Ergebnis, dass der gemeinsame Effekt der Nachhaltigkeitsorientierung des Anreizsystems und der persönlichen Nachhaltigkeitseinstellung auf die Mitarbeiterattraktion vollständig durch den wahrgenommenen PO-Fit mediiert wird. Auf Basis dieser Ergebnisse kann Hypothese 3a folglich bestätigt werden.

| | Unabhängige Variablen | | | | |
|---|---|---|---|---|---|
| **Abhängige Variablen** | ***NARS*** | ***PNE*** | ***NARS × PNE*** | ***PO-Fit*** | ***PO-Fit × PNE*** |
| 1) Mitarbeiterattraktion | -0,01 (0,10) | 0,10 (0,10) | 0,28 (0,10)** | – | – |
| 2) PO-Fit | 0,04 (0,09) | 0,09 (0,09) | 0,23 (0,09)** | – | – |
| 3) Mitarbeiterattraktion | -0,02 (0,09) | 0,05 (0,08) | 0,15 (0,09) | 0,59 (0,08)** | -0,09 (0,08) |

Anmerkung: NARS = Nachhaltigkeitsorientierung des Anreizsystems; PNE = Persönliche Nachhaltigkeitseinstellung; PO-Fit = Person-Organization Fit.
Angegeben werden die nichtstandardisierten Regressionskoeffizienten mit den jeweiligen Standardfehlern in Klammern.
* $p < 0{,}05$; ** $p < 0{,}01$.

Tab. 11: Mediationsanalyse: Mitarbeiterattraktion

### Mitarbeitermotivation

Zur Prüfung von Hypothese 3b, also ob der gemeinsame Effekt der Nachhaltigkeitsorientierung des Anreizsystems und der persönlichen Nachhaltigkeitseinstellung auf die Mitarbeitermotivation durch den wahrgenommenen PO-Fit mediiert wird, werden die folgenden drei Regressionsmodelle geschätzt:

1) $\text{Mitarbeitermotivation} = b_{10} + b_{11}\text{NARS} + b_{12}\text{PNE} + b_{13}\text{NARS} \times \text{PNE} + e_1$.
2) $\text{PO-Fit} = b_{20} + b_{21}\text{NARS} + b_{22}\text{PNE} + b_{23}\text{NARS} \times \text{PNE} + e_2$.
3) $\text{Mitarbeitermotivation} = b_{30} + b_{31}\text{NARS} + b_{32}\text{PNE} + b_{33}\text{NARS} \times \text{PNE} + b_{34}\text{PO-Fit} + b_{35}\text{PO-Fit} \times \text{PNE} + e_3$.

Die zugehörigen Ergebnisse können Tabelle 12 entnommen werden. Aus Modell 1 geht hervor, dass der Effekt der Nachhaltigkeitsorientierung des Anreizsystems auf die Mitarbeitermotivation signifikant von der persönlichen Nachhaltigkeitseinstellung moderiert wird ($b_{13} = 0{,}27$; $p < 0{,}01$).

| | Unabhängige Variablen | | | | |
|---|---|---|---|---|---|
| **Abhängige Variablen** | ***NARS*** | ***PNE*** | ***NARS × PNE*** | ***PO-Fit*** | ***PO-Fit × PNE*** |
| 1) Mitarbeitermotivation | -0,00 (0,08) | 0,10 (0,08) | 0,27 (0,08)** | – | – |
| 2) PO-Fit | 0,04 (0,09) | 0,09 (0,09) | 0,23 (0,09)** | – | – |
| 3) Mitarbeitermotivation | -0,01 (0,08) | 0,08 (0,08) | 0,22 (0,08)** | 0,18 (0,07)* | 0,03 (0,07) |

Anmerkung: NARS = Nachhaltigkeitsorientierung des Anreizsystems; PNE = Persönliche Nachhaltigkeitseinstellung; PO-Fit = Person-Organization Fit.
Angegeben werden die nichtstandardisierten Regressionskoeffizienten mit den jeweiligen Standardfehlern in Klammern.
* $p < 0{,}05$; ** $p < 0{,}01$.

Tab. 12: Mediationsanalyse: Mitarbeitermotivation

Des Weiteren wird auch der Effekt der Nachhaltigkeitsorientierung des Anreizsystems auf den wahrgenommenen PO-Fit durch die persönliche Nachhaltigkeitseinstellung moderiert ($b_{23} = 0{,}23$; $p < 0{,}01$). Das dritte Regressionsmodell zeigt einen signifikanten Effekt des wahrgenommenen PO-Fit auf die Mitarbeitermotivation ($b_{34} = 0{,}18$; $p < 0{,}05$), der zudem nicht durch die persönliche Nachhaltigkeitseinstellung moderiert wird (d. h. $b_{35}$ ist nicht signifikant). Zudem wurde der gemeinsame Effekt der Nachhaltigkeitsorientierung des Anreizsystems und der persönlichen Nachhaltigkeitseinstellung auf die Mitarbeitermotivation im Vergleich zu Modell 1 reduziert, jedoch ist dieser weiterhin signifikant ($b_{33} = 0{,}22$; $p < 0{,}01$). Da die letzte Voraussetzung einer Mediation nicht vollständig erfüllt wurde, kann folglich nur von einer partiellen mediierten Moderation gesprochen werden. Auf Basis dieser Ergebnisse kann Hypothese 3b nur partiell bestätigt werden (partielle mediierte Moderation).

### Mitarbeiterkooperation

Zuletzt wird Hypothese 3c getestet und somit, ob der gemeinsame Effekt der Nachhaltigkeitsorientierung des Anreizsystems und der persönlichen Nachhaltigkeitseinstellung auf die Mitarbeiterkooperation durch den wahrgenommenen PO-Fit mediiert wird. Hierzu werden die folgenden drei Regressionsmodelle geschätzt:

1) $\text{Mitarbeiterkooperation} = b_{10} + b_{11}\text{NARS} + b_{12}\text{PNE} + b_{13}\text{NARS} \times \text{PNE} + e_1$.
2) $\text{PO-Fit} = b_{20} + b_{21}\text{NARS} + b_{22}\text{PNE} + b_{23}\text{NARS} \times \text{PNE} + e_2$.
3) $\text{Mitarbeiterkooperation} = b_{30} + b_{31}\text{NARS} + b_{32}\text{PNE} + b_{33}\text{NARS} \times \text{PNE} + b_{34}\text{PO-Fit} + b_{35}\text{PO-Fit} \times \text{PNE} + e_3$.

Die zugehörigen Ergebnisse sind in Tabelle 13 angegeben. Aus den ersten beiden Regressionsmodellen geht hervor, dass die Interaktion zwischen der Nachhaltigkeitsorientierung des Anreizsystems und der persönlichen Nachhaltigkeitseinstellung sowohl die abhängige Variable (Mitarbeiterkooperation) ($b_{13} = 0{,}20$; $p < 0{,}01$) als auch die Mediator-Variable (PO-Fit) ($b_{23} = 0{,}23$; $p < 0{,}01$) signifikant beeinflusst. Aus dem dritten Regressionsmodell ergibt sich analog zur vorherigen Hypothese nur eine partielle Bestätigung für die vermutete mediierte Moderation. Auf der einen Seite zeigt sich ein signifikanter Effekt des wahrgenommenen PO-Fit auf die Mitarbeiterkooperation ($b_{34} = 0{,}14$; $p < 0{,}05$), der zudem nicht durch die persönliche Nachhaltigkeitseinstellung moderiert wird (d. h. $b_{35}$ ist nicht signifikant). Auf der anderen Seite wurde der gemeinsame Effekt der Nachhaltigkeitsorientierung des Anreizsystems und der persönlichen Nachhaltigkeitseinstellung auf die Mitarbeiterkooperation im Vergleich zu Modell 1 reduziert, jedoch ist dieser weiterhin signifikant ($b_{33} = 0{,}17$; $p < 0{,}05$). Auf Basis dieser Ergebnisse kann Hypothese 3c nur partiell bestätigt werden (partielle mediierte Moderation).

| | **Unabhängige Variablen** | | | | |
|---|---|---|---|---|---|
| **Abhängige Variablen** | ***NARS*** | ***PNE*** | ***NARS × PNE*** | ***PO-Fit*** | ***PO-Fit × PNE*** |
| 1) Mitarbeiterkooperation | -0,03 (0,07) | 0,20 (0,07)** | 0,20 (0,07)** | – | – |
| 2) PO-Fit | 0,04 (0,09) | 0,09 (0,09) | 0,23 (0,09)** | – | – |
| 3) Mitarbeiterkooperation | -0,03 (0,07) | 0,19 (0,07)** | 0,17 (0,07)* | 0,14 (0,06)* | -0,06 (0,06) |

Anmerkung: NARS = Nachhaltigkeitsorientierung des Anreizsystems; PNE = Persönliche Nachhaltigkeitseinstellung; PO-Fit = Person-Organization Fit.
Angegeben werden die nichtstandardisierten Regressionskoeffizienten mit den jeweiligen Standardfehlern in Klammern.
* $p < 0{,}05$; ** $p < 0{,}01$.

Tab. 13: Mediationsanalyse: Mitarbeiterkooperation

## 5.4 Zusammenfassung und Würdigung

### 5.4.1 Zusammenfassung der empirischen Befunde

Die Zielsetzung der vorangegangenen empirischen Untersuchung bestand darin, den Einfluss nachhaltigkeitsorientierter Anreizsysteme auf das Mitarbeiterverhalten zu analysieren. Entgegen der den Hypothesen 1a-1c zugrundeliegenden Erwartungen konnten im Rahmen der empirischen Untersuchung **keine positiven Effekte** nachhaltigkeitsorientierter Anreizsysteme auf die Mitarbeiterattraktion, -motivation oder -kooperation gezeigt werden. Das Ausbleiben dieser Effekte lässt sich durch vorhandene Moderations- und Mediationsbeziehungen begründen.

Im weiteren Verlauf der Ergebnisanalyse wurden zunächst die vermuteten **Interaktionseffekte** der Hypothesen 2a-2c bestätigt, wodurch die besondere Bedeutung der persönlichen Nachhaltigkeitseinstellung für den Wirkungszusammenhang nachhaltigkeitsorientierter Anreizsysteme auf das Mitarbeiterverhalten deutlich wurde. Konkret ergab sich aus der Prüfung der Hypothesen 2a-2c, dass die persönliche Nachhaltigkeitseinstellung der Teilnehmer sowohl den Effekt der Nachhaltigkeitsorientierung des Anreizsystems auf die Mitarbeiterattraktion als auch auf die Mitarbeitermotivation sowie -kooperation moderiert.

Weiterhin verdeutlichen die vorhandenen Moderationsbeziehungen, warum die vermuteten positiven Haupteffekte (Hypothesen 1a-1c) der Nachhaltigkeitsorientierung des Anreizsystems auf die Mitarbeiterattraktion, -motivation und -kooperation in der Grundgesamtheit ausgeblieben sind. So ergab die Analyse einerseits, dass Personen mit einer hohen persönlichen Nachhaltigkeitseinstellung – wie vermutet – nachhaltigkeitsorientierte Anreizsysteme gegenüber traditionellen Anreizsystemen präferieren. Anderseits zeigten die Ergebnisse jedoch, dass Personen mit einer niedrigen persönlichen Nachhaltigkeitseinstellung – entgegen der Vermutung – sogar traditionelle Anreizsysteme gegenüber nachhaltigkeitsorientierten Anreizsystemen bevorzugen. Ursächlich für die Ablehnung der Hypothesen 1a-1c ist somit das Vorliegen **disordinaler Interaktionseffekte**.

Die Ergebnisanalyse konnte zudem die den Hypothesen 3a-3c zugrundeliegende Annahme über eine **mediierende Funktion** des wahrgenommenen PO-Fit weitgehend bestätigen. So konnte gezeigt werden, dass der gemeinsame Effekt der Nachhaltigkeitsorientierung des Anreizsystems und der persönlichen Nachhaltigkeitseinstellung auf die Mitarbeiterattraktion durch den wahrgenommenen PO-Fit vollständig mediiert wird. Auch für die Mitarbeitermotivation und -kooperation weisen die Ergebnisse auf eine vermittelnde Wirkung der Variable PO-Fit hin (partielle mediierte Moderation).

Auf Basis dieser Mediationsbeziehungen lassen sich die gefundenen Moderationseffekte sowie die ausgebliebenen Haupteffekte besser begründen. Zum einen lässt die Mediationsanalyse darauf schließen, dass (künftige) Mitarbeiter mit einer hohen Nachhaltigkeitseinstellung bei nachhaltigkeitsorientierten Anreizsystemen einen höheren PO-Fit wahrnehmen als bei traditionellen Anreizsystemen. Umgekehrt nehmen Mitarbeiter mit einer niedrigen Nachhaltigkeitseinstellung bei traditionellen Anreizsystemen einen höheren PO-Fit wahr als bei nachhaltigkeitsorientierten Anreizsystemen. Diese Erkenntnis begründet zum einen das Vorliegen disordinaler Interaktionsbeziehungen und zum anderen das Ausbleiben der vermuteten Haupteffekte für die abhängigen Variablen Mitarbeiterattraktion, -motivation und -kooperation.

### 5.4.2 Implikationen für die Wissenschaft

In bisherigen empirischen Studien wurde bereits vielfach gezeigt, dass sich gelebte unternehmerische Nachhaltigkeit positiv auf verschiedenste Stakeholderbeziehungen auswirken kann.[887] Im Besonderen konnte für die Gruppe der Mitarbeiter ein positiver Zusammenhang zwischen der (wahrgenommenen) Nachhaltigkeitsleistung eines Unternehmens und gewünschten Aspekten des Mitarbeiterverhaltens, wie bspw. Attraktion, Commitment oder Motivation, gezeigt werden.[888] Die vorliegende empirische Untersuchung erweitert die bestehenden empirischen Erkenntnisse in diesem Forschungsfeld, indem – nach bestem Wissen des Autors – erstmalig der Einfluss unternehmerischer Nachhaltigkeit auf das Mitarbeiterverhalten explizit **im Kontext von Anreizsystemen** analysiert wurde. Hierdurch leistet die vorliegende empirische Untersuchung einen wichtigen Beitrag zu einem besseren Verständnis über die nach *Berrone/Gomez-Mejia (2009a)* bisher kaum beachteten Berührungspunkte zwischen Anreizsystemen und dem Konzept der unternehmerischen Nachhaltigkeit.[889] Aus den Untersuchungsergebnissen lassen sich verschiedene bedeutsame Implikationen für die Wissenschaft ableiten:

Eine zentrale Zielsetzung der empirischen Untersuchung bestand darin, die Wirkung nachhaltigkeitsorientierter Anreizsysteme auf das Mitarbeiterverhalten zu analysieren. Die Ergebnisse konnten den vermuteten positiven Einfluss der Nachhaltigkeitsorientierung des Anreizsystems auf die Attraktion, Motivation und Kooperation von Mitarbeitern nicht bestätigen. Folglich ergaben sich im Kontext von Anreizsystemen – im Gegensatz zu bisherigen Studien – **keine positiven Effekte** unternehmerischer Nachhaltigkeit auf das Mitarbeiterverhalten. Ursächlich hierfür ist das Vorliegen verschiedener Moderations- und Mediationseffekte, die im Folgenden weiter erläutert werden.

---

[887] Vgl. bspw. García de los Salmones, M. et al. (2005); Sen, S. et al. (2006).

[888] Vgl. bspw. Maignan, I. et al. (1999); Greening, D. W./Turban, D. B. (2000); Mozes, M. et al. (2011).

[889] Vgl. Berrone, P./Gomez-Mejia, L. R. (2009a), S. 961.

Weiterhin liefert die empirische Untersuchung einen wertvollen Beitrag bezüglich der oftmals vermuteten, jedoch empirisch bislang wenig belegten Bedeutung, die der persönlichen Nachhaltigkeitseinstellung für den Einfluss unternehmerischer Nachhaltigkeit auf das Mitarbeiterverhalten zukommt.[890] So verdeutlichen die Untersuchungsergebnisse die besondere Relevanz, die der **persönlichen Nachhaltigkeitseinstellung** im Kontext nachhaltigkeitsorientierter Anreizsysteme zukommt. Im Einklang mit den Annahmen der Social Identity Theory und einer PO-Fit Perspektive sowie der einschlägigen Literatur wurde ein moderierender Einfluss der persönlichen Nachhaltigkeitseinstellung angenommen, der schließlich im Rahmen der experimentellen Untersuchung bestätigt werden konnte. Speziell ergaben sich für Personen mit einer hohen persönlichen Nachhaltigkeitseinstellung im Rahmen von nachhaltigkeitsorientierten Anreizsystemen höhere Werte in Bezug auf alle untersuchten Variablen (Mitarbeiterattraktion, -motivation und -kooperation) als bei traditionellen Anreizsystemen. Umgekehrt zeigten sich für Personen mit einer niedrigen persönlichen Nachhaltigkeitseinstellung bei traditionellen Anreizsystemen höhere Ausprägungen für die Variablen Mitarbeiterattraktion, -motivation und -kooperation als bei nachhaltigkeitsorientierten Anreizsystemen. Das Auftreten dieser disordinalen Interaktionsbeziehungen verdeutlicht einerseits, dass die Wirkung nachhaltigkeitsorientierter Anreizsysteme auf das Mitarbeiterverhalten ganz entscheidend von der persönlichen Nachhaltigkeitseinstellung der betroffenen Mitarbeiter beeinflusst wird. Andererseits wird hierdurch erklärt, warum von der Nachhaltigkeitsorientierung des Anreizsystems keine positiven Effekte auf das Mitarbeiterverhalten ausgehen. Aufgrund der hier gezeigten besonderen Relevanz sollte die persönliche Nachhaltigkeitseinstellung auch in künftigen Forschungsarbeiten, in denen Auswirkungen unternehmerischer Nachhaltigkeit auf das Mitarbeiterverhalten untersucht werden, als potenziell moderierende Variable Beachtung finden.

Zudem geht aus den Ergebnissen hervor, dass Personen mit einer hohen Nachhaltigkeitseinstellung eine **höhere Kooperationsbereitschaft** aufweisen als Personen mit einer niedrigen Nachhaltigkeitseinstellung. Somit scheint ein positiver Zusammenhang zwischen der Zustimmung zur unternehmerischen Nachhaltigkeit und der arbeitsbezogenen Kooperation

---

[890] So konnte bspw. in Studien von *PETERSON (2004)* und *BERENS ET AL. (2007)* ein positiver Moderationseffekt der Umwelt- bzw. Nachhaltigkeitseinstellung gezeigt werden, während dieser in Studien von *BAUER/AIMAN-SMITH (1996)*, *BEHREND ET AL. (2009)* oder *TURKER (2009)* (tendenziell) abgelehnt werden musste, vgl. Bauer, T. N./Aiman-Smith, L. (1996), S. 455; Peterson, D. K. (2004), S. 308 ff.; Berens, G. et al. (2007), S. 241 f.; Behrend, T. S. et al. (2009), S. 347; Turker, D. (2009), S. 196 ff.

von Personen zu bestehen. Dieser Befund kann auf bestehende wissenschaftliche Erkenntnisse zurückgeführt werden, nach denen idealistisch veranlagte Menschen dem Thema Nachhaltigkeit im Allgemeinen positiv gegenüberstehen.[891] Weiterhin werden idealistisch veranlagte Menschen dadurch charakterisiert, dass sich diese altruistisch verhalten und sich um das Wohlergehen anderer Menschen kümmern.[892] Dieser Argumentation folgend kann vermutet werden, dass Personen mit einer hohen Nachhaltigkeitseinstellung tendenziell stärker altruistisch veranlagt sind und daher auch eine höhere Bereitschaft zu kooperativem Verhalten aufweisen.

Ein weiterer wichtiger Beitrag der vorliegenden empirischen Untersuchung bestand darin, den **theoretischen Wirkungszusammenhang** des gemeinsamen Effekts der Nachhaltigkeitsorientierung des Anreizsystems und der persönlichen Nachhaltigkeitseinstellung auf das Mitarbeiterverhalten genauer zu analysieren. Im Einklang mit den bestehenden Studien im Bereich der unternehmerischen Nachhaltigkeit basieren die Hypothesen 2a-2c auf Annahmen der Signaling Theory und der Social Identity Theory in Verbindung mit einer PO-Fit Perspektive. Vor diesem theoretischen Hintergrund werden Interaktionseffekte dadurch erklärt, dass sich Personen mit einer hohen Nachhaltigkeitseinstellung stärker mit positiven Werten unternehmerischer Nachhaltigkeit identifizieren als Personen mit einer niedrigen Nachhaltigkeitseinstellung. Folglich wird angenommen, dass Personen mit einer hohen Nachhaltigkeitseinstellung auch eine höhere Übereinstimmung zwischen den eigenen Werten und denen des Unternehmens (PO-Fit bzw. Wertkongruenz) wahrnehmen sollten als Personen mit einer niedrigen Nachhaltigkeitseinstellung. Entsprechende theorieprüfende Mediationsanalysen werden in bestehenden Studien jedoch kaum durchgeführt, obwohl diesen eine große Relevanz für ein besseres Verständnis über die Wirkungszusammenhänge zwischen unternehmerischer Nachhaltigkeit und dem Mitarbeiterverhalten zugeschrieben wird.[893] Aus diesem Grund wurde der wahrgenommene PO-Fit explizit als mediierende Variable im Rahmen der vorliegenden empirischen Untersuchung berücksichtigt. Die Ergebnisse zeigen, dass der gemeinsame Effekt der Nachhaltigkeitsorientierung des Anreizsystems und der persönlichen Nachhaltigkeitseinstellung auf die Mitarbeiterattraktion vollständig durch den wahrgenommenen PO-Fit mediiert wird (vollständige mediierte Moderation). Für

[891] Vgl. Etheredge, J. M. (1999), S. 58 f.; Kolodinsky, R. W. et al. (2010), S. 174 f.
[892] Vgl. Forsyth, D. R. et al. (1988), S. 245 f.; Park, H. (2005), S. 83 f.
[893] Vgl. Glavas, A./Godwin, L. N. (2013), S. 16.

die Variablen Mitarbeitermotivation und -kooperation konnte zudem jeweils eine partielle mediierte Moderation gezeigt werden. Diese Ergebnisse tragen einerseits zu einem besseren wissenschaftlichen Verständnis über den Wirkungszusammenhang zwischen unternehmerischer Nachhaltigkeit und dem Mitarbeiterverhalten bei. Andererseits bekräftigen die vorliegenden Ergebnisse die zentralen Annahmen der Social Identity Theory sowie der PO-Fit Perspektive und unterstreichen hierdurch deren Eignung zur Untersuchung verschiedener Aspekte des Mitarbeiterverhaltens.

Die vorliegende empirische Untersuchung stellt zudem eine **Erweiterung der bisherigen Forschung** zu den verhaltensbezogenen Implikationen einer nachhaltigkeitsorientierten Unternehmensführung dar. Bisherige Studien beziehen sich in der Regel auf die Attraktion[894] oder die Bindung (Commitment)[895] von Mitarbeitern und bleiben somit auf Aspekte der Personalbeschaffung und -retention begrenzt. Aus Forschungsarbeiten von *Glavas/Piderit (2009)*[896] und *Mozes et al. (2011)*[897] ging jedoch hervor, dass positive Wirkungen unternehmerischer Nachhaltigkeit nicht nur auf diese personalpolitischen Aspekte beschränkt sind, sondern auch das Engagement und Leistungsverhalten der Mitarbeiter betreffen können. Im Einklang damit wurden im Rahmen der vorliegenden empirischen Untersuchung weitere, im Kontext von Anreizsystemen interessierende, leistungsbezogene Variablen der Mitarbeitersteuerung integriert. Indem mit den Variablen Mitarbeitermotivation und -kooperation zusätzliche zentrale verhaltensbezogene Aspekte der Unternehmens- bzw. Mitarbeitersteuerung beleuchtet werden, erweitert die vorliegende empirische Untersuchung die bestehende Forschung zu den Verhaltenswirkungen unternehmerischer Nachhaltigkeit um zwei wesentliche Facetten. Weiterhin werden hierdurch Anregungen der Literatur aufgegriffen, nach denen der Einfluss unternehmerischer Nachhaltigkeit auf weitere Aspekte des Mitarbeiterverhaltens empirisch untersucht werden sollte.[898]

---

[894] Vgl. bspw. Turban, D. B./Greening, D. W. (1997); Backhaus, K. B. et al. (2002); Behrend, T. S. et al. (2009).
[895] Vgl. bspw. Peterson, D. K. (2004); Brammer, S. et al. (2007); Stites, J. P./Michael, J. H. (2011).
[896] Vgl. Glavas, A./Piderit, S. K. (2009).
[897] Vgl. Mozes, M. et al. (2011).
[898] Vgl. Glavas, A./Piderit, S. K. (2009), S. 68.

### 5.4.3 Implikationen für die Unternehmenspraxis

In den letzten Jahren haben Unternehmen zunehmend damit begonnen, ihre Anreizsysteme nachhaltigkeitsorientiert zu gestalten, indem die variable Vergütung der Mitarbeiter explizit auch an ökologische und soziale Beurteilungskriterien geknüpft wurde.[899] Mit Blick auf die erwartete Bedeutungszunahme nachhaltigkeitsorientierter Geschäftsmodelle sowie den aktuellen regulatorischen Entwicklungen, die in der Verabschiedung des VorstAG ihren vorläufigen Höhepunkt fanden, wird das Thema Nachhaltigkeit im Kontext von Anreizsystemen in der Unternehmenspraxis weiter an Bedeutung gewinnen.[900] Dies gilt umso mehr, als wirksame Anreizsysteme für die Umsetzung der gesetzten (Nachhaltigkeits-)Ziele, und somit auch für den Erfolg eines Unternehmens, mitentscheidend sind.[901]

Aus Sicht der Unternehmenspraxis ist folglich von besonderem Interesse, wie nachhaltigkeitsorientierte Anreizsysteme das Mitarbeiterverhalten beeinflussen. Bislang existieren jedoch keine empirischen Studien, in denen verhaltensbezogene Effekte im Kontext nachhaltigkeitsorientierter Anreizsysteme untersucht werden. Vor dem Hintergrund fehlender empirischer Erkenntnisse bei gleichzeitig steigender Bedeutung nachhaltigkeitsorientierter Anreizsysteme lassen sich aus den Ergebnissen der vorliegenden empirischen Untersuchung zahlreiche wertvolle Implikationen für die Unternehmenspraxis ableiten:

Zunächst zeigen die empirischen Befunde, dass sich bezüglich der untersuchten verhaltensbezogenen Variablen (Mitarbeiterattraktion, -motivation und -kooperation) **keine nennenswerten Unterschiede** zwischen nachhaltigkeitsorientierten und traditionellen Anreizsystemen ergeben (d. h. es liegen keine positiven/negativen Haupteffekte vor). Dies bedeutet zum einen, dass sich infolge der Implementierung nachhaltigkeitsorientierter Anreizsysteme – entgegen der Vermutungen der Hypothesen 1a-1c – im Allgemeinen keine positiven Folgen hinsichtlich der Mitarbeiterattraktion, -motivation oder -kooperation zeigen. Zum anderen verdeutlicht dieses Ergebnis jedoch auch, dass sich Unternehmen umgekehrt auch nicht schlechter stellen, wenn nachhaltigkeitsorientierte anstelle von traditionellen Anreizsystemen eingesetzt werden. Auf Basis dieser allgemeinen Feststellung können die Untersuchungsergebnisse zunächst denjenigen nachhaltig geführten Unternehmen als Argumen-

[899] Vgl. Eurosif/EIRIS (2010), S. 4; Hol, H. et al. (2010), S. 39 ff.; World Business Council for Sustainable Development (2010), S. 7 ff.; Wilke, P./Schmid, K. (2012), S. 37 ff.
[900] Vgl. bspw. Wilsing, H.-U./Paul, C. A. (2010), S. 363 ff.
[901] Vgl. Epstein, M. J./Roy, M.-J. (2001), S. 594.

tation und Ermutigung dienen, die aufgrund vermuteter negativer Folgen in Bezug auf Resonanz und Verhalten ihrer Mitarbeiter bisher von einer Implementierung nachhaltigkeitsorientierter Anreizsysteme abgesehen haben.

Des Weiteren zeigen die Ergebnisse der vorliegenden empirischen Untersuchung, dass die verhaltensbezogenen Wirkungen nachhaltigkeitsorientierter Anreizsysteme entscheidend durch die **persönliche Nachhaltigkeitseinstellung** beeinflusst werden. So resultieren für nachhaltigkeitsorientierte Anreizsysteme nur dann positive Wirkungen auf die Mitarbeiterattraktion, -motivation und -kooperation, wenn eine hohe Nachhaltigkeitseinstellung vorhanden ist. Wenn jedoch eine niedrige Nachhaltigkeitseinstellung vorliegt, führen dagegen traditionelle Anreizsysteme zu höheren Ausprägungen bei allen untersuchten Variablen des Mitarbeiterverhaltens. Im Rahmen weiterer (Mediations-)Analysen wurde deutlich, dass der gemeinsame Effekt der Nachhaltigkeitsorientierung des Anreizsystems und der persönlichen Nachhaltigkeitseinstellung auf die Mitarbeiterattraktion, -motivation und -kooperation durch den wahrgenommenen PO-Fit vollständig bzw. partiell mediiert wird. Ein **hoher PO-Fit** verbessert somit nicht nur die Chancen künftige Mitarbeiter für das Unternehmen zu gewinnen, sondern führt zudem zu einer Erhöhung der Arbeitsmotivation sowie Kooperationsbereitschaft. Dadurch wird deutlich, dass Unternehmen stärker auf den von (potenziellen) Mitarbeitern wahrgenommenen Fit, also auf die Passung zwischen den Werten und Zielen der Person und des Unternehmens, achten sollten.[902] Daraus ergeben sich verschiedene Implikationen sowohl für die Gestaltung von Anreizsystemen als auch für die Personalbeschaffung:

Die Untersuchungsergebnisse machen zunächst deutlich, dass Unternehmen bei der **Gestaltung von Anreizsystemen** auch die persönliche Nachhaltigkeitseinstellung der Mitarbeiter beachten sollten. Einerseits ist die Anwendung nachhaltigkeitsorientierter Anreizsysteme – auch bei nachhaltig geführten Unternehmen – nur dann zu empfehlen, wenn die betroffenen Mitarbeiter über eine positive Nachhaltigkeitseinstellung verfügen, da nur für diesen Fall ein positiver Einfluss auf das Mitarbeiterverhalten gezeigt werden konnte. Andererseits ist durch Unternehmen zu prüfen, ob – in Abhängigkeit der Nachhaltigkeitseinstellung einer

[902] Neben den im Rahmen der vorliegenden Untersuchung analysierten Variablen kann ein hoher wahrgenommener PO-Fit zu weiteren Vorteilen, wie bspw. geringeren Abwanderungsquoten, führen, vgl. bspw. Posner, B. Z. (1992), S. 353; Kristof, A. L. (1996), S. 30; Cable, D. M./DeRue, D. S. (2002), S. 880 f.; Hoffman, B. J./Woehr, D. J. (2006), S. 393 ff.

Person – sowohl traditionelle als auch nachhaltigkeitsorientierte Anreizsysteme angeboten werden sollten.[903] Durch einen selektiven Einsatz nachhaltigkeitsorientierter Anreizsysteme könnte erreicht werden, dass sich sowohl Personen mit einer niedrigen persönlichen Nachhaltigkeitseinstellung (kein nachhaltigkeitsorientiertes Anreizsystem) als auch Personen mit einer hohen persönlichen Nachhaltigkeitseinstellung (nachhaltigkeitsorientiertes Anreizsystem) stark mit den Zielen des Anreizsystems identifizieren, wodurch schließlich jeweils positive Folgen für das Mitarbeiterverhalten zu erwarten sind. Weiterhin sollten nachhaltig geführte Unternehmen bei Anwendung nachhaltigkeitsorientierter Anreizsysteme Möglichkeiten zur Sensibilisierung bestehender Mitarbeiter für ökologische und soziale Themen im Rahmen von Schulungs- und Weiterbildungsmaßnahmen prüfen.[904]

Zudem resultieren aus den empirischen Befunden wichtige Anregungen für den Bereich der **strategischen Personalbeschaffung**. Im Allgemeinen sollten Unternehmen deutlich stärker auf den von künftigen Mitarbeitern wahrgenommenen PO-Fit achten. Insbesondere sollten nachhaltig geführte Unternehmen, die nachhaltigkeitsorientierte Anreizsysteme implementiert haben, im Rahmen der Personalauswahl die Nachhaltigkeitseinstellung der Bewerber ermitteln und gezielt Personen mit einer positiven Nachhaltigkeitseinstellung rekrutieren.[905] Wie die Untersuchungsergebnisse gezeigt haben, lassen sich hierdurch höhere Werte für den wahrgenommenen PO-Fit erzielen, wodurch schließlich positive Effekte in Bezug auf die Arbeitsmotivation sowie die Kooperationsbereitschaft zu erwarten sind.

Weiterhin können nachhaltigkeitsorientierte Anreizsysteme von Unternehmen, die sich einer nachhaltigen Unternehmensführung verschrieben haben, gezielt als **Instrument der Mitarbeitergewinnung** eingesetzt werden. So geht aus den Untersuchungsergebnissen hervor, dass Personen mit einer hohen Nachhaltigkeitseinstellung Unternehmen präferieren, welche nachhaltigkeitsorientierte Anreizsysteme einsetzen. Personen mit einer hohen Nachhaltigkeitseinstellung sind aus Unternehmenssicht zudem interessant, da in der vorliegenden empirischen Untersuchung gezeigt werden konnte, dass diese eine besonders hohe

---

[903] In diesem Zusammenhang wird angeregt, Mitarbeiter in Abhängigkeit davon in Gruppen bzw. Segmente zu unterteilen, wie wichtig ihnen Nachhaltigkeitsmaßnahmen sind. Dadurch ist es möglich, Mitarbeitersegmente gezielt mit oder gerade nicht mit nachhaltigkeitsbezogenen Inhalten anzusprechen. Folglich könnten bewusst nur diejenigen Mitarbeiter mit nachhaltigkeitsorientierten Anreizsystemen vergütet werden, die dem Thema Nachhaltigkeit positiv gegenüberstehen, vgl. Bhattacharya, C. B. et al. (2008), S. 43.

[904] Vgl. Epstein, M. J. et al. (2010), S. 47.

[905] Vgl. hierzu auch Buerke, A. et al. (2013), S. 207 f.

Kooperationsbereitschaft aufweisen. Somit sollten nachhaltig geführte Unternehmen den Einsatz nachhaltigkeitsorientierter Anreizsysteme gezielt als Alleinstellungsmerkmal an künftige Mitarbeiter signalisieren, um Mitarbeiter, die diese Wertvorstellungen teilen, für das Unternehmen zu gewinnen.[906] Insbesondere vor dem Hintergrund des demografischen Wandels, welcher das Angebot qualifizierter Mitarbeiter zunehmend begrenzt,[907] könnten nachhaltig geführte Unternehmen durch die Implementierung nachhaltigkeitsorientierter Anreizsysteme und deren gezielten Kommunikation nach außen einen Vorteil im sogenannten „war for talents“ erzielen.[908]

### 5.4.4 Restriktionen und weiterer Forschungsbedarf

Wie in den Abschnitten zuvor dargestellt, resultieren aus der vorliegenden empirischen Untersuchung erste Erkenntnisse zu den Verhaltenswirkungen nachhaltigkeitsorientierter Anreizsysteme. Jedoch sind bei der Interpretation der Untersuchungsergebnisse verschiedene Einschränkungen und Restriktionen zu beachten.

Infolge der Datenerhebung auf Basis einer Studentenbefragung ergeben sich zunächst gewisse Einschränkungen hinsichtlich der Generalisierbarkeit bzw. **externen Validität** der Ergebnisse.[909] Dies bedeutet, dass die Ergebnisse nicht ohne weiteres auf reale Arbeitssituationen übertragbar sind. Das Heranziehen studentischer Probanden erscheint im Hinblick auf die Zielsetzung sowie den Kontext der vorliegenden empirischen Untersuchung dennoch angemessen, da a) Unternehmen gezielt um Absolventen von Universitäten als künftige Mitarbeiter werben,[910] b) sich die befragten Studierenden mehrheitlich in der letzten Phase des Studiums befanden, c) eine studentische Befragung die Vergleichbarkeit zu vorherigen Forschungsarbeiten erleichtert[911] und d) Studierende als homogene Gruppe den negativen Einfluss potenzieller Störvariablen verringern.[912]

Als weitere Einschränkung der vorliegenden empirischen Untersuchung kann die Abfrage von **Verhaltensabsichten** im Rahmen hypothetischer Szenarien gesehen werden. Da nicht

906 Vgl. Colbert, B. A./Kurucz, E. C. (2007), S. 27 f.
907 Vgl. Waddock, S. A. et al. (2002), S. 135.
908 Vgl. Bhattacharya, C. B. et al. (2008), S. 37 ff.
909 Vgl. Eschweiler, M. et al. (2009), S. 383.
910 Vgl. Evans, W. R./Davis, W. D. (2011), S. 473.
911 Vgl. bspw. Turban, D. B./Greening, D. W. (1997); Berens, G. et al. (2007); Behrend, T. S. et al. (2009); Lin, C.-P. et al. (2012).
912 Vgl. Calder, B. J. et al. (1981), S. 199 f.

das tatsächliche Verhalten beobachtet oder abgefragt wurde, besteht die Gefahr, dass dieses von den im Rahmen der empirischen Untersuchung bekundeten Verhaltensabsichten abweichen könnte. Infolge des Umstandes, dass die Erfassung des tatsächlichen Verhaltens aufgrund verschiedenster Einschränkungen oftmals nicht möglich ist, wird in empirischen Forschungsarbeiten vielfach auf Verhaltensintentionen anstelle des tatsächlichen Verhaltens abgestellt.[913] Im Zentrum dieses Vorgehens stehen die „Theory of Reasoned Action" und die „Theory of Planned Behavior".[914] Danach wird angenommen, dass Verhaltensintentionen die unmittelbare Vorstufe (Antezedens) des tatsächlichen Verhaltens darstellen.[915] Ist eine Verhaltensintention stärker, so wird entsprechend von einer größeren Bereitschaft und somit von einer höheren Wahrscheinlichkeit für dieses Verhalten ausgegangen.[916] In diesem Zusammenhang wird bspw. in einer Studie von *Cable/Judge (1996)* gezeigt, dass von Bewerbungsabsichten (Intentionen) auf das tatsächliche Bewerbungsverhalten (Verhalten) geschlossen werden kann.[917] Im Einklang mit der bestehenden Literatur kann daher auch im Rahmen der vorliegenden empirischen Untersuchung angenommen werden, dass durch Verhaltensabsichten nicht beobachtbares Verhalten verlässlich vorausgesagt wird.

Da prinzipiell verschiedene **alternative Gestaltungsmöglichkeiten** für nachhaltigkeitsorientierte Anreizsysteme existieren, ist zudem die Anwendbarkeit bzw. Übertragbarkeit der Untersuchungsergebnisse auf andere Situationen im Einzelfall zu prüfen. An dieser Stelle sei jedoch darauf hingewiesen, dass das im Rahmen der empirischen Untersuchung angewendete nachhaltigkeitsorientierte Anreizsystem mit größter Sorgfalt gewählt wurde. Bei der Gestaltung wurden nicht nur Erkenntnisse der einschlägigen Literatur und reale Vergütungsberichte der Unternehmenspraxis berücksichtigt,[918] sondern darüber hinaus auch Leitfäden zur Nachhaltigkeitsberichterstattung sowie Anforderungskataloge zur Bewertung der Nachhaltigkeitsleistung.[919]

---

913 Vgl. bspw. Bauer, T. N./Aiman-Smith, L. (1996); Greening, D. W./Turban, D. B. (2000); Sen, S. et al. (2006).
914 Vgl. Ajzen, I. (1985); Ajzen, I. (1991); Rossmann, C. (2011).
915 Vgl. Ajzen, I./Madden, T. J. (1986), S. 454; Rossmann, C. (2011), S. 16.
916 Vgl. Ajzen, I./Madden, T. J. (1986), S. 454; Ajzen, I. (1991), S. 181.
917 Vgl. Cable, D. M./Judge, T. A. (1996), S. 302. Vgl. hierzu auch die Ergebnisse bei van Hooft, E. A. et al. (2004), S. 42 ff.
918 Vgl. bspw. Hol, H. et al. (2010); Rapp, M. S./Wolff, M. (2010); Wilke, P./Schmid, K. (2012).
919 Vgl. bspw. DVFA/EFFAS (2010); GRI (2011); oekom research AG (2013).

**Weiterer Forschungsbedarf**

Die vorliegende empirische Untersuchung liefert erste Ergebnisse zu den Verhaltenswirkungen nachhaltigkeitsorientierter Anreizsysteme auf Basis einer studentischen Befragung. Mit Blick auf die externe Validität der Ergebnisse sowie einer breiteren empirischen Fundierung sollten in künftigen Forschungsarbeiten auch die Verhaltenswirkungen nachhaltigkeitsorientierter Anreizsysteme in einem beruflichen Umfeld, bspw. mit Hilfe von **Mitarbeiterbefragungen**, untersucht werden.

Des Weiteren weist *Hill (2005)* im Kontext von Anreizsystemen darauf hin, dass diese oftmals länderspezifisch angepasst werden müssen. Spezifische Anreizsysteme, die in einem Land erfolgreich funktionieren, können in einem anderen Land dagegen kontraproduktiv sein.[920] Folglich besteht ein Ansatzpunkt für weitere Forschungsarbeiten darin, die vorliegende Untersuchung in **anderen Ländern oder Kulturkreisen** zu replizieren, um hierdurch mögliche länderspezifische oder kulturelle Unterschiede in den Verhaltenswirkungen nachhaltigkeitsorientierter Anreizsysteme zu identifizieren.

Nachhaltigkeitsorientierte Anreizsysteme können zudem unterschiedlich gestaltet sein. In $CO_2$-Emissionen[921] für die ökologische Dimension der Nachhaltigkeit sowie Gesundheits- oder Sicherheitsthemen[922] für die soziale Dimension der Nachhaltigkeit bestehen weitere vielversprechende Bemessungsgrundlagen, die alternativ als Grundlage der Leistungsbeurteilung in nachhaltigkeitsorientierte Anreizsysteme eingehen könnten. In künftigen Forschungsarbeiten sollten daher Effekte, die von **alternativ gestalteten nachhaltigkeitsorientierten Anreizsystemen** auf das Mitarbeiterverhalten ausgehen, analysiert und den Ergebnissen der vorliegenden Untersuchung gegenübergestellt werden.

Weiterhin konnte in bestehenden Forschungsarbeiten gezeigt werden, dass die Identifikation mit bzw. die Zugehörigkeit zu Unternehmen, die eine gute Nachhaltigkeitsleistung aufweisen, zur individuellen Bedürfnisbefriedigung beitragen kann. In diesem Zusammenhang deuten empirische Ergebnisse von *Montgomery/Ramus (2007)*[923] und *Spittler/Botta*

---

[920] Vgl. Hill, C. W. (2005), S. 460.
[921] Vgl. Ariely, D. (2010), S. 38; Hol, H. et al. (2010), S. 21.
[922] Vgl. Evers, H. et al. (2010), S. 61; Hol, H. et al. (2010), S. 21.
[923] Vgl. Montgomery, D. B./Ramus, C. A. (2007), S. 15 ff.

*(2012)*[924] darauf hin, dass unter (künftigen) Arbeitnehmern eine gewisse **Bereitschaft zu Gehaltseinbußen** vorhanden ist, wenn der Arbeitgeber über eine starke Leistung im Bereich der unternehmerischen Nachhaltigkeit verfügt.[925] Daher wäre ein weiterer Ansatzpunkt für künftige Forschungsarbeiten der Frage nachzugehen, ob Mitarbeiter auch bereit sind, auf Gehalt zu verzichten, um für Unternehmen mit nachhaltigkeitsorientierten Anreizsystemen arbeiten zu können.

[924] Vgl. Spittler, S./Botta, J. (2012), S. 258 f.
[925] Vgl. hierzu auch Barbian, J. (2001), S. 50 ff.

# 6 Schlussbetrachtung

Das Thema Nachhaltigkeit wird für die Unternehmenspraxis immer bedeutsamer.[926] Infolge der zunehmenden Verbreitung des Konzepts der unternehmerischen Nachhaltigkeit sowie nachhaltiger Geschäftsmodelle erreicht dieser Trend auch die Anreizsysteme von Unternehmen.[927] Erste Beispiele verdeutlichen, dass einige Unternehmen bereits Aspekte der unternehmerischen Nachhaltigkeit in ihre Anreizsysteme bzw. in die Leistungsbeurteilung ihrer Mitarbeiter integrieren.[928] Daneben hat auch der deutsche Gesetzgeber die Themen Anreizsysteme und Nachhaltigkeit durch die Verabschiedung des Gesetzes zur Angemessenheit der Vorstandsvergütung (VorstAG) explizit zusammengeführt.[929] Trotz der offenkundigen Aktualität dieser Thematik besteht bislang **kein wissenschaftlicher Konsens** über die Bedeutung von Nachhaltigkeit im Kontext von Anreizsystemen bzw. darüber, wie Anreizsysteme konkret nachhaltigkeitsorientiert gestaltet werden können.[930]

Aus diesem Grund wurde im Rahmen dieser Arbeit in einer ersten Forschungsfrage untersucht, welche Optionen prinzipiell zur **Gestaltung nachhaltigkeitsorientierter Anreizsysteme** bestehen. Eine systematische Analyse der einschlägigen Literatur ergab, dass – in Abhängigkeit des zugrundeliegenden Nachhaltigkeitsverständnisses – grundsätzlich verschiedene Gestaltungsoptionen zur Ausrichtung von Anreizsystemen auf das Konzept der Nachhaltigkeit existieren. Nach einem ersten engeren Begriffsverständnis wird Nachhaltigkeit im Wesentlichen mit dem Wort „Langfristigkeit“ gleichgesetzt (Nachhaltigkeit i. e. S.).[931] Vor dem Hintergrund einer angestrebten langfristig-nachhaltigen Wertschaffung sollen auch Anreiz- und Vergütungssysteme langfristig-nachhaltig gestaltet werden. Zur Schaffung **nachhaltigkeitsorientierter Anreizsysteme im engeren Sinne (i. e. S.)** werden in der Literatur verschiedene Optionen vorgeschlagen.[932] Dies sind im Einzelnen: 1) Mehrjährigkeit der Leistungsbeurteilung, 2) verzögerte Anreizverfügbarkeit (verzögerte Ausschüttung variabler Vergütungsbestandteile und/oder Haltefristen und Wartezeiten bei Aktien und Aktienoptionen), 3) Bonus-Malus-Regelungen, 4) Höchstgrenzen der variablen Vergütung (Caps),

---

926 Vgl. Campbell, J. L. (2007), S. 946; Weber, J./Marley, K. A. (2012), S. 627.

927 Vgl. Epstein, M. J./Roy, M.-J. (2001), S. 594; Berrone, P./Gomez-Mejia, L. R. (2009a), S. 960 f.

928 Vgl. Eurosif/EIRIS (2010), S. 4; Hol, H. et al. (2010), S. 39 ff.

929 Vgl. Evers, H. et al. (2010), S. 38 f.; Wilsing, H.-U./Paul, C. A. (2010), S. 363 f.; Kocher, D./Bednarz, L. (2011), S. 77 f.

930 Vgl. Raible, K.-F./Schmidt, W. (2009b), S. 249; Wagner, J. (2010), S. 774; von Werder, A. (2011), S. 55 f.

931 Vgl. Friedl, G./Döscher, T. (2009), S. 36 ff.; von Werder, A. (2011), S. 55.

932 Vgl. bspw. Deilmann, B./Otte, S. (2009), S. 263; Fleischer, H. (2009), S. 803; Friedl, G./Döscher, T. (2009), S. 36 f.

5) Rückzahlungsverpflichtungen (Claw-Back-Klauseln) und 6) Vereinbarungen zu Eigeninvestments in Aktien.

Demgegenüber steht ein erweitertes Begriffsverständnis, nach dem Nachhaltigkeit auf den drei Dimensionen Ökonomie, Ökologie und Soziales basiert (Nachhaltigkeit i. w. S.).[933] Aus dieser weiteren Sicht der Nachhaltigkeit ergibt sich, dass nachhaltigkeitsorientierte Anreizsysteme einen Bezug zu allen drei Dimensionen der Nachhaltigkeit aufweisen sollten.[934] Um dies umzusetzen, also **nachhaltigkeitsorientierte Anreizsysteme im weiteren Sinne (i. w. S.)** zu schaffen, kann prinzipiell an den Anreizen[935] oder den Bemessungsgrundlagen[936] des Anreizsystems angesetzt werden. Erstere Option bedeutet, dass als Ergänzung zu traditionellen ökonomischen Anreizen auch ökologisch- und sozial-geprägte Anreize in die Anreizstrukturen einfließen. Zweitere Option verlangt eine Erweiterung der bislang ökonomisch-dominierten Leistungsbeurteilung hin zu einer dreidimensionalen Leistungsbeurteilung, indem Bemessungsgrundlagen aus allen Nachhaltigkeitsdimensionen berücksichtigt werden.

Mit Blick auf eine bestmögliche Förderung des Konzepts der unternehmerischen Nachhaltigkeit, welches langfristig ausgelegt simultan Ziele aus den drei Nachhaltigkeitsdimensionen Ökonomie, Ökologie und Soziales berücksichtigt,[937] kann Unternehmen schließlich eine **kombinierte Anwendung** der beschriebenen Gestaltungsoptionen empfohlen werden. Um zur unternehmerischen Nachhaltigkeit beizutragen, sollte ein nachhaltigkeitsorientiertes Anreizsystem einerseits langfristig-nachhaltige Denkweisen fördern (Langfristigkeit; Nachhaltigkeit i. e. S.) und andererseits auf die drei Nachhaltigkeitsdimensionen (Triple Bottom Line; Nachhaltigkeit i. w. S.) ausgerichtet sein.[938] Somit sollten Unternehmen mit Hilfe der Optionen zur nachhaltigkeitsorientierten Gestaltung von Anreizsystemen i. e. S. zunächst langfristig-nachhaltige Anreizstrukturen schaffen. Da durch die parallele Anwendung aller verfügbaren Gestaltungsoptionen die Transparenz von Anreizsystemen negativ beeinflusst wird, sollten diese jedoch nur selektiv und unternehmensspezifisch zur Anwendung kommen. Um darüber hinaus dem Triple Bottom Line-Aspekt der Nachhaltigkeit Rechnung zu tragen, sind weiterhin ökologische und soziale Bemessungsgrundlagen in die Anreiz-

[933] Vgl. Colbert, B. A./Kurucz, E. C. (2007), S. 22; Merriman, K. K./Sen, S. (2012), S. 851.
[934] Vgl. Seyboth, M./Thannisch, R. (2010), S. 15.
[935] Vgl. bspw. Steinle, C. et al. (1997), S. 259; Gade, C. (2007), S. 185.
[936] Vgl. bspw. Ariely, D. (2010), S. 38; Evers, H. et al. (2010), S. 61.
[937] Vgl. Bansal, P. (2005), S. 199.
[938] Vgl. Eurosif/EIRIS (2010), S. 5.

systeme zu integrieren. Schließlich sollten auch ökologische und soziale Anreize punktuell im Rahmen von Cafeteria-Systemen eingesetzt werden, da durch deren Implementierung ein indirekter Beitrag zur Erreichung von Nachhaltigkeitszielen geleistet werden kann.

Vor dem Hintergrund der bereits einsetzenden Implementierung nachhaltigkeitsorientierter Anreizsysteme in der Unternehmenspraxis sowie der Annahme einer weiteren Bedeutungszunahme,[939] bestand die zweite Forschungsfrage dieser Arbeit darin zu untersuchen, welche Effekte sich hieraus in Bezug auf das Mitarbeiterverhalten ergeben. Im Kontext zahlreicher Forschungsarbeiten, die positive Effekte unternehmerischer Nachhaltigkeit auf das Mitarbeiterverhalten aufzeigen,[940] wurde eine empirische Untersuchung zu den **Verhaltenswirkungen nachhaltigkeitsorientierter Anreizsysteme** durchgeführt. Die Untersuchungsergebnisse zeigten zunächst, dass sich – entgegen der Annahmen – im Kontext nachhaltigkeitsorientierter Anreizsysteme keine positiven Effekte auf die Mitarbeiterattraktion, -motivation sowie -kooperation ergeben. Aus einer weitergehenden Analyse ging jedoch hervor, dass die Wirkung nachhaltigkeitsorientierter Anreizsysteme auf das Mitarbeiterverhalten entscheidend von der **persönlichen Nachhaltigkeitseinstellung** beeinflusst wird. So zeigten sich für Personen mit einer hohen Nachhaltigkeitseinstellung in Bezug auf die Mitarbeiterattraktion, -motivation sowie -kooperation höhere Werte, wenn diese mit einem nachhaltigkeitsorientierten Anreizsystem und nicht mit einem traditionellen Anreizsystem konfrontiert wurden. Umgekehrt ergaben sich bei Personen mit einer niedrigen Nachhaltigkeitseinstellung höhere Werte in Bezug auf die Mitarbeiterattraktion, -motivation sowie -kooperation, wenn diese auf Basis traditioneller anstelle von nachhaltigkeitsorientierten Anreizsystemen beurteilt wurden.

Weiterhin konnte in einer tiefergehenden Analyse der zugrundeliegenden Wirkungszusammenhänge gezeigt werden, dass der **wahrgenommene PO-Fit** eine entscheidende Rolle für die Erklärung der Ergebnisse spielt. So verbessert ein hoher wahrgenommener PO-Fit nicht nur die Chance Mitarbeiter für das Unternehmen zu gewinnen, sondern wirkt zudem positiv auf die Arbeitsmotivation sowie Kooperationsbereitschaft. Da aus der empirischen Untersuchung hervorgeht, dass insbesondere die persönliche Nachhaltigkeitseinstellung und der

---

[939] Vgl. Lacy, P. et al. (2010), S. 52; Merriman, K. K./Sen, S. (2012), S. 867.
[940] Vgl. bspw. Maignan, I. et al. (1999); Greening, D. W./Turban, D. B. (2000); Evans, W. R./Davis, W. D. (2011); Stites, J. P./Michael, J. H. (2011).

wahrgenommene PO-Fit darüber entscheidet, welche verhaltensbezogenen Effekte durch den Einsatz nachhaltigkeitsorientierter Anreizsysteme zu erwarten sind, lassen sich aus den empirischen Erkenntnissen verschiedene Implikationen für den Einsatz nachhaltigkeitsorientierter Anreizsysteme sowie für die strategische Personalbeschaffung ableiten.

Auf Basis der Untersuchungsergebnisse ist zunächst – auch vor dem Hintergrund einer nachhaltigen Unternehmensführung – ein **selektiver Einsatz nachhaltigkeitsorientierter Anreizsysteme** zu empfehlen. So sollten nachhaltigkeitsorientierte Anreizsysteme nur bei Personen mit einer hohen Nachhaltigkeitseinstellung zur Anwendung kommen, da nur für diesen Fall positive Effekte bezüglich der Mitarbeiterattraktion, -motivation und -kooperation zu erwarten sind. Stehen Personen dem Thema Nachhaltigkeit dagegen negativ gegenüber, sollten diese mit einem traditionellen Anreizsystem vergütet werden. Darüber hinaus wird nachhaltig geführten Unternehmen bei Anwendung nachhaltigkeitsorientierter Anreizsysteme geraten, ihre Mitarbeiter im Rahmen von Schulungs- und Weiterbildungsmaßnahmen gezielt für ökologische und soziale Themen zu sensibilisieren.

Im Bereich der strategischen Personalbeschaffung sollten Unternehmen dem von künftigen Mitarbeitern wahrgenommenen PO-Fit grundsätzlich eine größere Bedeutung beimessen. Insbesondere sollten nachhaltig geführte Unternehmen, bei denen nachhaltigkeitsorientierte Anreizsysteme zum Einsatz kommen, darauf achten, dass ihre Mitarbeiter über eine hohe persönliche Nachhaltigkeitseinstellung verfügen, um positive Effekte in Bezug auf die Arbeitsmotivation sowie die Kooperationsbereitschaft zu realisieren. Dies bedeutet einerseits, dass bereits im Rahmen der Rekrutierung die **Nachhaltigkeitseinstellung der Bewerber** berücksichtigt und gezielt Personen mit einer positiven Nachhaltigkeitseinstellung rekrutiert werden sollten. Andererseits können nachhaltigkeitsorientierte Anreizsysteme gezielt als Instrument der Mitarbeitergewinnung eingesetzt werden, da Personen mit einer hohen Nachhaltigkeitseinstellung Unternehmen präferieren, welche nachhaltigkeitsorientierte Anreizsysteme einsetzen.

## Literaturverzeichnis

A.T. Kearney (2009): Green winners: WACC and stock price of sustainable companies, Dokument abrufbar unter: http://www.atkearney.de/content/veroeffentlichungen/white paper_detail.php/id/51358/practice/nachhaltigkeit, Stand 25.03.2013.

Aguilera, R. V./Rupp, D. E./Williams, C. A./Ganapathi, J. (2007): Putting the S back in corporate social responsibility: A multilevel theory of social change in organizations, in: Academy of Management Review 2007, Vol. 32, Heft 3, S. 836-863.

Aiman-Smith, L./Bauer, T. N./Cable, D. M. (2001): Are you attracted? Do you intend to pursue? A recruiting policy-capturing study, in: Journal of Business and Psychology 2011, Vol. 16, Heft 2, S. 219-237.

Ajzen, I. (1985): From intentions to actions: A theory of planned behavior, in: Kuhl, J./Beckmann, J. (Hrsg.) (1985): Action control: From cognition to behavior, Berlin u. a., S. 11-39.

Ajzen, I. (1991): The theory of planned behavior, in: Organizational Behavior and Human Decision Processes 1991, Vol. 50, Heft 2, S. 179-211.

Ajzen, I./Madden, T. J. (1986): Prediction of goal-directed behavior: Attitudes, intentions, and perceived behavioral control, in: Journal of Experimental Social Psychology 1986, Vol. 22, Heft 5, S. 453-474.

Albinger, H. S./Freeman, S. J. (2000): Corporate social performance and attractiveness as an employer to different job seeking populations, in: Journal of Business Ethics 2000, Vol. 28, Heft 3, S. 243-253.

Ambec, S./Lanoie, P. (2008): Does it pay to be green? A systematic overview, in: Academy of Management Perspectives 2008, Vol. 22, Heft 4, S. 45-62.

Annuß, G./Theusinger, I. (2009): Das VorstAG – Praktische Hinweise zum Umgang mit dem neuen Recht, in: Betriebs-Berater 2009, 64. Jg., Heft 46, S. 2434-2442.

Anthony, R. N./Govindarajan, V. (2007): Management control systems, 12. Aufl., Boston u. a.

Arbeitskreis „Finanzierungsrechnung" der Schmalenbach-Gesellschaft für Betriebswirtschaft e. V. (2005): Wertorientierte Unternehmenssteuerung in Theorie und Praxis, herausgegeben von Günther Gebhardt und Helmut Mansch, 53. Sonderheft der Schmalenbachs Zeitschrift für betriebswirtschaftliche Forschung, Düsseldorf/Frankfurt.

Arbeitskreis „Wertorientierte Führung in mittelständischen Unternehmen" der Schmalenbach-Gesellschaft für Betriebswirtschaft e. V. (2006): Gestaltung wertorientierter Vergütungssysteme für mittelständische Unternehmen, in: Betriebs-Berater 2006, 61. Jg., Heft 38, S. 2066-2076.

Ariely, D. (2010): You are what you measure, in: Harvard Business Review 2010, Vol. 88, Heft 6, S. 38.

Arlow, P./Ackelsberg, R. (1991): A small firm planning survey: Business goals, social responsibility, and financial performance, in: Akron Business and Economic Review 1991, Vol. 22, Heft 2, S. 161-172.

Arnold, W./Freimann, J./Kurz, R. (2001): Vorüberlegungen zur Entwicklung einer Sustainable Balanced Scorecard für KMU, in: UmweltWirtschaftsForum 2001, 9. Jg., Heft 4, S. 74-79.

Arnold, W./Freimann, J./Kurz, R. (2003): Sustainable Balanced Scorecard (SBS): Integration von Nachhaltigkeitsaspekten in das BSC-Konzept: Konzept – Erfahrungen – Perspektiven, in: Zeitschrift für Controlling und Management 2003, 47. Jg., Heft 6, S. 391-401.

Ashforth, B. E./Mael, F. (1989): Social identity theory and the organization, in: Academy of Management Review 1989, Vol. 14, Heft 1, S. 20-39.

Backhaus, K./Erichson, B./Plinke, W./Weiber, R. (2008): Multivariate Analysemethoden: Eine anwendungsorientierte Einführung, 12. Aufl., Berlin/Heidelberg.

Backhaus, K. B./Stone, B. A./Heiner, K. (2002): Exploring the relationship between corporate social performance and employer attractiveness, in: Business & Society 2002, Vol. 41, Heft 3, S. 292-318.

Baker, G. P./Jensen, M. C./Murphy, K. J. (1988): Compensation and incentives: Practice vs. theory, in: Journal of Finance 1988, Vol. 43, Heft 3, S. 593-616.

Balderjahn, I. (2004): Nachhaltiges Marketing-Management: Möglichkeiten einer umwelt- und sozialverträglichen Unternehmenspolitik, Stuttgart.

Bansal, P. (2002): The corporate challenges of sustainable development, in: Academy of Management Executive 2002, Vol. 16, Heft 2, S. 122-131.

Bansal, P. (2005): Evolving sustainably: A longitudinal study of corporate sustainable development, in: Strategic Management Journal 2005, Vol. 26, Heft 3, S. 197-218.

Barbian, J. (2001): The charitable worker, in: Training 2001, Vol. 38, Heft 7, S. 50-55.

Barkema, H. G./Gomez-Mejia, L. R. (1998): Managerial compensation and firm performance: A general research framework, in: Academy of Management Journal 1998, Vol. 41, Heft 2, S. 135-145.

Barnett, M. L./Salomon, R. M. (2006): Beyond dichotomy: The curvilinear relationship between social responsibility and financial performance, in: Strategic Management Journal 2006, Vol. 27, Heft 11, S. 1101-1122.

Baron, R. M./Kenny, D. A. (1986): The moderator-mediator variable distinction in social psychological research: Conceptual, strategic, and statistical considerations, in: Journal of Personality and Social Psychology 1986, Vol. 51, Heft 6, S. 1173-1182.

Bartel, C. A. (2001): Social comparisons in boundary-spanning work: Effects of community outreach on members' organizational identity and identification, in: Administrative Science Quarterly 2001, Vol. 46, Heft 3, S. 379-413.

Bassen, A./Kovács, A. M. (2009): Corporate Responsibility als Kennzahlensystem, in: Wall, F./Schröder, R. W. (Hrsg.) (2009): Controlling zwischen Shareholder Value und Stakeholder Value: Neue Anforderungen, Konzepte und Instrumente, München, S. 309-321.

Bassen, A./Senkl, D. (2010): Ermittlung von Leistungsindikatoren nachhaltiger Unternehmensführung aus Kapitalmarktperspektive, in: Controlling – Zeitschrift für erfolgsorientierte Unternehmenssteuerung 2010, 22. Jg., Heft 4/5, S. 256-261.

Bassen, A./Koch, M./Wichels, D. (2000): Variable Entlohnungssysteme in Deutschland: Eine empirische Studie, in: Finanz Betrieb 2000, 2. Jg., Heft 1, S. 9-17.

Bauer, T. N./Aiman-Smith, L. (1996): Green career choices: The influence of ecological stance on recruiting, in: Journal of Business and Psychology 1996, Vol. 10, Heft 4, S. 445-458.

Baumast, A. (2012): Finanzmarkt und CSR, in: Schneider, A./Schmidpeter, R. (Hrsg.) (2012): Corporate Social Responsibility: Verantwortungsvolle Unternehmensführung in Theorie und Praxis, Berlin/Heidelberg, S. 635-649.

Becker, F. G. (1990): Anreizsysteme für Führungskräfte: Möglichkeiten zur strategisch-orientierten Steuerung des Managements, Stuttgart.

Becker, F. G. (1993): Strategische Ausrichtung von Beteiligungssystemen, in: Weber, W. (Hrsg.) (1993): Entgeltsysteme: Lohn, Mitarbeiterbeteiligung und Zusatzleistungen, Festschrift zum 65. Geburtstag von Eduard Gaugler, Stuttgart, S. 313-338.

Becker, F. G./Kramarsch, M. (2004): Vergütung außertariflicher Mitarbeiter, in: Gaugler, E./Oechsler, W./Weber, W. (Hrsg.) (2004): Handwörterbuch des Personalwesens, 3. Aufl., Stuttgart, Sp. 1949-1957.

Becker, F. G./Kramarsch, M. (2006): Leistungs- und erfolgsorientierte Vergütung für Führungskräfte, Göttingen u. a.

Becker, F. G./Ostrowski, Y. (2012): Materielle Anreizsysteme für Führungskräfte: State of the Art der Führungskräftevergütung in Forschung und unternehmerischer Praxis, in: WiSt - Wirtschaftswissenschaftliches Studium 2012, 41. Jg., Heft 10, S. 526-531.

Becker, W./Ulrich, P./Krüger, S./Nowak, C. (2012): Entlohnungssysteme in mittelständischen Industrieunternehmen, in: Zeitschrift für Controlling und Management 2012, 56. Jg., Heft 1, S. 52-57.

Behrend, T. S./Baker, B. A./Thompson, L. F. (2009): Effects of pro-environmental recruiting messages: The role of organizational reputation, in: Journal of Business and Psychology 2009, Vol. 24, Heft 3, S. 341-350.

Bell, S. J./Menguc, B. (2002): The employee-organization relationship, organizational citizenship behaviors, and superior service quality, in: Journal of Retailing 2002, Vol. 78, Heft 2, S. 131-146.

Ben Shlomo, J./Nguyen, T. (2011): Anforderungen an nachhaltige Vergütungssysteme – eine empirische Analyse, in: Zeitschrift für das gesamte Kreditwesen 2011, 64. Jg., Heft 12, S. 603-608.

Bennauer, U. (1994): Ökologieorientierte Produktentwicklung: Eine strategisch-technologische Betrachtung der betriebswirtschaftlichen Rahmenbedingungen, Heidelberg.

Berens, G./van Riel, C. B./van Rekom, J. (2007): The CSR-quality trade-off: When can corporate social responsibility and corporate ability compensate each other?, in: Journal of Business Ethics 2007, Vol. 74, Heft 3, S. 233-252.

Bergami, M./Bagozzi, R. P. (2000): Self-categorization, affective commitment and group self-esteem as distinct aspects of social identity in the organization, in: British Journal of Social Psychology 2000, Vol. 39, Heft 4, S. 555-577.

Berrone, P./Gomez-Mejia, L. R. (2008): Beyond financial performance: Is there something missing in executive compensation schemes?, in: Gomez-Mejia, L. R./Werner, S. (Hrsg.) (2008): Global compensation: Foundations and perspectives, London u. a., S. 206-218.

Berrone, P./Gomez-Mejia, L. R. (2009a): The pros and cons of rewarding social responsibility at the top, in: Human Resource Management 2009, Vol. 48, Heft 6, S. 959-971.

Berrone, P./Gomez-Mejia, L. R. (2009b): Environmental performance and executive compensation: An integrated agency-institutional perspective, in: Academy of Management Journal 2009, Vol. 52, Heft 1, S. 103-126.

Berry, L. L./Mirabito, A. M./Baun, W. B. (2010): What's the hard return on employee wellness programs?, in: Harvard Business Review 2010, Vol. 88, Heft 12, S. 104-112.

Bhattacharya, C. B./Sen, S./Korschun, D. (2008): Using corporate social responsibility to win the war for talent, in: MIT Sloan Management Review 2008, Vol. 49, Heft 2, S. 37-44.

Blacconiere, W. G./Patten, D. M. (1994): Environmental disclosures, regulatory costs, and changes in firm value, in: Journal of Accounting and Economics 1994, Vol. 18, Heft 3, S. 357-377.

Bleicher, K. (1992): Strategische Anreizsysteme: Flexible Vergütungssysteme für Führungskräfte, Stuttgart/Zürich.

Boms, A. (2008): Unternehmensverantwortung und Nachhaltigkeit: Umsetzung durch das Sustainability Performance Measurement, Lohmar/Köln.

Bonini, S./Koller, T. M./Mirvis, P. H. (2009): Valuing social responsibility programs, in: McKinsey on Finance 2009, o. Jg., Heft 32, S. 11-18.

Bortz, J./Schuster, C. (2010): Statistik für Human- und Sozialwissenschaftler, 7. Aufl., Berlin/Heidelberg.

Boyle, E. J./Higgins, M. M./Rhee, S. G. (1997): Stock market reaction to ethical initiatives of defense contractors: Theory and evidence, in: Critical Perspectives on Accounting 1997, Vol. 8, Heft 6, S. 541-561.

Brammer, S./Brooks, C./Pavelin, S. (2006): Corporate social performance and stock returns: UK evidence from disaggregate measures, in: Financial Management 2006, Vol. 35, Heft 3, S. 97-116.

Brammer, S./Millington, A./Rayton, B. (2007): The contribution of corporate social responsibility to organizational commitment, in: International Journal of Human Resource Management 2007, Vol. 18, Heft 10, S. 1701-1719.

Brandenberg, A. (2001): Anreizsysteme zur Unternehmenssteuerung: Gestaltungsoptionen, motivationstheoretische Herausforderungen und Lösungsansätze, Wiesbaden.

Braun, S./Loew, T. (2008): Corporate Social Responsibility: Eine Orientierung aus Umweltsicht, herausgegeben vom Bundesministerium für Umwelt, Naturschutz und Reaktorsicherheit, Berlin.

Braun, S./Loew, T./Clausen, J. (2007): Nachhaltigkeitsberichterstattung: Empfehlungen für eine gute Unternehmenspraxis, herausgegeben vom Bundesministerium für Umwelt, Naturschutz und Reaktorsicherheit, Berlin.

Brockett, J. (2006): Change agents, in: People Management 2006, Vol. 12, Heft 23, S. 18-19.

Brosius, F. (2008): SPSS 16: Das mitp-Standardwerk, Heidelberg.

Brübach, D. (2008): Gesellschaftliches Engagement: Eine Sache für Unternehmen und ihre Mitarbeiter, in: UmweltWirtschaftsForum 2008, 16. Jg., Heft 4, S. 251-256.

Brühl, R. (2012): Controlling: Grundlagen des Erfolgscontrollings, 3. Aufl., München.

Buchhorn, E./Werle, K. (2011): Bewerber – Schwierige Helden: Klug, begehrt und anspruchsvoll – eine neue Generation von Einsteigern verändert Kultur und Alltag in den Unternehmen, in: manager magazin 2011, 41. Jg., Heft 5, S. 112-122.

Bühner, M. (2011): Einführung in die Test- und Fragebogenkonstruktion, 3. Aufl., München u. a.

Buerke, A./Weinrich, K./Kirchgeorg, M. (2013): Wenn Werte entscheiden: Ein Ansatz zur Identifizierung von Nachhaltigkeitstalenten im Employer Branding auf Basis persönlicher Werte, in: Die Unternehmung 2013, 67. Jg., Heft 2, S. 194-217.

Bundesdeutscher Arbeitskreis für Umweltbewusstes Management e.V. (2013): Datenbank der MIMONA-Praxisbeispiele, Webseite abrufbar unter: http://www.mimona.de/default.asp?Menue=5, Stand 29.09.2013.

Bundesministerium für Arbeit und Soziales (2013): Über CSR: Glossar, Webseite abrufbar unter: http://www.csr-in-deutschland.de/ueber-csr/glossar/w.html, Stand 29.09.2013.

Bundesministerium für Wirtschaft und Technologie (2008): Wissensbilanz – Made in Germany: Leitfaden 2.0 zur Erstellung einer Wissensbilanz, Berlin.

Burke, L./Logsdon, J. M. (1996): How corporate social responsibility pays off?, in: Long Range Planning 1996, Vol. 29, Heft 4, S. 495-502.

Burnett, R. D./Hansen, D. R. (2008): Ecoefficiency: Defining a role for environmental cost management, in: Accounting, Organizations and Society 2008, Vol. 33, Heft 6, S. 551-581.

Cable, D. M./DeRue, D. S. (2002): The convergent and discriminant validity of subjective fit perceptions, in: Journal of Applied Psychology 2002, Vol. 87, Heft 5, S. 875-884.

Cable, D. M./Judge, T. A. (1994): Pay preferences and job search decisions: A person-organization fit perspective, in: Personnel Psychology 1994, Vol. 47, Heft 2, S. 317-348.

Cable, D. M./Judge, T. A. (1996): Person-organization fit, job choice decisions, and organizational entry, in: Organizational Behavior and Human Decision Processes 1996, Vol. 67, Heft 3, S. 294-311.

Cai, Y./Jo, H./Pan, C. (2011): Vice or virtue? The impact of corporate social responsibility on executive compensation, in: Journal of Business Ethics 2011, Vol. 104, Heft 2, S. 159-173.

Calder, B. J./Phillips, L. W./Tybout, A. M. (1981): Designing research for application, in: Journal of Consumer Research 1981, Vol. 8, Heft 2, S. 197-207.

Callan, S. J./Thomas, J. M. (2012): Relating CEO compensation to social performance and financial performance: Does the measure of compensation matter?, in: Corporate Social Responsibility and Environmental Management 2012, Early View Article (22.10.2012), DOI: 10.1002/csr.1307.

Campbell, J. L. (2007): Why should corporations behave in socially responsible ways? An institutional theory of corporate social responsibility, in: Academy of Management Review 2007, Vol. 32, Heft 3, S. 946-967.

Celani, A./Singh, P. (2011): Signaling theory and applicant attraction outcomes, in: Personnel Review 2011, Vol. 40, Heft 2, S. 222-238.

Chatman, J. A. (1989): Improving interactional organizational research: A model of person-organization fit, in: Academy of Management Review 1989, Vol. 14, Heft 3, S. 333-349.

Cheng, B./Ioannou, I./Serafeim, G. (2013): Corporate social responsibility and access to finance, in: Strategic Management Journal 2013, Early View Article (29.04.2013), DOI: 10.1002/smj.2131.

Christensen, L. B. (2007): Experimental methodology, 10. Aufl., Boston u. a.

Clausen, J. (1998): Umweltkennzahlen als Steuerungsinstrument für das nachhaltige Wirtschaften von Unternehmen, in: Seidel, E./Clausen, J./Seifert, E. K. (Hrsg.) (1998): Umweltkennzahlen: Planungs-, Steuerungs- und Kontrollgrößen für ein umweltorientiertes Management, München, S. 33-70.

Clausen, J./Loew, T. (2009): CSR und Innovation: Literaturstudie und Befragung, Berlin/ Münster.

Coenenberg, A. G./Fischer, T. M./Günther, T. (2009): Kostenrechnung und Kostenanalyse, 7. Aufl., Stuttgart.

Cohen, J. (1988): Statistical power analysis for the behavioral sciences, 2. Aufl., Hillsdale.

Colbert, B. A./Kurucz, E. C. (2007): Three conceptions of triple bottom line business sustainability and the role for HRM, in: Human Resource Planning 2007, Vol. 30, Heft 1, S. 21-29.

Colsman, B. (2013): Nachhaltigkeitscontrolling: Strategien, Ziele, Umsetzung, Wiesbaden.

Connelly, B. L./Certo, S. T./Ireland, R. D./Reutzel, C. R. (2011): Signaling theory: A review and assessment, in: Journal of Management 2011, Vol. 37, Heft 1, S. 39-67.

Coombs, J. E./Gilley, K. M. (2005): Stakeholder management as a predictor of CEO compensation: Main effects and interactions with financial performance, in: Strategic Management Journal 2005, Vol. 26, Heft 9, S. 827-840.

Cordeiro, J. J./Sarkis, J. (2008): Does explicit contracting effectively link CEO compensation to environmental performance?, in: Business Strategy and the Environment 2008, Vol. 17, Heft 5, S. 304-317.

Czymmek, F./Freier, I./Hesselbarth, C./Kleine, A. (2009): Corporate Social Responsibility, in: Baumast, A./Pape, J. (Hrsg.) (2009): Betriebliches Umweltmanagement: Nachhaltiges Wirtschaften im Unternehmen, 4. Aufl., Stuttgart, S. 241-254.

Dahlhaus, C. (2009): Investitions-Controlling in dezentralen Unternehmen: Anreizsysteme als Instrument zur Verhaltenssteuerung im Investitionsprozess, Wiesbaden.

Davies, G./Smith, H. (2007): Natural resources, in: People Management 2007, Vol. 13, Heft 5, S. 26-30.

DCGK (2010): Deutscher Corporate Governance Kodex (in der Fassung vom 26. Mai 2010).

Deckop, J. R./Merriman, K. K./Gupta, S. (2006): The effects of CEO pay structure on corporate social performance, in: Journal of Management 2006, Vol. 32, Heft 3, S. 329-342.

Deilmann, B./Otte, S. (2009): Auswirkungen des VorstAG auf die Struktur der Vorstandsvergütung, in: GWR – Gesellschafts- und Wirtschaftsrecht 2009, 1. Jg., Heft 11, S. 261-263.

Deutsche Bahn AG (2012): Zufriedenheit von Kunden und Mitarbeitern sowie Umweltziele beeinflussen Gehalt von 5.000 DB-Managern, Presseinformation v. 06.12.2012, abrufbar unter: http://www.deutschebahn.com/de/presse/presseinformationen/pi_k/3157740/h20121206a.html, Stand 29.09.2013.

Deutsche Telekom AG (2013): Geschäftsbericht 2012, Bonn.

Die Bundesregierung (2002): Perspektiven für Deutschland: Unsere Strategie für eine nachhaltige Entwicklung, Berlin.

Die Bundesregierung (2012): Nationale Nachhaltigkeitsstrategie: Fortschrittsbericht 2012, Berlin.

Dowell, G./Hart, S./Yeung, B. (2000): Do corporate global environmental standards create or destroy market value?, in: Management Science 2000, Vol. 46, Heft 8, S. 1059-1074.

Dutton, J. E./Dukerich, J. M./Harquail, C. V. (1994): Organizational images and member identification, in: Administrative Science Quarterly 1994, Vol. 39, Heft 2, S. 239-263.

DVFA/EFFAS (2010): KPIs for ESG: Key performance indicators for environmental, social and governance issues: A guideline for the integration of ESG into financial analysis and corporate valuation, Version 3.0, Frankfurt.

Dyckhoff, H./Souren, R. (2008): Nachhaltige Unternehmensführung: Grundzüge industriellen Umweltmanagements, Berlin u. a.

Dyllick, T./Hockerts, K. (2002): Beyond the business case for corporate sustainability, in: Business Strategy and the Environment 2002, Vol. 11, Heft 2, S. 130-141.

Dyllick, T./Schaltegger, S. (2001): Nachhaltigkeitsmanagement mit einer Sustainability Balanced Scorecard, in: UmweltWirtschaftsForum 2001, 9. Jg., Heft 4, S. 68-73.

Eccles, R. G./Miller Perkins, K./Serafeim, G. (2012): How to become a sustainable company, in: MIT Sloan Management Review 2012, Vol. 53, Heft 4, S. 43-50.

EIRIS (2013): About us, Webseite abrufbar unter: http://www.eiris.org/about_us.html, Stand 29.09.2013.

Eisenhardt, K. M. (1989): Agency theory: An assessment and review, in: Academy of Management Review 1989, Vol. 14, Heft 1, S. 57-74.

Eitelwein, O./Goretzki, L. (2010): Carbon Controlling und Accounting erfolgreich implementieren – Status Quo und Ausblick, in: Zeitschrift für Controlling und Management 2010, 54. Jg., Heft 1, S. 23-31.

Elbers, G./Weißenberger, B. E./Wolf, S. (2010): Gestaltung variabler Vergütungssysteme, in: Controller Magazin 2010, 35. Jg., Heft 1, S. 80-86.

Elkington, J. (1997): Cannibals with forks: The triple bottom line of 21st century business, Oxford.

Englisch, P. (2011): Mittelstandsbarometer 2011, herausgegeben von der Ernst & Young GmbH, Stuttgart.

Epstein, M. J./Roy, M.-J. (2001): Sustainability in action: Identifying and measuring the key performance drivers, in: Long Range Planning 2001, Vol. 34, Heft 5, S. 585-604.

Epstein, M. J./Buhovac, A. R./Yuthas, K. (2010): Implementing sustainability: The role of leadership and organizational culture, in: Strategic Finance 2010, Vol. 91, Heft 10, S. 41-47.

Eschweiler, M./Evanschitzky, H./Woisetschläger, D. (2007): Ein Leitfaden zur Anwendung varianzanalytisch ausgerichteter Laborexperimente, in: WiSt - Wirtschaftswissenschaftliches Studium 2007, 36. Jg., Heft 12, S. 546-554.

Eschweiler, M./Evanschitzky, H./Woisetschläger, D. (2009): Laborexperiment, in: Baumgarth, C./Eisend, M./Evanschitzky, H. (Hrsg.) (2009): Empirische Mastertechniken: Eine anwendungsorientierte Einführung für die Marketing- und Managementforschung, Wiesbaden, S. 361-388.

Etheredge, J. M. (1999): The perceived role of ethics and social responsibility: An alternative scale structure, in: Journal of Business Ethics 1999, Vol. 18, Heft 1, S. 51-64.

Europäische Kommission (2001a): Mitteilung der Kommission – Nachhaltige Entwicklung in Europa für eine bessere Welt: Strategie der Europäischen Union für die nachhaltige Entwicklung, Brüssel.

Europäische Kommission (2001b): Grünbuch – Europäische Rahmenbedingungen für die soziale Verantwortung der Unternehmen, Brüssel.

Eurosif (2010): European SRI study 2010, Paris.

Eurosif (2012): European SRI study 2012, Brüssel.

Eurosif (2013): About Eurosif: Mission, Webseite abrufbar unter: http://www.eurosif.org/about-eurosif/mission, Stand 29.09.2013.

Eurosif/EIRIS (2010): Theme report: Remuneration, Paris/London.

Evans, W. R./Davis, W. D. (2011): An examination of perceived corporate citizenship, job applicant attraction, and CSR work role definition, in: Business & Society 2011, Vol. 50, Heft 3, S. 456-480.

Evers, H./Köstler, R./Weckes, M. (2010): Managervergütung in der Praxis: Hinweise zum Umgang mit dem VorstAG, in: Hans-Böckler-Stiftung (Hrsg.) (2010): Angemessene Vorstandsvergütung: Informationen zur Bemessung der Vorstandsvergütungen durch den Aufsichtsrat, 4. Aufl., Düsseldorf, S. 22-79.

Ewert, R./Wagenhofer, A. (2008): Interne Unternehmensrechnung, 7. Aufl., Berlin/Heidelberg.

Fabrizi, M./Mallin, C./Michelon, G. (2013): The Role of CEO's personal incentives in driving corporate social responsibility, in: Journal of Business Ethics 2013, Online First Article (31.08.2013), DOI: 10.1007/s10551-013-1864-2.

Fay, C. H./Thompson, M. A. (2001): Contextual determinants of reward systems' success: An exploratory study, in: Human Resource Management 2001, Vol. 40, Heft 3, S. 213-226.

Field, A. (2009): Discovering statistics using SPSS, 3. Aufl., Los Angeles u. a.

Figge, F./Hahn, T./Schaltegger, S./Wagner, M. (2002): The sustainability balanced scorecard – Linking sustainability management to business strategy, in: Business Strategy and the Environment 2002, Vol. 11, Heft 5, S. 269-284.

Filbert, D./Kayser, J./Siepmann, R. (2011): Vorstandsvergütung im M-Dax: Erfolgsorientierung und Nachhaltigkeit auch hier etabliert, in: Zeitschrift für das gesamte Kreditwesen 2011, 64. Jg., Heft 12, S. 603-608.

Fleischer, H. (2009): Das Gesetz zur Angemessenheit der Vorstandsvergütung (VorstAG), in: NZG – Neue Zeitschrift für Gesellschaftsrecht 2009, 12. Jg., Heft 21, S. 801-806.

Forsyth, D. R./Nye, J. L./Kelley, K. (1988): Idealism, relativism, and the ethic of caring, in: The Journal of Psychology 1988, Vol. 122, Heft 3, S. 243-248.

Freimann, J. (2005): Nachhaltige Unternehmensführung, in: von Boguslawski, A./Ardelt, B. (Hrsg.) (2005): Sustainable Balanced Scorecard: Zukunftsfähige Strategien entwickeln und umsetzen, Eschborn, S. 112-128.

Frey, B. S./Osterloh, M. (1997): Sanktionen oder Seelenmassage? Motivationale Grundlagen der Unternehmensführung, in: Die Betriebswirtschaft 1997, 57. Jg., Heft 4, S. 307-321.

Friedl, B. (2003): Controlling, Stuttgart.

Friedl, G./Döscher, T. (2009): Langfristige Anreize in der DAX 30-Vorstandsvergütung, in: Der Aufsichtsrat 2009, 6. Jg., Heft 3, S. 36-38.

Friedl, G./Springer, V. (2011): Current topic: Sustainable compensation systems for executives, Dokument abrufbar unter: http://www.finexpert.info/studies/current-topics.html, Stand 29.09.2013.

Fukukawa, K./Shafer, W. E./Lee, G. M. (2007): Values and attitudes toward social and environmental accountability: A study of MBA students, in: Journal of Business Ethics 2007, Vol. 71, Heft 4, S. 381-394.

Gade, C. (2007): Ökologieorientierte Anreizgestaltung: Erklärung ökologieschonenden Arbeitsverhaltens und Gestaltung ökologieorientierter Anreizsysteme, München.

García de los Salmones, M./Herrero Crespo, A./Rodríguez del Bosque, I. (2005): Influence of corporate social responsibility on loyalty and valuation of services, in: Journal of Business Ethics 2005, Vol. 61, Heft 4, S. 369-385.

Gastinger, K./Gaggl, P. (2012): CSR als strategischer Managementansatz, in: Schneider, A./Schmidpeter, R. (Hrsg.) (2012): Corporate Social Responsibility: Verantwortungsvolle Unternehmensführung in Theorie und Praxis, Berlin/Heidelberg, S. 243-258.

Gildemeister Aktiengesellschaft (2012): Geschäftsbericht 2011, Bielefeld.

Gillenkirch, R. M. (2008): Entwicklungslinien in der Managementvergütung, in: Betriebswirtschaftliche Forschung und Praxis 2008, 60. Jg., Heft 1, S. 1-17.

Gillenkirch, R. M./Arnold, M. C. (2008): State of the Art des Behavioral Accounting, in: WiSt - Wirtschaftswissenschaftliches Studium 2008, 37. Jg., Heft 3, S. 128-134.

Giraud, F./Langevin, P./Mendoza, C. (2008): Justice as a rationale for the controllability principle: A study of managers' opinions, in: Management Accounting Research 2008, Vol. 19, Heft 1, S. 32-44.

Gladen, W. (2008): Performance Measurement: Controlling mit Kennzahlen, 4. Aufl., Wiesbaden.

Glavas, A./Godwin, L. N. (2013): Is the perception of 'goodness' good enough? Exploring the relationship between perceived corporate social responsibility and employee organizational identification, in: Journal of Business Ethics 2013, Vol. 114, Heft 1, S. 15-27.

Glavas, A./Piderit, S. K. (2009): How does doing good matter? Effects of corporate citizenship on employees, in: Journal of Corporate Citizenship 2009, o. Jg., Heft 36, S. 51-70.

Gminder, C. U./Bieker, T./Dyllick, T. (2003): Nachhaltigkeit managen mit der Balanced Scorecard, in: UmweltWirtschaftsForum 2003, 11. Jg., Heft 2, S. 58-62.

Gminder, C. U./Bieker, T./Dyllick, T./Hockerts, K. (2002): Nachhaltigkeitsstrategien umsetzen mit einer Sustainability Balanced Scorecard, in: Schaltegger, S./Dyllick, T. (Hrsg.) (2002): Nachhaltig managen mit der Balanced Scorecard: Konzept und Fallstudien, Wiesbaden, S. 95-147.

Godos-Díez, J.-L./Fernández-Gago, R./Martínez-Campillo, A. (2011): How important are CEOs to CSR practices? An analysis of the mediating effect of the perceived role of ethics and social responsibility, in: Journal of Business Ethics 2011, Vol. 98, Heft 4, S. 531-548.

Götz, A./Friese, N. (2010): Empirische Analyse der Vorstandsvergütung im DAX und MDAX nach Einführung des Vorstandsvergütungsangemessenheitsgesetzes, in: Corporate Finance biz 2010, 1. Jg., Heft 6, S. 410-420.

Goldschmidt, N./Homann, K. (2011): Die gesellschaftliche Verantwortung der Unternehmen: Theoretische Grundlagen für eine praxistaugliche Konzeption, herausgegeben vom Roman Herzog Institut e. V., München.

Govindarajulu, N./Daily, B. F. (2004): Motivating employees for environmental improvement, in: Industrial Management & Data Systems 2004, Vol. 104, Heft 4, S. 364-372.

Greenberg, J./Liebman, M. (1990): Incentives: The missing link in strategic performance, in: Journal of Business Strategy 1990, Vol. 11, Heft 4, S. 8-11.

Greening, D. W./Turban, D. B. (2000): Corporate social performance as a competitive advantage in attracting a quality workforce, in: Business & Society 2000, Vol. 39, Heft 3, S. 254-280.

Grewe, A. (2006): Implementierung neuer Anreizsysteme: Grundlagen, Konzept und Gestaltungsempfehlungen, 3. Aufl., München/Mering.

GRI (2011): Sustainability Reporting Guidelines, Version 3.1, Amsterdam.

Griffin, J. J./Mahon, J. F. (1997): The corporate social performance and corporate financial performance debate, in: Business & Society 1997, Vol. 36, Heft 1, S. 5-31.

Günther, T./Plaschke, F. J. (2004): Gestaltung unternehmensinterner wertorientierter Management-Incentive-Systeme, in: Betriebs-Berater 2004, 59. Jg., Heft 22, S. 1211-1219.

Guthof, P. (1995): Strategische Anreizsysteme: Gestaltungsoptionen im Rahmen der Unternehmensentwicklung, Wiesbaden.

Habisch, A. (2003): Corporate Citizenship: Gesellschaftliches Engagement von Unternehmen in Deutschland, Berlin u. a.

Habisch, A./Wildner, M./Wenzel, F. (2008): Corporate Citizenship (CC) als Bestandteil der Unternehmensstrategie, in: Habisch, A./Schmidpeter, R./Neureiter, M. (Hrsg.) (2008):

Handbuch Corporate Citizenship: Corporate Social Responsibility für Manager, Berlin/ Heidelberg, S. 3-43.

Hahn, T./Scheermesser, M. (2006): Approaches to corporate sustainability among German companies, in: Corporate Social Responsibility and Environmental Management 2006, Vol. 13, Heft 3, S. 150-165.

Hahn, T./Wagner, M./Figge, F./Schaltegger, S. (2002): Wertorientiertes Nachhaltigkeitsmanagement mit einer Sustainability Balanced Scorecard, in: Schaltegger, S./Dyllick, T. (Hrsg.) (2002): Nachhaltig managen mit der Balanced Scorecard: Konzept und Fallstudien, Wiesbaden, S. 43-94.

Hair, J. F./Black, W. C./Babin, B. J./Anderson, R. E./Tatham, R. L. (2006): Multivariate data analysis, 6. Aufl., Upper Saddle River.

Haller, A. (2006): Nachhaltigkeitsleistung als Element des Value Reporting, in: Zeitschrift für Controlling und Management 2006, 50. Jg., Sonderheft 3, S. 62-73.

Hamilton, S./Jo, H./Statman, M. (1993): Doing well while doing good? The investment performance of socially responsible mutual funds, in: Financial Analysts Journal 1993, Vol. 49, Heft 6, S. 62-66.

Hampl, N./Loock, M. (2013): Sustainable development in retailing: What is the impact on store choice?, in: Business Strategy and the Environment 2013, Vol. 22, Heft 3, S. 202-216.

Hannan, R. L. (2005): The combined effect of wages and firm profit on employee effort, in: The Accounting Review 2005, Vol. 80, Heft 1, S. 167-188.

Hannan, R. L./Krishnan, R./Newman, A. H. (2008): The effects of disseminating relative performance feedback in tournament and individual performance compensation plans, in: The Accounting Review 2008, Vol. 83, Heft 4, S. 893-913.

Hart, S. L./Ahuja, G. (1996): Does it pay to be green? An empirical examination of the relationship between emission reduction and firm performance, in: Business Strategy and the Environment 1996, Vol. 5, Heft 1, S. 30-37.

Haugh, H. M./Talwar, A. (2010): How do corporations embed sustainability across the organization?, in: Academy of Management Learning & Education 2010, Vol. 9, Heft 3, S. 384-396.

He, Y./Tian, Z./Chen, Y. (2007): Performance implications of nonmarket strategy in China, in: Asia Pacific Journal of Management 2007, Vol. 24, Heft 2, S. 151-169.

Heckel, M. (2013): Nachwuchs auf Sinnsuche, in: Handelsblatt v. 11.04.2013, o. Jg., Nr. 70, S. 42-43.

Henkel AG & Co. KGaA (2013): Geschäftsbericht 2012, Düsseldorf.

Hentze, J./Graf, A. (2005): Personalwirtschaftslehre 2: Personalerhaltung und Leistungsstimulation, Personalfreistellung und Personalinformationswirtschaft, 7. Aufl., Bern.

Herremans, I. M./Akathaporn, P./McInnes, M. (1993): An investigation of corporate social responsibility reputation and economic performance, in: Accounting, Organizations and Society 1993, Vol. 18, Heft 7/8, S. 587-604.

Herrmann, A./Landwehr, J. R. (2008): Varianzanalyse, in: Herrmann, A./Homburg, C./Klarmann, M. (Hrsg.) (2008): Handbuch Marktforschung: Methoden – Anwendungen – Praxisbeispiele, 3. Aufl., Wiesbaden, S. 579-606.

Herzig, C./Pianowski, M. (2009): Nachhaltigkeitsberichterstattung, in: Baumast, A./Pape, J. (Hrsg.) (2009): Betriebliches Umweltmanagement: Nachhaltiges Wirtschaften im Unternehmen, 4. Aufl., Stuttgart, S. 217-232.

Hesse, A. (2009): Was Investoren wollen: Nachhaltigkeit in der Lageberichterstattung, herausgegeben vom Bundesministerium für Umwelt, Naturschutz und Reaktorsicherheit, Berlin.

Hesse, A. (2010): SD-KPI Standard 2010-2014, Version 1.2 (deutsch), Münster.

Hexel, D. (2008): Bausteine für eine angemessene Vorstandsvergütung, in: Der Aufsichtsrat 2008, 5. Jg., Heft 9, S. 128-129.

Hill, C. W. (2005): International business: Competing in the global marketplace, 5. Aufl., Boston u. a.

Hirsch, B. (2009): Controlling und experimentelle Forschung, in: Scherer, A. G./Kaufmann, I. M./Patzer, M. (Hrsg.) (2009): Methoden in der Betriebswirtschaftslehre, Wiesbaden, S. 167-186.

Hoffman, B. J./Woehr, D. J. (2006): A quantitative review of the relationship between person-organization fit and behavioral outcomes, in: Journal of Vocational Behavior 2006, Vol. 68, Heft 3, S. 389-399.

Hoffmann-Becking, M./Krieger, G. (2009): Leitfaden zur Anwendung des Gesetzes zur Angemessenheit der Vorstandsvergütung (VorstAG), in: NZG – Neue Zeitschrift für Gesellschaftsrecht 2009, 12. Jg., Beilage zu Heft 26, S. 1-12.

Hofmann, C. (2002): Anreizsysteme, in: Küpper, H.-U./Wagenhofer, A. (Hrsg.) (2002): Handwörterbuch Unternehmensrechnung und Controlling, 4. Aufl., Stuttgart, Sp. 69-79.

Hohenstatt, K.-S. (2009): Das Gesetz zur Angemessenheit der Vorstandsvergütung, in: ZIP – Zeitschrift für Wirtschaftsrecht 2009, 30. Jg., Heft 29, S. 1349-1358.

Hohenstatt, K.-S./Kuhnke, M. (2009): Vergütungsstruktur und variable Vergütungsmodelle für Vorstandsmitglieder nach dem VorstAG, in: ZIP – Zeitschrift für Wirtschaftsrecht 2009, 30. Jg., Heft 42, S. 1981-1989.

Hol, H./Kurznack, L./Logger, E./van Tilburg, R. (2010): Sustainable remuneration: A guide for linking sustainable goals to executive incentives, herausgegeben von VBDO/Hay Group/DHV Group, Dokument abrufbar unter: http://www.vbdo.nl/files/download/419 /VBDO%20Sustainable%20remuneration%20guide%20270210.pdf, Stand 29.09.2013.

Horst, P. (1990): Umweltschutz: Thema der Personalplanung, in: Personalwirtschaft 1990, 17. Jg., Heft 9, S. 21-23.

Hubbard, G. (2009): Measuring organizational performance: Beyond the triple bottom line, in: Business Strategy and the Environment 2009, Vol. 18, Heft 3, S. 177-191.

Hüfner, K. (2003): Anreizsysteme für Führungskräfte in multinationalen Unternehmungen: Eine Konzeptualisierung unter Berücksichtigung multinational-relevanter Einflussfaktoren, Lohmar/Köln.

Hungenberg, H. (2011): Strategisches Management in Unternehmen: Ziele – Prozesse – Verfahren, 6. Aufl., Wiesbaden.

Hungenberg, H./Wulf, T. (2011): Grundlagen der Unternehmensführung, 4. Aufl., Berlin/ Heidelberg.

Ilinitch, A. Y./Soderstrom, N. S./Thomas, T. E. (1998): Measuring corporate environmental performance, in: Journal of Accounting and Public Policy 1998, Vol. 17, Heft 4/5, S. 383-408.

IÖW/future (2009): Anforderungen an die Nachhaltigkeitsberichterstattung: Kriterien und Bewertungsmethode im IÖW/future-Ranking, Berlin/Münster.

IÖW/future (2012): Das IÖW/future-Ranking der Nachhaltigkeitsberichte 2011: Ergebnisse und Trends, Berlin/Münster.

Jackson, S. E./Renwick, D. W./Jabbour, C. J./Muller-Camen, M. (2011): State-of-the-art and future directions for green human resource management: Introduction to the special issue, in: Zeitschrift für Personalforschung 2011, 25. Jg., Heft 2, S. 99-116.

Janssen, J./Laatz, W. (2013): Statistische Datenanalyse mit SPSS, 8. Aufl., Berlin/Heidelberg.

Judge, T. A./Bretz, R. D. (1992): Effects of work values on job choice decisions, in: Journal of Applied Psychology 1992, Vol. 77, Heft 3, S. 261-271.

Judge, W. Q. Jr./Douglas, T. J. (1998): Performance implications of incorporating natural environmental issues into the strategic planning process: An empirical assessment, in: Journal of Management Studies 1998, Vol. 35, Heft 2, S. 241-262.

Kachelmeier, S. J./King, R. R. (2002): Using laboratory experiments to evaluate accounting policy issues, in: Accounting Horizons 2002, Vol. 16, Heft 3, S. 219-232.

Kanning, H. (2009): Bedeutung des Nachhaltigkeitsleitbildes für das betriebliche Management, in: Baumast, A./Pape, J. (Hrsg.) (2009): Betriebliches Umweltmanagement: Nachhaltiges Wirtschaften im Unternehmen, 4. Aufl., Stuttgart, S. 17-31.

Kara, M. (2009): Vorstandsvergütung in der deutschen Corporate Governance: Eine ökonomische Analyse der Vorstandsvergütung am Beispiel der DAX 30 Unternehmen, Düsseldorf.

Kaya, M. (2009): Verfahren der Datenerhebung, in: Albers, S./Klapper, D./Konradt, U./Walter, A./Wolf, J. (Hrsg.) (2009): Methodik der empirischen Forschung, 3. Aufl., Wiesbaden, S. 49-64.

Kelly, K. (2010): The effects of incentives on information exchange and decision quality in groups, in: Behavioral Research in Accounting 2010, Vol. 22, Heft 1, S. 43-65.

Kim, H.-R./Lee, M./Lee, H.-T./Kim, N.-M. (2010): Corporate social responsibility and employee-company identification, in: Journal of Business Ethics 2010, Vol. 95, Heft 4, S. 557-569.

Kim, T.-Y./Aryee, S./Loi, R./Kim, S.-P. (2013): Person-organization fit and employee outcomes: Test of a social exchange model, in: The International Journal of Human Resource Management 2013, Online First Article (07.05.2013), DOI: 10.1080/09585192. 2013.781522.

Kirchhoff, K. R. (2008): Investor Relations, in: Habisch, A./Schmidpeter, R./Neureiter, M. (Hrsg.) (2008): Handbuch Corporate Citizenship: Corporate Social Responsibility für Manager, Berlin/Heidelberg, S. 109-116.

Kiron, D./Kruschwitz, N./Haanaes, K./von Streng Velken, I. (2012): Sustainability nears a tipping point, in: MIT Sloan Management Review 2012, Vol. 53, Heft 2, S. 69-74.

Klassen, R. D./McLaughlin, C. P. (1996): The impact of environmental management on firm performance, in: Management Science 1996, Vol. 42, Heft 8, S. 1199-1214.

Kleine, A. (2005): Das Integrierende Nachhaltigkeits-Dreieck: Zur interdisziplinären und systematischen Diskussion der Nachhaltigen Entwicklung, in: UmweltWirtschaftsForum 2005, 12. Jg., Heft 4, S. 22-27.

Kleine, A. (2009): Operationalisierung einer Nachhaltigkeitsstrategie: Ökologie, Ökonomie und Soziales integrieren, Wiesbaden.

Kleine, A./von Hauff, M. (2009): Sustainability-driven implementation of corporate social responsibility: Application of the integrative sustainability triangle, in: Journal of Business Ethics 2009, Vol. 85, Heft 3 (Supplement), S. 517-533.

Knappe, C. (2009): Motivation durch Anreizsysteme: Gestaltung von immateriellen und materiellen Anreizsystemen in Unternehmen und Implementierung eines Cafeteria-Modells für Führungskräfte, Saarbrücken.

Kniehl, A. T. (1998): Motivation und Volition in Organisationen, Wiesbaden.

Kocher, D./Bednarz, L. (2011): Mehrjährigkeit der variablen Vorstandsvergütung im Lichte der Nachhaltigkeit nach dem VorstAG, in: Der Konzern 2011, 9. Jg., Heft 3, S. 77-84.

Kohn, A. (1997): Why incentive plans cannot work, in: Kerr, S. (Hrsg.) (1997): Ultimate rewards – What really motivates people to achieve, Boston, S. 15-24.

Kolb, M./Burkart, B./Zundel, F. (2010): Personalmanagement: Grundlagen und Praxis des Human Resources Managements, 2. Aufl., Wiesbaden.

Kolk, A. (2010): Trajectories of sustainability reporting by MNCs, in: Journal of World Business 2010, Vol. 45, Heft 4, S. 367-374.

Kolk, A./Perego, P. (2013): Sustainable bonuses: Sign of corporate responsibility or window dressing?, in: Journal of Business Ethics 2013, Online First Article (11.01.2013), DOI: 10.1007/s10551-012-1614-x.

Kolodinsky, R. W./Madden, T. M./Zisk, D. S./Henkel, E. T. (2010): Attitudes about corporate social responsibility: Business student predictors, in: Journal of Business Ethics 2010, Vol. 91, Heft 2, S. 167-181.

Kossbiel, H. (1994): Überlegungen zur Effizienz betrieblicher Anreizsysteme, in: Die Betriebswirtschaft 1994, 54. Jg., Heft 1, S. 75-93.

KPMG (2011): KPMG international survey of corporate responsibility reporting 2011, Dokument abrufbar unter: http://www.kpmg.de/docs/Survey-corporate-responsibility-reporting-2011.pdf, Stand 29.09.2013.

Krajnc, D./Glavič, P. (2005): How to compare companies on relevant dimensions of sustainability, in: Ecological Economics 2005, Vol. 55, Heft 4, S. 551-563.

Kreikebaum, H. (1995): Umweltverträgliches Mitarbeiterverhalten: Motivation durch Qualifikation und Anreize, in: Personalführung 1995, 28. Jg., Heft 7, S. 556-558.

Kristof, A. L. (1996): Person-organization fit: An integrative review of its conceptualizations, measurement, and implications, in: Personnel Psychology 1996, Vol. 49, Heft 1, S. 1-49.

Küpper, H.-U. (2008): Controlling: Konzeption, Aufgaben, Instrumente, 5. Aufl., Stuttgart.

Kuhlen, B. (2005): Corporate Social Responsibility (CSR): Die ethische Verantwortung von Unternehmen für Ökologie, Ökonomie und Soziales, Baden-Baden.

Kuhn, K. M./Yockey, M. D. (2003): Variable pay as a risky choice: Determinants of the relative attractiveness of incentive plans, in: Organizational Behavior and Human Decision Processes 2003, Vol. 90, Heft 2, S. 323-341.

Kuhr, D. (2012a): Lacht der Lokführer, lacht der Chef: Bahnvorstand soll ab sofort die Zufriedenheit von Kunden und Mitarbeitern im eigenen Portemonnaie spüren, in: Süddeutsche Zeitung v. 27.01.2012, 68. Jg., Nr. 22, S. 18.

Kuhr, D. (2012b): Der Chef sei gut – oder schlecht bezahlt: Die Bahn will das Gehalt ihrer Vorstände davon abhängig machen, wie sie ihre Mitarbeiter behandeln, in: Süddeutsche Zeitung v. 28./29.01.2012, 68. Jg., Nr. 23, S. 4.

Kumar, R./Lamb, W. B./Wokutch, R. E. (2002): The end of South African sanctions, institutional ownership, and the stock price performance of boycotted firms: Evidence on the impact of social/ethical investing, in: Business & Society 2002, Vol. 41, Heft 2, S. 133-165.

Kunz, A. H. (2004): Zur betriebswirtschaftlichen Relevanz der Korrumpierung der intrinsischen Motivation durch extrinsische Anreizsysteme, in: Die Unternehmung 2004, 58. Jg., Heft 2, S. 143-155.

Kunz, J./Linder, S. (2011): Das Controllability-Prinzip, in: WiSt - Wirtschaftswissenschaftliches Studium 2011, 40. Jg., Heft 2, S. 100-102.

Kurz, R. (2005): Indikatoren nachhaltiger Entwicklung auf gesamtwirtschaftlicher Ebene und auf Unternehmensebene, in: von Boguslawski, A./Ardelt, B. (Hrsg.) (2005): Sustainable Balanced Scorecard: Zukunftsfähige Strategien entwickeln und umsetzen, Eschborn, S. 83-111.

Kuß, A. (2012): Marktforschung: Grundlagen der Datenerhebung und Datenanalyse, 4. Aufl., Wiesbaden.

Lacy, P./Cooper, T./Hayward, R./Neuberger, L. (2010): A new era of sustainability: CEO reflections on progress to date, challenges ahead and the impact of the journey toward a sustainable economy, herausgegeben von United Nations Global Compact/Accenture, Dokument abrufbar unter: http://www.unglobalcompact.org/docs/news_events/8.1/UNGC_Accenture_CEO_Study_2010.pdf, Stand 29.09.2013.

Lange, R./Walth, A. (2011): Anreizsysteme für Top-Manager im Lichte der regulatorischen Rahmenbedingungen, in: Zeitschrift für Controlling und Management 2011, 55. Jg., Sonderheft 3, S. 31-35.

Laux, H./Liermann, F. (2005): Grundlagen der Organisation: Die Steuerung von Entscheidungen als Grundproblem der Betriebswirtschaftslehre, 6. Aufl., Berlin u. a.

Lenox, M./King, A. (2004): Prospects for developing absorptive capacity through internal information provision, in: Strategic Management Journal 2004, Vol. 25, Heft 4, S. 331-345.

Lin, C.-P./Tsai, Y.-H./Joe, S.-W./Chiu, C.-K. (2012): Modeling the relationship among perceived corporate citizenship, firms' attractiveness, and career success expectation, in: Journal of Business Ethics 2012, Vol. 105, Heft 1, S. 83-93.

Lindert, K. (2001): Anreizsysteme und Unternehmenssteuerung: Eine kritische Reflexion zur Funktion, Wirksamkeit und Effizienz von Anreizsystemen, München/Mering.

Loew, T./Braun, S. (2006): Organisatorische Umsetzung von CSR: Vom Umweltmanagement zur Sustainable Corporate Governance, Berlin.

Loew, T./Ankele, K./Braun, S./Clausen, J. (2004): Bedeutung der internationalen CSR-Diskussion für Nachhaltigkeit und die sich daraus ergebenden Anforderungen an Unternehmen mit Fokus Berichterstattung, Münster/Berlin.

Lubin, D. A./Esty, D. C. (2010): The sustainability imperative, in: Harvard Business Review 2010, Vol. 88, Heft 5, S. 42-50.

Luo, X./Bhattacharya, C. B. (2006): Corporate social responsibility, customer satisfaction, and market value, in: Journal of Marketing 2006, Vol. 70, Heft 4, S. 1-18.

Mahammadzadeh, M. (2009): Sustainability Balanced Scorecard, in: Baumast, A./Pape, J. (Hrsg.) (2009): Betriebliches Umweltmanagement: Nachhaltiges Wirtschaften im Unternehmen, 4. Aufl., Stuttgart, S. 177-190.

Mahoney, L. S./Thorne, L. (2005): Corporate social responsibility and long-term compensation: Evidence from Canada, in: Journal of Business Ethics 2005, Vol. 57, Heft 3, S. 241-253.

Mahoney, L. S./Thorne, L. (2006): An examination of the structure of executive compensation and corporate social responsibility: A Canadian investigation, in: Journal of Business Ethics 2006, Vol. 69, Heft 2, S. 149-162.

Maignan, I./Ferrell, O. C. (2001): Corporate citizenship as a marketing instrument: Concepts, evidence and research directions, in: European Journal of Marketing 2001, Vol. 35, Heft 3/4, S. 457-484.

Maignan, I./Ferrell, O. C./Hult, G. T. (1999): Corporate citizenship: Cultural antecedents and business benefits, in: Journal of the Academy of Marketing Science 1999, Vol. 27, Heft 4, S. 455-469.

Majer, H. (2000): Das nachhaltige Unternehmen – Versuch einer Begriffsbestimmung, in: Beschorner, T./Pfriem, R. (Hrsg.) (2000): Evolutorische Ökonomik und Theorie der Unternehmung, Marburg, S. 377-417.

Mallin, C. A. (2010): Corporate Governance, 3. Aufl., Oxford/New York.

March, J./Simon, H. (1993): Organizations, 2. Aufl., Cambridge.

Margolis, J. D./Walsh, J. P. (2003): Misery loves companies: Rethinking social initiatives by business, in: Administrative Science Quarterly 2003, Vol. 48, Heft 2, S. 268-305.

Martin, R. (2010): The age of customer capitalism, in: Harvard Business Review 2010, Vol. 88, Heft 1/2, S. 58-65.

Mayer, B./Pfeiffer, T./Reichel, A. (2005): Zu Anforderungen und Ausgestaltungsprinzipien von Anreizsystemen aus agencytheoretischer Sicht, in: Betriebswirtschaftliche Forschung und Praxis 2005, 57. Jg., Heft 1, S. 12-29.

McGuire, J./Dow, S./Argheyd, K. (2003): CEO incentives and corporate social performance, in: Journal of Business Ethics 2003, Vol. 45, Heft 4, S. 341-359.

McWilliams, A./Siegel, D. (2000): Corporate social responsibility and financial performance: Correlation or misspecification?, in: Strategic Management Journal 2000, Vol. 21, Heft 5, S. 603-609.

McWilliams, A./Siegel, D. (2001): Corporate social responsibility: A theory of the firm perspective, in: Academy of Management Review 2001, Vol. 26, Heft 1, S. 117-127.

Meadows, D. L./Meadows, D. H./Zahn, E./Milling, P. (1972): Die Grenzen des Wachstums: Bericht des Club of Rome zur Lage der Menschheit, Stuttgart.

Menz, K.-M. (2010): Corporate social responsibility: Is it rewarded by the corporate bond market? A critical note, in: Journal of Business Ethics 2010, Vol. 96, Heft 1, S. 117-134.

Merriman, K. K./Sen, S. (2012): Incenting managers toward the triple bottom line: An agency and social norm perspective, in: Human Resource Management 2012, Vol. 51, Heft 6, S. 851-871.

Möller, K./Kubach, M. (2010): Nachhaltigkeit und Erfolg – Does it pay to be green?, in: Controlling – Zeitschrift für erfolgsorientierte Unternehmenssteuerung 2010, 22. Jg., Heft 3, S. 144-145.

Monsen, E./Patzelt, H./Saxton, T. (2010): Beyond simple utility: Incentive design and trade-offs for corporate employee-entrepreneurs, in: Entrepreneurship Theory and Practice 2010, Vol. 34, Heft 1, S. 105-130.

Montgomery, D. B./Ramus, C. A. (2007): Including corporate social responsibility, environmental sustainability, and ethics in calibrating MBA job preferences, Working Paper, Research Collection Lee Kong Chian School of Business (Paper 939), Dokument abrufbar unter: http://ink.library.smu.edu.sg/lkcsb_research/939, Stand 20.06.2013.

Moore, G. (2001): Corporate social and financial performance: An investigation in the U.K. supermarket industry, in: Journal of Business Ethics 2001, Vol. 34, Heft 3/4, S. 299-315.

Mottaz, C. (1986): Gender differences in work satisfaction, work-related rewards and values, and the determinants of work satisfaction, in: Human Relations 1986, Vol. 39, Heft 4, S. 359-377.

Mozes, M./Josman, Z./Yaniv, E. (2011): Corporate social responsibility organizational identification and motivation, in: Social Responsibility Journal 2011, Vol. 7, Heft 2, S. 310-325.

Müller, D. (2009): Moderatoren und Mediatoren in Regressionen, in: Albers, S./Klapper, D./Konradt, U./Walter, A./Wolf, J. (Hrsg.) (2009): Methodik der empirischen Forschung, 3. Aufl., Wiesbaden, S. 237-252.

Müller, E. (2010): Die Challenge Tour – Agenda 2020, in: manager magazin 2010, 40. Jg., Heft 3, S. 72-80.

Müller, H.-E. (2007): Erfolgskriterien für die angemessene Vorstandsvergütung, in: Der Aufsichtsrat 2007, 4. Jg., Heft 3, S. 36-37.

Müller-Stewens, G./Brauer, M. (2009): Corporate Strategy & Governance, Stuttgart.

Muller, D./Judd, C. M./Yzerbyt, V. Y. (2005): When moderation is mediated and mediation is moderated, in: Journal of Personality and Social Psychology 2005, Vol. 89, Heft 6, S. 852-863.

Neßler, C./Fischer, M.-T. (2013): Social-Responsive Balanced Scorecard: Wie Unternehmen gesellschaftliche Verantwortung in Kennzahlen umsetzen, Wiesbaden.

Nitschke, C. (1990): Betrieblicher Umweltschutz: Motivation und Qualifikation, in: Personalwirtschaft 1990, 17. Jg., Heft 9, S. 15-18.

Nunnally, J. C. (1978): Psychometric theory, 2. Aufl., New York.

o. V. (2011): Special issue call for papers: Corporate social responsibility and human resource management/organizational behavior, in: Personnel Psychology 2011, Vol. 64, Heft 4, S. 1073-1075.

O'Reilly, C./Chatman, J. (1986): Organizational commitment and psychological attachment: The effects of compliance, identification, and internalization on prosocial behavior, in: Journal of Applied Psychology 1986, Vol. 71, Heft 3, S. 492-499.

oekom research AG (2013): oekom Corporate Rating: Kriterien, Webseite abrufbar unter: http://www.oekom-research.com/index.php?content=kriterien, Stand 29.09.2013.

Opaschowski, H. W. (1991): Von der Geldkultur zur Zeitkultur. Neue Formen der Arbeitsmotivation für zukunftsorientiertes Management, in: Schanz, G. (Hrsg.) (1991): Handbuch Anreizsysteme in Wirtschaft und Verwaltung, Stuttgart, S. 35-51.

Orlitzky, M./Benjamin, J. D. (2001): Corporate social performance and firm risk: A meta-analytic review, in: Business & Society 2001, Vol. 40, Heft 4, S. 369-396.

Orlitzky, M./Schmidt, F. L./Rynes, S. L. (2003): Corporate social and financial performance: A meta-analysis, in: Organization Studies 2003, Vol. 24, Heft 3, S. 403-441.

Orlitzky, M./Siegel, D. S./Waldman, D. A. (2011): Strategic corporate social responsibility and environmental sustainability, in: Business & Society 2011, Vol. 50, Heft 1, S. 6-27.

Ossadnik, W. (2009): Controlling, 4. Aufl. München.

Pape, J./Pick, E./Kleine, A. (2009): Umweltkennzahlen und -systeme zur Umweltleistungsbewertung, in: Baumast, A./Pape, J. (Hrsg.) (2009): Betriebliches Umweltmanagement: Nachhaltiges Wirtschaften im Unternehmen, 4. Aufl., Stuttgart, S. 147-163.

Park, H. (2005): The role of idealism and relativism as dispositional characteristics in the socially responsible decision-making process, in: Journal of Business Ethics 2005, Vol. 56, Heft 1, S. 81-98.

Pauli, B. (2007): Nachhaltigkeitsindizes: Struktur, Komponentenauswahl und Bewertungsmethodik, Saarbrücken.

Pava, M. L./Krausz, J. (1996): The association between corporate social-responsibility and financial performance: The paradox of social cost, in: Journal of Business Ethics 1996, Vol. 15, Heft 3, S. 321-357.

Pellens, B./Crasselt, N./Rockholtz, C. (1998): Wertorientierte Entlohnungssysteme für Führungskräfte: Anforderungen und empirische Evidenz, in: Pellens, B. (Hrsg.) (1998): Unternehmenswertorientierte Entlohnungssysteme, Stuttgart, S. 1-28.

Perdue, B. C./Summers, J. O. (1986): Checking the success of manipulation in marketing experiments, in: Journal of Marketing Research 1986, Vol. 23, Heft 4, S. 317-326.

Perrini, F./Tencati, A. (2006): Sustainability and stakeholder management: The need for new corporate performance evaluation and reporting systems, in: Business Strategy and the Environment 2006, Vol. 15, Heft 5, S. 296-308.

Peters, A. (2009): Wege aus der Krise – CSR als strategisches Rüstzeug für die Zukunft, herausgegeben von der Bertelsmann Stiftung, Dokument abrufbar unter: http://www.bertelsmann-stiftung.de/cps/rde/xbcr/bst/CSR-Trendstudie_Wege_aus_der_Krise_final.pdf, Stand 29.09.2013.

Peterson, D. K. (2004): The relationship between perceptions of corporate citizenship and organizational commitment, in: Business & Society 2004, Vol. 43, Heft 3, S. 296-319.

Pforte, K. (1999): Anreizsystem zur Operationalisierung von Unternehmensstrategien – Eine empirische Untersuchung, München.

Phillips, L. (2007): Go green to gain the edge over rivals, in: People Management 2007, Vol. 13, Heft 17, S. 9.

Plaschke, F. J. (2003): Wertorientierte Management-Incentivesysteme auf Basis interner Wertkennzahlen, Wiesbaden.

Porter, M. E./Kramer, M. R. (2006): Strategy and society: The link between competitive advantage and corporate social responsibility, in: Harvard Business Review 2006, Vol. 84, Heft 12, S. 78-92.

Porter, M. E./Kramer, M. R. (2007): Corporate Social Responsibility: Wohltaten mit System, in: Harvard Business Manager 2007, 29. Jg., Heft 1, S. 16-34.

Posner, B. Z. (1992): Person-organization values congruence: No support for individual differences as a moderating influence, in: Human Relations 1992, Vol. 45, Heft 4, S. 351-361.

Posner, B. Z./Kouzes, J. M./Schmidt, W. H. (1985): Shared values make a difference: An empirical test of corporate culture, in: Human Resource Management 1985, Vol. 24, Heft 3, S. 293-309.

Preller, E. (2007): Controlling und Sustainability, in: Controlling – Zeitschrift für erfolgsorientierte Unternehmenssteuerung 2007, 19. Jg., Heft 1, S. 51-53.

Preston, L. E./O'Bannon, D. P. (1997): The corporate social-financial performance relationship, in: Business & Society 1997, Vol. 36, Heft 4, S. 419-429.

Quick, R./Knocinski, M. (2006): Nachhaltigkeitsberichterstattung: Empirische Befunde zur Berichterstattungspraxis von HDAX-Unternehmen, in: Zeitschrift für Betriebswirtschaft 2006, 76. Jg., Heft 6, S. 615-650.

Raab-Steiner, E./Benesch, M. (2010): Der Fragebogen: Von der Forschungsidee zur SPSS/PASW-Auswertung, 2. Aufl., Wien.

Rack, O./Christophersen, T. (2009): Experimente, in: Albers, S./Klapper, D./Konradt, U./Walter, A./Wolf, J. (Hrsg.) (2009): Methodik der empirischen Forschung, 3. Aufl., Wiesbaden, S. 17-32.

Raible, K.-F./Schmidt, W. (2009a): Vergütungssysteme für Management und Aufsichtsrat, in: Wagenhofer, A. (Hrsg.) (2009): Controlling und Corporate Governance-Anforderungen, Berlin, S. 59-85.

Raible, K.-F./Schmidt, W. (2009b): Ist die Ausrichtung der Vergütungsstruktur auf eine nachhaltige Unternehmensführung mit einer Jahrestantieme vereinbar?, in: Zeitschrift für Corporate Governance 2009, 4. Jg., Heft 6, S. 249-253.

Ramus, C. A. (2002): Encouraging innovative environmental actions: What companies and managers must do, in: Journal of World Business 2002, Vol. 37, Heft 2, S. 151-164.

Rapp, M. S./Wolff, M. (2010): Determinanten der Vorstandsvergütung: Eine empirische Untersuchung der deutschen Prime-Standard-Unternehmen, in: Zeitschrift für Betriebswirtschaft 2010, 80. Jg., Heft 10, S. 1075-1112.

Rasch, B./Friese, M./Hofmann, W./Naumann, E. (2010): Quantitative Methoden Band 2: Einführung in die Statistik für Psychologen und Sozialwissenschaftler, 3. Aufl., Berlin/Heidelberg.

Rat für Nachhaltige Entwicklung (2012): Der Deutsche Nachhaltigkeitskodex (DNK): Empfehlungen des Rates für Nachhaltige Entwicklung und Dokumentation des Multistakeholderforums am 26.09.2011, Dokument abrufbar unter: http://www.nach haltigkeitsrat.de/deutscher-nachhaltigkeitskodex, Stand 29.09.2013.

Regierungskommission Deutscher Corporate Governance Kodex (2010): Bericht der Regierungskommission Deutscher Corporate Governance Kodex an die Bundesregierung, Frankfurt.

Reichmann, T./Kißler, M. (2010): Sustainability-Controlling, in: Controlling – Zeitschrift für erfolgsorientierte Unternehmenssteuerung 2010, 22. Jg., Heft 2, S. 104-106.

Renwick, D. W./Redman, T./Maguire, S. (2013): Green human resource management: A review and research agenda, in: International Journal of Management Reviews 2013, Vol. 15, Heft 1, S. 1-14.

Rhodes, M. J. (2010): Information asymmetry and socially responsible investments, in: Journal of Business Ethics 2010, Vol. 95, Heft 1, S. 145-150.

Riahi-Belkaoui, A. (1992): Executive compensation, organizational effectiveness, social performance and firm performance: An empirical investigation, in: Journal of Business Finance and Accounting 1992, Vol. 19, Heft 1, S. 25-38.

Rickens, C. (2010): Nachhaltigkeit: Mehr Schein als Sein, in: manager magazin 2010, 40. Jg., Heft 9, S. 70-75.

Riegler, C. (2000a): Anreizsysteme und wertorientiertes Management, in: Wagenhofer, A./Hrebicek, G. (Hrsg.) (2000): Wertorientiertes Management: Konzepte und Umsetzungen zur Unternehmenswertsteigerung, Stuttgart, S. 145-176.

Riegler, C. (2000b): Hierarchische Anreizsysteme im wertorientierten Management: Eine agency-theoretische Untersuchung, Stuttgart.

Ries, A./Wehrum, K. (2011): Determinanten eines integrativen Nachhaltigkeitsmanagements und -controllings, in: Controller Magazin 2011, 36. Jg., Heft 2, S. 26-30.

Rikhardsson, P./Holm, C. (2008): The effect of environmental information on investment allocation decisions – an experimental study, in: Business Strategy and the Environment 2008, Vol. 17, Heft 6, S. 382-397.

Ringleb, H.-M./Kremer, T./Lutter, M./von Werder, A. (2010): Kommentar zum Deutschen Corporate Governance Kodex, 4. Aufl., München.

RobecoSAM (2013): RobecoSAM Corporate Sustainability Assessment: Benchmarking corporate sustainability performance, Webseite abrufbar unter: http://www.robeco sam.com/en/sustainability-insights/about-sustainability/robecosam-corporate-sustainability-assessment.jsp, Stand 29.09.2013.

Rödl, K. (2006): Auswirkungen von Unternehmenskultur und Unternehmenszielen auf die Gestaltung von Anreizsystemen: Theoretische Grundlagen und empirische Erkenntnisse, Hamburg.

Roman, R. M./Hayibor, S./Agle, B. R. (1999): The relationship between social and financial performance: Repainting a portrait, in: Business & Society 1999, Vol. 38, Heft 1, S. 109-125.

Rossmann, C. (2011): Theory of reasoned action, theory of planned behaviour, Baden-Baden.

Rost, K./Osterloh, M. (2009): Management fashion pay-for-performance for CEOs, in: Schmalenbach Business Review 2009, Vol. 61, Heft April 2009, S. 119-149.

Rost, K./Weibel, A./Osterloh, M. (2010): Good organizational design for bad motivational dispositions?, in: Die Unternehmung 2010, Vol. 64, Heft 2, S. 107-136.

Royal DSM (2013): Annual report 2012, Heerlen.

Royal Dutch Shell (2013): Annual report 2012, Den Haag.

Russo, M. V./Fouts, P. A. (1997): A resource-based perspective on corporate environmental performance and profitability, in: Academy of Management Journal 1997, Vol. 40, Heft 3, S. 534-559.

Russo, M. V./Harrison, N. S. (2005): Organizational design and environmental performance: Clues from the electronics industry, in: Academy of Management Journal 2005, Vol. 48, Heft 4, S. 582-593.

Rynes, S. L./Bretz Jr., R. D./Gerhart, B. (1991): The importance of recruitment in job choice: A different way of looking, in: Personnel Psychology 1991, Vol. 44, Heft 3, S. 487-521.

Salter, M. S. (1973): Tailor incentive compensation to strategy, in: Harvard Business Review 1973, Vol. 51, Heft 2, S. 94-102.

SAP AG (2013): Geschäftsbericht 2012, Walldorf.

Scalet, S./Kelly, T. F. (2010): CSR rating agencies: What is their global impact?, in: Journal of Business Ethics 2010, Vol. 94, Heft 1, S. 69-88.

Schäfer, H. (2005): International corporate social responsibility rating systems: Conceptual outline and empirical results, in: The Journal of Corporate Citizenship 2005, o. Jg., Heft 20, S. 107-120.

Schäfer, H. (2012): Nachhaltigkeitsindizes, in: Schneider, A./Schmidpeter, R. (Hrsg.) (2012): Corporate Social Responsibility: Verantwortungsvolle Unternehmensführung in Theorie und Praxis, Berlin/Heidelberg, S. 651-662.

Schäfer, H./Beer, J./Zenker, J./Fernandes, P. (2006): Who is who in corporate social responsibility rating?: A survey of internationally established rating systems that measure corporate responsibility, herausgegeben von der Bertelsmann Stiftung, Gütersloh.

Schaltegger, S. (2012): Die Beziehung zwischen CSR und Corporate Sustainability, in: Schneider, A./Schmidpeter, R. (Hrsg.) (2012): Corporate Social Responsibility: Verantwortungsvolle Unternehmensführung in Theorie und Praxis, Berlin/Heidelberg, S. 165-175.

Schaltegger, S./Dyllick, T. (2002): Einführung, in: Schaltegger, S./Dyllick, T. (Hrsg.) (2002): Nachhaltig managen mit der Balanced Scorecard: Konzept und Fallstudien, Wiesbaden, S. 19-39.

Schaltegger, S./Lüdeke-Freund, F. (2012): The "business case for sustainability" concept: A short introduction, Lüneburg, Dokument abrufbar unter: http://www.leuphana.de/institute/csm/publikationen.html, Stand 17.07.2013.

Schaltegger, S./Windolph, S. E./Harms, D. (2010): Corporate Sustainability Barometer: Wie nachhaltig agieren Unternehmen in Deutschland?, herausgegeben von PricewaterhouseCoopers, Frankfurt.

Schaltegger, S./Herzig, C./Kleiber, O./Müller, J. (2002): Nachhaltigkeitsmanagement in Unternehmen: Konzepte und Instrumente zur nachhaltigen Unternehmensentwicklung, herausgegeben von Bundesministerium für Umwelt, Naturschutz und Reaktorsicherheit/Bundesverband der Deutschen Industrie e. V., Bonn.

Schaltegger, S./Herzig, C./Kleiber, O./Klinke, T./Müller, J. (2007): Nachhaltigkeitsmanagement in Unternehmen: Von der Idee zur Praxis: Managementansätze zur Umsetzung von Corporate Social Responsibility und Corporate Sustainability, herausgegeben von Bundesministerium für Umwelt, Naturschutz und Reaktorsicherheit/econsense – Forum Nachhaltige Entwicklung der Deutschen Wirtschaft e.V./Centre for Sustainability Management, Berlin.

Schanz, G. (1991): Motivationale Grundlagen der Gestaltung von Anreizsystemen, in: Schanz, G. (Hrsg.) (1991): Handbuch Anreizsysteme in Wirtschaft und Verwaltung, Stuttgart, S. 3-30.

Scheffer, D./Heckhausen, H. (2006): Eigenschaftstheorien der Motivation, in: Heckhausen, H./Heckhausen, J. (Hrsg.) (2006): Motivation und Handeln, 3. Aufl., Heidelberg, S. 45-72.

Schira, J. (2012): Statistische Methoden der VWL und BWL: Theorie und Praxis, 4. Aufl., München u. a.

Schlange, J. (2009): Die Herausforderung der Corporate Responsibility Berichterstattung, in: Zeitschrift für Controlling und Management 2009, 53. Jg., Heft 5, S. 304-307.

Schnell, R./Hill, P. B./Esser, E. (2011): Methoden der empirischen Sozialforschung, 9. Aufl., München.

Schnietz, K. E./Epstein, M. J. (2005): Exploring the financial value of a reputation for corporate social responsibility during a crisis, in: Corporate Reputation Review 2005, Vol. 7, Heft 4, S. 327-345.

Scholz, U. (2002): Anreize und Auswirkungen variabler Vergütungsinstrumente: Eine praktische Untersuchung monetärer Anreizmodelle bei der DaimlerChrysler Ludwigsfelde GmbH, Hamburg.

Schulze, M./Thomas, S. (2012): Strategisches Nachhaltigkeits-Controlling bei der Deutschen Telekom AG, in: Controller Magazin 2012, 37. Jg., Heft 4, S. 58-63.

Schwaab, M.-O. (2008): Die Bedeutung der sozialen Verantwortung für die Arbeitgeberattraktivität, in: UmweltWirtschaftsForum 2008, 16. Jg., Heft 4, S. 199-204.

Schwalbach, J. (1999): Motivation, Kompensation und Performance, in: Bühler, W./Siegert, T. (Hrsg.) (1999): Unternehmenssteuerung und Anreizsysteme, Stuttgart, S. 169-182.

Schwerk, A. (2012): Strategische Einbettung von CSR in das Unternehmen, in: Schneider, A./Schmidpeter, R. (Hrsg.) (2012): Corporate Social Responsibility: Verantwortungsvolle Unternehmensführung in Theorie und Praxis, Berlin/Heidelberg, S. 331-356.

Searcy, C. (2012): Corporate sustainability performance measurement systems: A review and research agenda, in: Journal of Business Ethics 2012, Vol. 107, Heft 3, S. 239-253.

Seidel, E. (1991): Anreize zu ökologisch verpflichtetem Wirtschaften, in: Schanz, G. (Hrsg.) (1991): Handbuch Anreizsysteme in Wirtschaft und Verwaltung, Stuttgart, S. 171-189.

Seidel, E./Lossie, A./Weber, F. M. (1998): Umweltkennzahlen in der Industrie, in: Seidel, E./Clausen, J./Seifert, E. K. (Hrsg.) (1998): Umweltkennzahlen: Planungs-, Steuerungs- und Kontrollgrößen für ein umweltorientiertes Management, München, S. 141-173.

Seifert, B./Morris, S. A./Bartkus, B. R. (2003): Comparing big givers and small givers: Financial correlates of corporate philanthropy, in: Journal of Business Ethics 2003, Vol. 45, Heft 3, S. 195-211.

Seifert, B./Morris, S. A./Bartkus, B. R. (2004): Having, giving, and getting: Slack resources, corporate philanthropy, and firm financial performance, in: Business & Society 2004, Vol. 43, Heft 2, S. 135-161.

Sen, S./Bhattacharya, C. B. (2001): Does doing good always lead to doing better? Consumer reactions to corporate social responsibility, in: Journal of Marketing Research 2001, Vol. 38, Heft 2, S. 225-243.

Sen, S./Bhattacharya, C. B./Korschun, D. (2006): The role of corporate social responsibility in strengthening multiple stakeholder relationships: A field experiment, in: Journal of the Academy of Marketing Science 2006, Vol. 34, Heft 2, S. 158-166.

Seyboth, M./Thannisch, R. (2010): Empfehlungen für eine angemessene Vorstandsvergütung, in: Hans-Böckler-Stiftung (Hrsg.) (2010): Angemessene Vorstandsvergütung: Informationen zur Bemessung der Vorstandsvergütungen durch den Aufsichtsrat, 4. Aufl., Düsseldorf, S. 7-21.

Siegwart, H./Menzl, I. (1978): Kontrolle als Führungsaufgabe: Führen durch Kontrolle von Verhalten und Prozessen, Bern/Stuttgart.

Simcic Brønn, P./Vidaver-Cohen, D. (2009): Corporate motives for social initiative: Legitimacy, sustainability, or the bottom line?, in: Journal of Business Ethics 2009, Vol. 87, Sonderheft 1, S. 91-109.

Simms, J. (2007): Direct action, in: People Management 2007, Vol. 13, Heft 15, S. 36-39.

Singhapakdi, A./Vitell, S. J./Rallapalli, K. C./Kraft, K. L. (1996): The perceived role of ethics and social responsibility: A scale development, in: Journal of Business Ethics 1996, Vol. 15, Heft 11, S. 1131-1140.

Smith, N. C. (2003): Corporate social responsibility: Whether or how?, in: California Management Review 2003, Vol. 45, Heft 4, S. 52-76.

Sommer, S. M./Bae, S.-H./Luthans, F. (1996): Organizational commitment across cultures: The impact of antecedents on Korean employees, in: Human Relations 1996, Vol. 49, Heft 7, S. 977-993.

Sorrell, S./Dimitropoulos, J. (2008): The rebound effect: Microeconomic definitions, limitations and extensions, in: Ecological Economics 2008, Vol. 65, Heft 3, S. 636-649.

Spence, M. (1973): Job market signaling, in: Quarterly Journal of Economics 1973, Vol. 87, Heft 3, S. 355-374.

Spittler, S./Botta, J. (2012): Corporate Social Responsibility als Faktor im War for Talent?, in: Zeitschrift für Controlling und Management 2012, 56. Jg., Heft 4, S. 255-259.

Staehle, W. H. (1999): Management: Eine verhaltenswissenschaftliche Perspektive, 8. Aufl., München.

Stanwick, P. A./Stanwick, S. D. (1998): The relationship between corporate social performance, and organizational size, financial performance, and environmental performance: An empirical examination, in: Journal of Business Ethics 1998, Vol. 17, Heft 2, S. 195-204.

Stanwick, P. A./Stanwick, S. D. (2001): CEO compensation: Does it pay to be green?, in: Business Strategy and the Environment 2001, Vol. 10, Heft 3, S. 176-182.

Steinle, C./Bruch, H./Neu, M. (1997): Ökologiebezogene Anreizgestaltung in Unternehmungen – Konzept, empirisches Schlaglicht und Praxisempfehlungen, in: Zeitschrift für Umweltpolitik & Umweltrecht 1997, 20. Jg., Heft 2, S. 255-279.

Steinle, C./Lawa, D./Schollenberg, A. (1994): Ökologieorientierte Unternehmungsführung – Ansätze, Integrationskonzept und Entwicklungsperspektiven, in: Zeitschrift für Umweltpolitik & Umweltrecht 1994, 17. Jg., Heft 4, S. 409-444.

Sterzel, J. (2011): Bewertungs- und Entscheidungsrelevanz der Humankapitalberichterstattung: Eine experimentelle Analyse aus der Perspektive privater Anleger, Wiesbaden.

Stets, J. E./Burke, P. J. (2000): Identity theory and social identity theory, in: Social Psychology Quarterly 2000, Vol. 63, Heft 3, S. 224-237.

Stites, J. P./Michael, J. H. (2011): Organizational commitment in manufacturing employees: Relationships with corporate social performance, in: Business & Society 2011, Vol. 50, Heft 1, S. 50-70.

Strand, R./Levine, R./Montgomery, D. (1981): Organizational entry preferences based upon social and personnel policies: An information integration perspective, in: Organizational Behavior and Human Performance 1981, Vol. 27, Heft 1, S. 50-68.

Studt, J. F. (2008): Nachhaltigkeit in der Post Merger Integration, Wiesbaden.

Suchan, S./Winter, S. (2009): Rechtliche und betriebswirtschaftliche Überlegungen zur Festsetzung angemessener Vorstandsbezüge nach Inkrafttreten des VorstAG, in: Der Betrieb 2009, 62. Jg., Heft 47, S. 2531-2539.

Sustainalytics GmbH (2012): Die Nachhaltigkeitsleistungen deutscher Großunternehmen: Ergebnisse des fünften vergleichenden Nachhaltigkeitsrating der DAX®30-Unternehmen 2011, Frankfurt.

Sutter, G. S. (2012): CSR und Human Resource Management, in: Schneider, A./Schmidpeter, R. (Hrsg.) (2012): Corporate Social Responsibility: Verantwortungsvolle Unternehmensführung in Theorie und Praxis, Berlin/Heidelberg, S. 399-415.

Székely, F./Knirsch, M. (2005): Responsible leadership and corporate social responsibility: Metrics for sustainable performance, in: European Management Journal 2005, Vol. 23, Heft 6, S. 628-647.

Tetrick, L. E./Weathington, B. L./Da Silva, N./Hutcheson, J. M. (2010): Individual differences in attractiveness of jobs based on compensation package components, in: Employee Responsibilities and Rights Journal 2010, Vol. 22, Heft 3, S. 195-211.

Thieme, H.-R. (1982): Verhaltensbeeinflussung durch Kontrolle: Wirkungen von Kontrollmaßnahmen und Folgerungen für die Kontrollpraxis, Berlin.

Thommen, J.-P./Achleitner, A.-K. (2009): Allgemeine Betriebswirtschaftslehre: Umfassende Einführung aus managementorientierter Sicht, 6. Aufl., Wiesbaden.

Thüsing, G./Forst, G. (2010): Nachhaltigkeit als Zielvorgabe für die Vorstandsvergütung, in: GWR – Gesellschafts- und Wirtschaftsrecht 2010, 2. Jg., Heft 21, S. 515-518.

Towers Perrin (2006): Was Mitarbeiter bewegt und Unternehmen erfolgreich macht: Gewinnen, Binden und Motivieren von Mitarbeitern als erfolgskritischer Beitrag zum Unternehmenserfolg, Towers Perrin Global Workforce Study Deutschland, Frankfurt.

Trautner, J. (2012): CSR in der deutschen Politik, in: Schneider, A./Schmidpeter, R. (Hrsg.) (2012): Corporate Social Responsibility: Verantwortungsvolle Unternehmensführung in Theorie und Praxis, Berlin/Heidelberg, S. 751-762.

Trauzettel, V. (1999): Dynamische Koordinationsmechanismen für das Controlling, Berlin.

Tremmel, J. (2003): Nachhaltigkeit als politische und analytische Kategorie: Der deutsche Diskurs um nachhaltige Entwicklung im Spiegel der Interessen der Akteure, München.

Turban, D. B./Greening, D. W. (1997): Corporate social performance and organizational attractiveness to prospective employees, in: Academy of Management Journal 1997, Vol. 40, Heft 3, S. 658-672.

Turban, D. B./Keon, T. L. (1993): Organizational attractiveness: An interactionist perspective, in: Journal of Applied Psychology 1993, Vol. 78, Heft 2, S. 184-193.

Turker, D. (2009): How corporate social responsibility influences organizational commitment, in: Journal of Business Ethics 2009, Vol. 89, Heft 2, S. 189-204.

Tyler, T. R./Blader, S. L. (2003): The group engagement model: Procedural justice, social identity, and cooperative behavior, in: Personality and Social Psychology Review 2003, Vol. 7, Heft 4, S. 349-361.

Unruh, G./Ettenson, R. (2010): Growing green, in: Harvard Business Review 2010, Vol. 88, Heft 6, S. 94-100.

van Beurden, P./Gössling, T. (2008): The worth of values – A literature review on the relation between corporate social and financial performance, in: Journal of Business Ethics 2008, Vol. 82, Heft 4, S. 407-424.

van de Velde, E./Vermeir, W./Corten, F. (2005): Corporate social responsibility and financial performance, in: Corporate Governance 2005, Vol. 5, Heft 3, S. 129-138.

van der Wal, Z./Huberts, L. (2008): Value solidity in government and business: Results of an empirical study on public and private sector organizational values, in: The American Review of Public Administration 2008, Vol. 38, Heft 3, S. 264-285.

van Dick, R./Grojean, M. W./Christ, O./Wieseke, J. (2006): Identity and the extra mile: Relationships between organizational identification and organizational citizenship behaviour, in: British Journal of Management 2006, Vol. 17, Heft 4, S. 283-301.

van Hooft, E. A./Born, M. P./Taris, T. W./van der Flier, H./Blonk, R. W. (2004): Predictors of job search behavior among employed and unemployed people, in: Personnel Psychology 2004, Vol. 57, Heft 1, S. 25-59.

van Knippenberg, D. (2000): Work motivation and performance: A social identity perspective, in: Applied Psychology: An International Review 2000, Vol. 49, Heft 3, S. 357-371.

van Marrewijk, M. (2003): Concepts and definitions of CSR and corporate sustainability: Between agency and communion, in: Journal of Business Ethics 2003, Vol. 44, Heft 2/3, S. 95-105.

Vance, S. C. (1975): Are socially responsible corporations good investment risks?, in: Management Review 1975, Vol. 64, Heft 8, S. 18-24.

Vater, H. (2005): Bonusmodelle an langfristigen Firmenzielen ausrichten, in: io new management 2005, 74. Jg., Heft 1/2, S. 49-56.

VBDO (2013): About VBDO, Webseite abrufbar unter: http://www.vbdo.nl/en/about-vbdo, Stand 29.09.2013.

Verschoor, C. C./Murphy, E. A. (2002): The financial performance of large U.S. firms and those with global prominence: How do the best corporate citizens rate?, in: Business and Society Review 2002, Vol. 107, Heft 3, S. 371-380.

Volkswagen AG (2012): Geschäftsbericht 2011, Wolfsburg.

von Eckardstein, D./Konlechner, S. (2008): Vorstandsvergütung und gesellschaftliche Verantwortung der Unternehmung, München/Mering.

von Hauff, M./Kleine, A. (2009): Nachhaltige Entwicklung: Grundlagen und Umsetzung, München.

von Hülsen, H.-C./Weisel, T. (2011): Nachhaltigkeitsmanagement: Aufgaben, Organisation und Steuerung, in: Wieland, J./Schack, A. (Hrsg.) (2011): Soziale Marktwirtschaft: Verantwortungsvoll gestalten, Frankfurt, S. 122-132.

von Rosenstiel, L. (1993): Motivation von Mitarbeitern, in: von Rosenstiel, L./Regnet, E./Domsch, M. (Hrsg.) (1993): Führung von Mitarbeitern: Handbuch für erfolgreiches Personalmanagement, 2. Aufl., Stuttgart, S. 153-172.

von Rosenstiel, L. (1999): Motivationale Grundlagen von Anreizsystemen, in: Bühler, W./Siegert, T. (Hrsg.) (1999): Unternehmenssteuerung und Anreizsysteme, Stuttgart, S. 47-77.

von Werder, A. (2011): Neue Entwicklungen der Corporate Governance in Deutschland, in: Schmalenbachs Zeitschrift für betriebswirtschaftliche Forschung 2011, 63. Jg., Heft 1, S. 48-62.

Waddock, S. A./Graves, S. B. (1997): The corporate social performance-financial performance link, in: Strategic Management Journal 1997, Vol. 18, Heft 4, S. 303-319.

Waddock, S. A./Bodwell, C./Graves, S. B. (2002): Responsibility: The new business imperative, in: Academy of Management Executive 2002, Vol. 16, Heft 2, S. 132-148.

Wälchli, A. (1995): Strategische Anreizgestaltung: Modell eines Anreizsystems für strategisches Denken und Handeln des Managements, Bern u. a.

Wagenhofer, A. (1999): Anreizkompatible Gestaltung des Rechnungswesens, in: Bühler, W./Siegert, T. (Hrsg.) (1999): Unternehmenssteuerung und Anreizsysteme, Stuttgart, S. 183-205.

Wagner, D. (1991): Anreizpotentiale und Gestaltungsmöglichkeiten von Cafeteria-Modellen, in: Schanz, G. (Hrsg.) (1991): Handbuch Anreizsysteme in Wirtschaft und Verwaltung, Stuttgart, S. 91-109.

Wagner, D./Grawert, A. (1989): Motivationstheoretische Aspekte der Individualisierung von Anreizsystemen, in: Drumm, H. J. (Hrsg.) (1989): Individualisierung der Personalwirtschaft: Grundlagen, Lösungsansätze und Grenzen, Bern/Stuttgart, S. 97-108.

Wagner, D./Grawert, A. (1991): Motivation und Entgelt – ein vielschichtiges Problem, in: Personal 1991, 43. Jg., Heft 10, S. 346-350.

Wagner, J. (2010): Nachhaltige Unternehmensentwicklung als Ziel der Vorstandsvergütung: Eine Annäherung an den Nachhaltigkeitsbegriff in § 87 Abs. 1 AktG, in: Die Aktiengesellschaft 2010, 55. Jg., Heft 21, S. 774-779.

Walls, J. L./Berrone, P./Phan, P. H. (2012): Corporate governance and environmental performance: Is there really a link?, in: Strategic Management Journal 2012, Vol. 33, Heft 8, S. 885-913.

Wandel, P. (1990): Ökologieorientierte Personalpolitik, in: Personalwirtschaft 1990, 17. Jg., Heft 9, S. 24.

Ward, C./Rana-Deuba, A. (1999): Acculturation and adaptation revisited, in: Journal of Cross-Cultural Psychology 1999, Vol. 30, Heft 4, S. 422-442.

Weber, J./Marley, K. A. (2012): In search of stakeholder salience: Exploring corporate social and sustainability reports, in: Business & Society 2012, Vol. 51, Heft 4, S. 626-649.

Weber, J./Goretzki, L./Meyer, T. (2012): Nachhaltigkeit als neues Aufgabenfeld für Controller: Ergebnisse der WHU-Zukunftsstudie, in: Zeitschrift für Controlling und Management 2012, 56. Jg., Heft 4, S. 242-248.

Weber, J./Bramsemann, U./Heineke, C./Hirsch, B. (2004): Wertorientierte Unternehmenssteuerung: Konzepte – Implementierung – Praxisstatements, Wiesbaden.

Weibel, A./Rost, K./Osterloh, M. (2007): Gewollte und ungewollte Anreizwirkungen von variablen Löhnen: Disziplinierung der Agenten oder Crowding-Out?, in: Schmalenbachs Zeitschrift für betriebswirtschaftliche Forschung 2007, 59. Jg., Heft Dezember 2007, S. 1029-1054.

Weibel, A./Rost, K./Osterloh, M. (2010): Pay for performance in the public sector – Benefits and (hidden) costs, in: Journal of Public Administration Research and Theory 2010, Vol. 20, Heft 2, S. 387-412.

Weilenmann, R. (1999): Value based compensation plans, Berlin u. a.

Weinert, A. B. (2004): Organisations- und Personalpsychologie, 5. Aufl., Weinheim/Basel.

Weißenberger, B. E. (2003): Anreizkompatible Erfolgsrechnung im Konzern, Wiesbaden.

Welge, M. K./Rabbe, S. (2009): Unternehmerische Motive für nachhaltige Unternehmensführung: Simultane Berücksichtigung ökonomischer, ökologischer und sozialer Herausforderungen, in: Industrie Management 2009, 25. Jg., Heft 4, S. 37-40.

Wilke, P./Schmid, K. (2012): Entwicklung der Vorstandsvergütung 2011 in den DAX-30-Unternehmen: Trends in der Vorstandsvergütung seit Einführung des Gesetzes zur Angemessenheit der Vorstandsvergütung, herausgegeben von der Hans-Böckler-Stiftung, Düsseldorf.

Wilke, P./Priessner, C./Schmid, K./Schütze, K./Wolff, A. (2011): Kriterien für die Vorstandsvergütung in deutschen Unternehmen nach Einführung des Gesetzes zur Angemessenheit der Vorstandsvergütung: Übersicht zu Neuregelungen und Stand der Umsetzung am Beispiel der Unternehmen im DAX-30, herausgegeben von der Hans-Böckler-Stiftung, Düsseldorf.

Wilsing, H.-U./Paul, C. A. (2010): Reaktionen der Praxis auf das Nachhaltigkeitsgebot des § 87 Abs. 1 Satz 2 AktG – Eine erste Zwischenbilanz, in: GWR – Gesellschafts- und Wirtschaftsrecht 2010, 2. Jg., Heft 15, S. 363-366.

Winter, S. (1996): Prinzipien der Gestaltung von Managementanreizsystemen, Wiesbaden.

Winter, S. (1997): Möglichkeiten der Gestaltung von Anreizsystemen für Führungskräfte, in: Die Betriebswirtschaft 1997, 57. Jg., Heft 5, S. 615-629.

Witzemann, T./Currle, M. (2004): Bonusbanken: Unternehmenswertsteigerung und Managementvergütung langfristig verbinden, in: Controlling – Zeitschrift für erfolgsorientierte Unternehmenssteuerung 2004, 16. Jg., Heft 11, S. 631-638.

Wolfe, C./Loraas, T. (2008): Knowledge sharing: The effects of incentives, environment, and person, in: Journal of Information Systems 2008, Vol. 22, Heft 2, S. 53-76.

Wolff, B./Lucas, S. (2004): Anreizsysteme, in: Gaugler, E./Oechsler, W./Weber, W. (Hrsg.) (2004): Handwörterbuch des Personalwesens, 3. Aufl., Stuttgart, Sp. 20-37.

World Business Council for Sustainable Development (2010): People matter reward: Linking sustainability to pay, Genf u. a.

World Business Council for Sustainable Development (2013): About: Overview, Webseite abrufbar unter: http://www.wbcsd.org/about/overview.aspx, Stand 29.09.2013.

World Commission on Environment and Development (1987): Our common future, Oxford.

Wright, B. E. (2004): The role of work context in work motivation: A public sector application of goal and social cognitive theories, in: Journal of Public Administration Research and Theory 2004, Vol. 14, Heft 1, S. 59-78.

Wu, M.-L. (2006): Corporate social performance, corporate financial performance, and firm size: A meta-analysis, in: The Journal of American Academy of Business 2006, Vol. 8, Heft 1, S. 163-171.

Yaniv, E./Farkas, F. (2005): The impact of person-organization fit on the corporate brand perception of employees and of customers, in: Journal of Change Management 2005, Vol. 5, Heft 4, S. 447-461.

Zaunmüller, H. (2005): Anreizsysteme für das Wissensmanagement in KMU: Gestaltung von Anreizsystemen für die Wissensbereitstellung der Mitarbeiter, Wiesbaden.

Zentes, J./Schramm-Klein, H. (2009): Nachhaltigkeitsberichterstattung – eine neue Dimension der Rechnungslegung, in: Weber, C.-P./Lorson, P./Pfitzer, N./Kessler, H./Wirth, J. (Hrsg.) (2009): Berichterstattung für den Kapitalmarkt, Festschrift für Karlheinz Küting zum 65. Geburtstag, Stuttgart, S. 183-209.